The Fourth Industrial Revolution

4차 산업혁명 기술과 정책

박경진 저

(주)백산출판사

머리말

2016년 1월 스위스 다보스에서 열린 '세계경제포럼'에서 클라우스 슈밥 회장은 "4차 산업혁명이 우리에게 쓰나미처럼 밀려오고 있으며 모든 시스템을 바꿀 것이다"라고 말했으며, 이후 국내외 모든 언론은 계속해서 4차 산업혁명을 최대 이슈로 다루었다. 앞으로 인공지능, 빅데이터, 사물인터넷, 스마트 팩토리, 자율주행차, 로봇, 3D 프린팅 등 첨단기술이 널리 활용되면, 새롭고 다양한 형태의 제품과 서비스, 직업 등이 등장할 것이다.

현재 인류는 기술혁명시대인 4차 산업혁명시대로 빠르게 진입하고 있으며, ICT기술과 초지능 융합으로, 제조 및 서비스 혁신을 넘어 인류의 경제, 사회, 문화, 고용시스템 전반에 대변혁이 예상되며, 우리나라에서도 전 분야에 4차 산업혁명시대에 대비하는 정책이 활발하게 진행되고 있다. 1차 산업혁명이 등장한 이후 250여 년이 지난 지금 상상 이상으로 산업지형도가 바뀌고, 고령화와 저출산의 위기 속에서도 4차 산업혁명의 속도는 빠르게 진행되고 있다.

4차 산업혁명의 중심에 인공지능(AI)이 있고 인공지능의 상징이 로봇이다. 로봇은 인간 생활에 여러모로 유익한 역할을 수행하고 있다. 장애인이나 노인을 돕기도 하고 청소를 해주고 무거운 짐을 운반해주는 등 힘든 일을 대신한다. 뿐만 아니라 의료분야에서 인공지능 로봇은 눈부신 발전을 거듭하고 있다. 각종 질병을 정확히 진단할 뿐 아니라 위험하고 어려운 수술을 효과적으로 해낸다.

그러나 4차 산업혁명 발전에 따른 장단점이 생길 수 있다. 장점으로는 인공지능으로 각종 질병 및 암의 98%에 근접한 정확한 진단과 치료가 보장되고 생활의 여러 서비스가 개선되지만, 단점으로는 4차 산업혁명으로 2025년까지 전 세계에서 710만 개의 일자리가 사라지고 새로운 일자리는 200만 개 정도가 생겨나 결과적으로 510만 개의 일자리가 사라질 거라는 것이다. 또한 인공지능기술의 발전으로 조만간 인간의 일자리 중 상위에 속했던 의사, 약사, 변호사, 회계사 등의 전문직업도 인공지능에게 일자리를 위협받을 수 있을 것이다.

이처럼 4차 산업혁명은 국가와 기업은 물론 개인의 운명까지 변화시킬 수 있으므로 지금부터 이러한 변화에 대처해야 할 것이고 그렇지 않으면 살아남지 못할 것이다. 구글, 애플, 아마존 등 전 세계 글로벌 기업들은 이미 인공지능 등과 관련된 새로운 제품들을 출시하고 있다. 4차 산업혁명은 이미 시작되었고, 1-3차 산업혁명과는 달리 기하급수적인 속도로 진행될 것이다.

앞으로 4차 산업혁명이 확산되면 전통적인 제조업에 의존하던 국가는 몰락하고, 부가가치가 낮은 산업은 사라질 것이다. 2017년 1월 5일에 미국 라스베이거스에서 열린 'CES 2017'에서 첨단기업들의 신제품 경진대회가 있었다. 숙면을 도와주는 잠옷, 몸 상태를 알려주는 운동화, 급하게 먹으면 부르르 떠는 포크 등 상상을 초월하는 아이디어 제품들이 많이 등장하였다. 이제 우리도 미래를 예측하고 앞서갈 수 있는 준비를 하여야 한다.

또한 4차 산업혁명의 핵심은 '센서 기술'이다. 건물을 짓고 내부 공사를 하는 것과 같다. 인간의 5감각은 인간에게 있는 인체 센서다. 이러한 최첨단 센서가 장착된 로봇이 전방 휴전선에 설치되면 멀리서 감지하고 정확히 조준해 제어할 수 있다. 인간의 한 방울 피나 침만으로 20가지 이상의 암 종류도 분간해 낼 수 있는 의료 센서 개발이 머지않았다. 이러한 센서가 단순한 혈액형 차이뿐만 아니라 미세한 암세포들에 있는 화학 성분 차이를 구별, 암 종류를 알아낼 수 있다. 미세한 가스 누출까지도 센서가 감지해서 가스의 종류와 위치를 알아낼 수 있다면 대형 건물의 화재를 예방할 수 있다.

이 책은 정보통신분야에서 다년간 근무한 경력과 연세대, 성균관대, 인하대 등 대학과 대학원에서 정보통신공학, 과학기술정책, 정보통신정책, IT경제학, 정책평가론, 정보통신행정론 등을 강의한 이론과 경험 및 관련 학회나 연구원의 연구보고서와 세미나, 신문 등의 최신자료를 활용하여 4차 산업혁명을 이해하고 준비하는 데 도움이 되도록 집필하였다.

이 책의 내용은 2부 14장으로 구성되었고, 제1부는 4차 산업혁명의 주요 기술과 발전방안으로 7장이며, 제2부는 4차 산업혁명의 국내외 지원정책과 기대효과로 7장으로 집필하였다.

끝으로 이 책을 펴는 데 관련 분야 여러 학자들의 연구결과가 많은 도움이 되었으며, 또한 이 책의 발행을 맡아주신 (주)백산출판사의 진욱상 사장님과 편집부 관계자분들께도 깊은 감사를 드린다.

2018년 1월
저자 박경진

차례

제1부 4차 산업혁명의 주요 기술과 발전방안

제1장 인공지능과 4차 산업혁명의 이해와 전망 / 15

제1절 **산업혁명의 이해** 15
제2절 **인공지능과 4차 산업의 정의** 17
1. 인공지능과 4차 산업혁명의 개념 / 18
2. 기술의 분류 및 발전속도 / 19
3. 4차 산업혁명의 특성 / 21
4. 4차 산업혁명의 적용 / 21
제3절 **4차 산업혁명과 일자리 전망** 23
1. 알파고로 보는 AI의 진화 / 23
2. 4차 산업혁명으로 인한 일자리 전망 / 23
3. 독일 아디다스 스피드팩토리 / 24
4. 4차 산업혁명으로 자동화 대체 확률이 높은 직업 / 25

제2장 4차 산업혁명시대를 주도하는 핵심기술 / 27

제1절 **4차 산업혁명 주요 기술** 27
1. 주요 기술 개요 / 27
2. 4차 산업혁명 주요 기술 / 28
제2절 **한국의 4차산업 핵심기술 현황** 37
1. 4차 산업혁명시대 핵심기술에 대한 전망 / 38
2. 센서기술 / 41
제3절 **대화형 AI 서비스 확산** 42
1. 인공지능에 기업들 감성 디자인 열풍 / 42
2. 글로벌 기업들도 AI 이미지 관리 / 43

제3장 4차 산업혁명에서 소프트웨어기술과 인공지능의 중요성 / 45

제1절 4차 산업혁명과 소프트웨어기술 45
1. 국내 소프트웨어 산업의 투자확대 방안 / 46
2. 정부의 지원을 통한 소프트웨어 산업 활성화 방안 / 48
제2절 4차 산업혁명의 핵심기술 인공지능 등 49
제3절 주요국 인공지능 발전정책 54
1. 미국의 인공지능 발전정책 / 54
2. 유럽의 인공지능 발전정책 / 56
3. 독일의 인공지능 발전정책 / 57
4. 일본의 인공지능 발전정책 / 57
5. 중국의 인공지능 발전정책 / 58
6. 우리나라 인공지능 발전정책 / 59
7. 한국/미국/일본/중국 인공지능 발전정책 비교 / 60

제4장 인공지능 현황과 4차 산업혁명 발전전망 / 63

제1절 인공지능의 현황 63
1. 서론 / 63
2. 본론 / 64
제2절 인공지능으로 인한 변화 71
1. 산업 및 일자리 변화 / 71
2. 사회 · 문화적 변화 / 73
3. 직업의 변화 / 73
4. 판단의 부적절성과 정보보호 문제 / 75
5. 인공지능 발전방안 / 76
제3절 인공지능과 딥 러닝의 발전 77
1. Deep Learning AI / 77
2. 연구분야와 성공요인 / 82
3. 의료분야에서의 활용 / 84
4. 인공지능 왓슨의 진료 / 85
5. 제약사와 IT업계 손잡고 인공지능 개발 / 86
6. 결론 / 87

제5장 빅데이터의 현황 및 발전방안 / 89

제1절 **4차 산업혁명의 핵심 빅데이터 개요** 89

1. 4차 산업혁명의 핵심 빅데이터 / 89
2. 빅데이터의 역사 / 90
3. 빅데이터의 기술 / 92
4. IBM 왓슨 / 93

제2절 **빅데이터 기술 구성** 93

제3절 **빅데이터의 발전방안** 96

1. 기업을 살리는 빅데이터 / 96
2. 분석의 고도화 능력이 필요 / 96
3. 데이터를 공유해서 활용도 넓혀야 한다 / 97
4. 디지털 데이터가 비즈니스를 견인한다 / 99
5. 고객을 알고, 파악하는 과정이 필요 / 99
6. 미국 빅데이터 독점을 위협하는 중국 / 101

제6장 4차 산업혁명과 관련된 사물인터넷 기술의 동향과 경제적 전망 / 103

제1절 **사물인터넷 정의** 103

제2절 **사물인터넷 기술 동향** 104

1. 센싱 기술 / 105
2. 유무선 통신 및 네트워크 인프라 기술 / 105
3. 서비스 인터페이스 기술 / 105

제3절 **사물인터넷 시장 동향** 106

제4절 **사물인터넷 정책 동향** 108

1. 한국 / 109
2. 미국 / 110
3. 영국 / 110
4. 일본 / 110
5. 중국 / 111

제5절 **사물인터넷의 보안 및 표준화** 111

1. 사물인터넷 보안 / 111
2. 표준화에 따른 문제점 / 112

제6절 **사물인터넷의 경제적 전망** 114

제7장 4차 산업혁명과 스마트 공장 및 자율주행차 / 117

제1절 스마트 공장과 자율주행차의 현황 ···· 117
1. 4차 산업혁명의 진행과정 / 117
2. 4차 산업혁명의 적용 / 118
제2절 스마트 공장 ···· 120
1. 스마트 공장의 개념 / 120
2. 스마트 공장의 기반산업 / 121
3. 스마트 공장 현황 / 123
4. 스마트 공장 발전전망 / 126
제3절 자율주행차 ···· 127
1. 자율주행차의 전망 / 127
2. 국/내외 정책 동향 / 129
3. 자율주행자동차 무사고 목표와 발전전망 / 136
4. 한국은 2020년 인공지능도로 구축 / 137

제2부 4차 산업혁명의 국내외 지원정책과 기대효과

제8장 인공지능 기술발전 지원정책 / 141

제1절 인공지능 기술 ···· 141
1. 인공지능의 학습 / 142
2. 인공지능의 추론 / 144
3. 인공지능의 인식 / 145
제2절 ICBMS 발달에 따른 인공지능의 새로운 기술 ···· 145
제3절 Deep Learning의 등장과 이슈 ···· 148
제4절 국외 인공지능 정책 동향 ···· 150
1. 미국의 AI 정책 동향 / 150
2. 일본의 AI 정책 동향 / 150
3. 중국의 AI 정책 동향 / 152
제5절 국내 인공지능 정책 동향 ···· 152
1. 주요 연구 분야 / 152

2. 부처별 지원 계획 / 153
3. 인적자원 양성 계획 / 154
4. 주요국의 인공지능 관련 정책 및 지원방안 / 154
5. 우리나라 인공지능 관련 정책 및 지원방안 / 155
6. 결론 및 향후 발전 방향 / 157

제9장 4차 산업혁명의 발전현황과 각국의 지원정책 / 159

제1절 **산업혁명 발전현황** ········· 159
제2절 **산업혁명의 주요 기술** ········· 161
제3절 **주요국의 4차 산업혁명 발전정책** ········· 163
1. 미국의 발전정책 / 164
2. 독일의 발전정책 / 165
3. 일본의 발전정책 / 166
4. 중국의 발전정책 / 166
5. 우리나라의 발전정책 / 167
제4절 **4차 산업혁명이 국가 경제와 사회에 미치는 영향** ········· 168
1. On Demand 경제 부상 / 168
2. 공유 경제의 부상 / 169
3. 제조공정의 디지털화 / 170
4. 스마트 공장의 확산 / 170
5. 제조의 서비스화 / 170
6. 노동시장의 변화 / 171
7. 삶과 환경의 변화 / 171
8. 결론 / 172

제10장 4차 산업혁명이 미래사회에 미치는 영향 / 173

제1절 **4차 산업혁명의 파급효과** ········· 173
1. 4차 산업의 효과 / 174
2. 노동시장 변화에 대한 대비 / 177

제2절 **4차 산업혁명의 미래사회** ············ 177
1. 서론 / 177
2. 산업혁명의 역사적 변천 / 179
3. 4차 산업혁명의 구조 / 182
제3절 **4차 산업혁명의 발전사례** ············ 184
1. 물리적 기술 / 185
2. 디지털 기술 / 186
3. 생물학 기술 / 186
4. 4차 산업혁명이 사회에 미치는 영향 / 187

제11장 주요국의 4차 산업혁명 추진정책과 국내기업의 대응현황 / 193

제1절 **국내외 4차 산업혁명 정책동향** ············ 193
1. 국내 / 194
2. 미국 / 195
3. 녹일 / 197
4. 일본 / 199
5. 중국 / 201
제2절 **주요국의 4차 산업혁명 혁신정책** ············ 201
1. 독일의 혁신정책 / 202
2. 미국의 혁신정책 / 203
3. 일본의 혁신정책 / 203
4. 중국의 혁신정책 / 204
제3절 **4차 산업혁명 성공을 위한 전략적 정책방안** ············ 205
1. 4차 산업혁명, 지능정보사회 위해 3D 프린팅 산업에 412억 투자 / 205
2. 4차 산업혁명에 대비한 범정부차원의 전략 수립 / 207
3. ICT 기반의 신성장동력 발굴을 통한 과학기술 경쟁력 강화 / 208
4. 근로자의 업무능력과 로봇의 역할 확대 / 209
5. 창의적 · 혁신적 과학기술인력 양성 / 210
제4절 **국내 주요 기업의 4차 산업혁명 대응동향** ············ 212
1. 기업들의 4차 산업혁명 대응방안은 과학기술 연구개발 / 212
2. 2017년 전반기 기업총수들이 4차 산업혁명 대비 언급한 내용들 / 213
3. 국내 대기업들의 4차 산업혁명 대응현장 동향 / 215

제12장 4차 산업혁명시대 일자리 변화와 새로운 교육혁신 시스템 / 219

제1절 4차 산업혁명시대 유망직업 ········ 219
1. 4차 산업혁명의 도래와 일자리에 관한 변화 / 219
2. 기술의 진보 / 220
3. 미래 유망직업 / 222

제2절 4차 산업혁명시대 전문직의 미래 ········ 223
1. 4차 산업혁명 이후 전문직의 고민 / 223
2. 4차 산업혁명시대 전문직 일자리변화와 미래의 전략 / 225

제3절 4차 산업혁명시대 일자리 변화 ········ 226

제4절 4차 산업혁명에 따른 미래사회 직업의 변화 ········ 230

제5절 4차 산업혁명시대 새로운 교육 시스템의 혁신 필요성 ········ 235
1. 인재양성 교육 / 235
2. 인재양성 교육 측면 정책 / 236

제13장 4차 산업혁명이 공공분야와 창조경제에 미치는 영향 / 239

제1절 4차 산업혁명이 공공분야에 미치는 영향 ········ 239
1. 보건 · 의료 · 복지 분야 / 240
2. 농림 · 수산 · 해양 분야 / 240
3. 국토 · 교통 · 건설 분야 / 241
4. 문화 · 관광 분야 / 241
5. 교육 분야 / 241
6. 공공분야의 주체별 대응방향 / 242

제2절 4차 산업혁명이 창조경제에 미치는 영향 ········ 245
1. 산업혁명과 창조경제 / 245
2. 9대 전략산업 / 247
3. 4대 기반산업 / 248
4. 4차 산업혁명시대의 기술과 내용 / 249

제3절 4차 산업혁명시대 미래의 전략 ········ 250
1. 4차 산업혁명의 주요 변화동인 / 250
2. 4차 산업혁명시대 직업의 특징 / 252
3. 4차 산업혁명과 산업구조의 변화 / 254

제14장 4차 산업혁명시대의 금융과 핀테크, 블록체인 / 257

제1절 **산업혁명에 따른 금융시장의 변화** 257
1. 독점적으로 제공하던 금융서비스의 와해 / 257
2. 핀테크의 동향 / 259
3. 핀테크의 가능성과 보완점 / 262

제2절 **핀테크산업 동향** 263
1. 국내의 핀테크산업 유형 / 263
2. 외국의 핀테크산업 현황 / 265
3. 핀테크 향후 전망 / 268

제3절 **4차 산업혁명과 블록체인** 271
1. 블록체인 / 271
2. 4차 산업혁명의 핵심기술, 블록체인 / 277
3. 비트코인과 블록체인 / 279

참고문헌 / 282

제 1 부

4차 산업혁명의 주요 기술과 발전방안

제1장 인공지능과 4차 산업혁명의 이해와 전망

제1절 산업혁명의 이해

4차 산업혁명은 초연결(hyper-connectivity), 초지능(super-intelligence)을 활용하므로 기존산업혁명과 비교할 수 없는 광범위한 확장성과 영향력이 있다. 2016년 1월 바둑기사 이세돌 9단과 구글의 인공지능(AI, Artificial Intelligence) 알파고(AlphaGo)의 대결 이후 우리나라는 인공지능에 대한 관심이 상승되었다. 알파고는 구글의 딥마인드 팀이 개발한 인공지능이다. 현재 선진국들은 경제발전에 중요한 인공지능 로봇공학 등을 사용하는 신산업, 소위 4차산업을 활성화하기 위해 국가적으로 여러 정책을 내놓고 있다.

미국 MD 앤더슨 암센터는 2014년 미국임상암학회(ASCO)에서 인공지능 '왓슨'을 활용한 연구결과를 발표했다. 200명을 대상으로 조사한 결과 왓슨이 표준치료법을 권고한 경우가 82.6%였고, 부정확한 치료를 권한 경우가 2.9%였다고 한다. 인간 의사와 인공지능 의사의 한판 대결이 주목된다.

길병원에서는 2015년 12월에 인공지능 '왓슨'을 도입해 진료에 활용하고 있다. 인공지능 '왓슨'은 몇 년 전부터 미국 MD 앤더슨 암센터에서 활용해 왔고, 학회 등을 통해 그 효과에 대해 어느 정도 인정되고 있다. 미래에 '왓슨'이 의사를 대체할 수 있을까? 여러 기술적인 한계와 현실적인 상황 등을 고려하면 향후 얼마동안은 준비하는 기간이 필요하다.

현재 인공지능의 수준을 보면 스스로 생각하는 것은 불가능하고, 어떤 문제를 주었을 때만 결과물을 내놓는 수준이다. 영화 터미네이터에서 나오는 로봇과 같은 인공지능을 '강(強)' 인공지능이라고 하는데, 2017년 현재는 만들지 못하고 있다. 이에 반해 '왓슨'이나 '알파고'는 여러 가지 경우의 수를 판단해 가장 가능성이 높은 '해답'을 찾는 '약(弱)' 인공지능이라고 한다.

약(弱) 인공지능은 방대한 자료를 검토해 최적의 치료법을 추천하는 것은 의사만큼, 또는 더 정교해진다면 어떤 측면에서는 의사보다 더 나을 수 있기 때문이다. 예를 들어 의사 한 명이 한 해 출간된 의학서적 중 2%만 읽으려고 해도 매일 21시간을 투자해야 한다. 의학 논문은 41초마다 하나씩 출간되고 있기 때문에 평생 새로운 지식을 따라가는 것은 거의 불가능에 가깝다. 그러나 인공지능은 시간의 제약 없이 정보를 흡수해 판단할 수 있다.

또한 편견 없는 진단이 가능하다. 전립선암 환자를 예로 들어보자. 환자가 비뇨기과 의사를 방문하면 수술을 권장(진단)하는 경우가 많고, 치료방사선과 의사를 찾아가면 방사선 치료를 하는 경우가 많아진다는 것은 의료계에 널리 알려진 사실이다. 어느 누가 주도권을 잡느냐에 따라 권하는 치료법이 달라지는 경우가 간혹 생긴다. 그러나 인공지능의 경우 어느 과의 치료법을 선호하지 않고 환자에게 장단점을 제시할 가능성이 많다. 학계의 세미나자료에 의하면 '왓슨'의 암진단 정확도는 대장암 98%, 직장암 96% 등으로 정확도가 높은 편이다. 그리고 길병원이 '왓슨'을 국내 최초로 도입한 이후, 여러 매체들은 수십 건의 관련 기사를 실었다. 이를 비용으로 환산한다고 하면 수억에 달하는 광고 효과를 얻은 것이다.

오늘날 미국에서는 자동차 사고로 희생되는 사람들보다 더 많은 사람들이 의사의 오진과 약물의 부작용 등으로 사망한다. 인공지능은 오진을 하는 의사들을 대신해 정확한 진단 및 처방을 내려줄 것이고, 바이오기술은 약물의 수많은 부작용을 없앨 것이다. 따라서 4차 산업혁명시대의 의사들은 엄청난 양의 의학정보를 보는데 많은 시간을 할애하는 대신 환자를 편안하게 상담해주는 역할만 수행할 것이다. 최신 의학정보를 수집하고 그것을 진단 및 처방에 이용하고자 한다면 인공지능의 도움을 받으면 될 것이다.

미국의 연구에 의하면 현재 환자들은 평균 7가지의 질병을 갖고 있다고 하는데, 인공지능을 '왓슨'을 활용하면 여러 의사들을 만나지 않고 모든 증상들을 종합적으로 살펴볼 수 있고, 여러 명의 의사가 아니라 한명의 의사가 환자에게 진단 결과를 이야기해줄 수 있다. 이렇게 의료진 한 사람만 접촉하게 되면 환자들은 보다 짧은 시간에 진단 및 치료를 받을 수 있을 것이다.

4차 산업혁명은 기업들이 제조업과 정보통신기술(ICT)을 융합하여 작업경쟁력을 높이는 차세대 산업혁명이다. 각국 정부와 기업들은 4차 산업혁명의 시대에 살아남기 위해 생존경쟁을 벌이고 있는데, 세계경제포럼은 2025년경에는 미국의 경우 도로를 10%의 자율주행차가 달리고 로봇 약사가 등장하며, 인공지능이 기업 감사의 30%를 수행하고 가정용 기기의 50% 이상이 인터넷과 연결된다고 하였다.

제2절 인공지능과 4차 산업의 정의

인공지능(AI, Artificial Intelligence)이란 사고나 학습 등 인간이 가진 지적 능력을 컴퓨터를 통해 구현하는 기술이다. 인공지능은 개념적으로 강 인공지능(Strong AI)과 약 인공지능(Weak AI)으로 구분할 수 있다. 강 인공지능은 사람처럼 자유로운 사고가 가능한 인공지능을 말한다. 인간처럼 여러 가지 일을 수행할 수 있다고 해서 범용인공지능(AGI, Artificial General Intelligence)이라고도 한다. 약 인공지능은 특정 분야에 특화된 형태로 개발되어 인간의 한계를 보완하고 생산성을 높이기 위해 활용된다.

인공지능 바둑 프로그램인 알파고나 의료분야에 사용되는 왓슨(Watson) 등이 대표적이다. 현재까지 개발된 인공지능은 모두 약AI에 속하며, 자아를 가진 강AI는 등장하지 않았다. 인공지능의 활용범위는 자동번역기, 회계관리, 감정인식, 정보보안, 주식투자, 부동산투자, 구매관리, 건강관리, 교통, 배달서비스, 범죄예측, 재산관리, 의료진단, 법률서비스 등이다.

1. 인공지능과 4차 산업혁명의 개념

4차 산업혁명이란 인공지능에 의한 지능화, 자동화가 극대화되는 사회와 산업환경의 혁명적 변화를 의미하며 인간의 두뇌 자체를 대체하는 혁명적인 변화를 초래할 것이다. 이를 기반으로 상품과 서비스의 가치와 경쟁력이 향상된다. 또한 4차 산업혁명은 ICT(정보통신기술)의 급격한 발전과 함께 모든 산업분야에 확산되고 있다.

1차 산업혁명은 1784년 증기기관의 발명으로 기계에 의해서 농업 중심에서 제조업 중심으로 변화한 것을 말한다. 2차 산업혁명은 1870년 전기를 통하여 대량생산체계를 도입하고, 3차 산업혁명은 1960년 IT기술을 통하여 지식정보사회로의 변화를 가져왔다. 4차 산업혁명은 2016년 초 스위스 다보스에서 열린 '세계경제포럼'에서 클라우스 슈밥 회장은 "4차 산업혁명이 우리에게 쓰나미처럼 밀려오고 있으며 모든 시스템을 바꿀 것이다"라고 말했으며, 이후 국내외 모든 언론은 계속하여 4차 산업혁명의 명칭을 최대 이슈로 다루었다. 현대사회 전반의 자동화 등을 총칭하는 것으로서 소프트웨어(S/W)기술이 중요시되고 사이버 시스템과 사물인터넷(IoT) 서비스 등의 모든 개념을 포괄하는 의미로 정의하고 있다.

이러한 4차 산업혁명은 다른 산업혁명과 달리 초지능의 혁명이다. 기존의 산업혁명이 기계(1차), 전기(2차), IT기술(3차)을 기반으로 진행되어 왔다면 4차 산업혁명은 인공지능이 그 중심을 이루고 있기 때문이다. 그러므로 4차 산업혁명은 3차 산업혁명에 비해 속도나 범위, 영향도에 있어 완전히 다른 양상을 나타내게 될 것으로 전망된다.

초연결과 초지능은 전체산업분야에서의 프로세스 재구성을 야기하게 될 것이고, 인류가 경험하지 못한 빠른 속도로 변화될 것이다. 4차 산업혁명은 새로운 제품과 서비스를 창출하는 반면 기존 산업과 시장에 대해서는 엄청난 영향을 주게 될 것이다. 디지털 기술인 사물인터넷은 플랫폼을 기반으로 사물과 인간을 연결하는 비즈니스를 만들어내고 있으며, 사물인터넷 통신환경에서 생성되는 엄청난 양의 실시간 데이터를 처리하기 위해 클라우드 컴퓨팅과 빅데이터, 그리고 1956년 처음 언급된 인공지능(AI)의 기술이 복합되어 인류의 생활방식을 변화시키고 있으며 자율자동차, 드론, 로봇, 스마트 팩토리 등 서비스도 함께 빠르게 진화되고 있다.

인공지능(AI), 사물인터넷(IoT), 클라우딩 컴퓨팅, 빅데이터, 모바일 등 지능정보기술이 기존 산업과 서비스에 융합되거나 3D 프린팅, 로봇공학, 생명공학, 나노기술 등 여러 분야의 신기술과 결합되어 네트워크로 연결하고 사물을 지능화한다. 4차 산업혁명은 초연결과 초지능을 활용하여 앞으로 더 넓은 범위에서 더 빠른 속도로 크게 활용될 것이다.

2. 기술의 분류 및 발전속도

산업혁명은 제1차 산업혁명이 약 250여 년 전에 발생했다는 점은 우리 사회가 매우 짧은 시간 동안 발전하고 변화하였다는 것을 보여준다. 1876년 벨(Bell)이 발명한 유선 전화기의 보급률이 10%에서 90%로 도달하는데 걸린 기간이 73년이었으나, 1990년대에 상용화된 인터넷이 확산되는데 걸린 시간은 20년에 불과했고, 휴대전화가 대중화되는 기간이 14년이라는 점은 기술발전의 속도와 더불어 기술의 파급력이 급진적으로 빠르다는 점을 보여주고 있다. 새로운 기술은 기술적 혁신이 나타나는 주기가 점차 짧아지며, 그 영향력은 더욱 커지고 있다는 것이다. 이는 현재 우리가 스마트폰이 없는 일상생활을 상상하면 쉽게 이해할 수 있을 것이다.

1차 산업혁명은 '기계 혁명'이라고도 불리며 18세기 중반 증기기관의 등장으로 가내수공업 중심의 생산체제가 공장생산체제로 변화된 시기를 말한다. 제2차 산업혁명에서는 전기동력의 등장으로 '에너지 혁명'이라고도 불리며 대량생산체제가 가능해졌다. 그리고 우리는 컴퓨터 및 정보통신기술(ICT)의 발전으로 인한 '디지털 혁명'이라는 제3차 산업혁명은 정보화·자동화 체제가 구축되었다.

이들 산업혁명은 역사적 관점에서 보자면 아주 짧은 기간 동안 발생하였으나, 그 영향력은 개인 일상생활에서부터 전 세계의 기술, 산업, 경제 및 사회구조를 뒤바꾸어 놓을 만큼 거대하였으며 새로운 기술의 등장과 기술적 혁신은 제4차 산업혁명을 급속히 확산시키고 있다.

[그림 1-1] 산업혁명의 진행과정

3. 4차 산업혁명의 특성

'산업혁명'이라는 용어가 일반화된 것은 영국의 A. 토인비가 경제발전을 설명하는 과정에서 처음 사용되었다. '4차 산업혁명'은 제조기술뿐만 아니라 데이터, 현대 사회 전반의 자동화 등을 총칭하는 것으로서 사이버 시스템과 IoT, 인터넷 서비스 등의 모든 개념을 포괄하는 의미로 정의하고 있다. 또한 4차 산업혁명은 다른 산업혁명과 달리 초지능의 혁명으로도 불린다. 기존의 산업혁명이 기계(1차), 전기(2차), IT기술(3차)을 기반으로 진행되어 왔다면 4차 산업혁명은 인공지능이 그 중심을 이루고 있기 때문이다. 이러한 특성으로 인해 4차 산업혁명은 다른 산업혁명, 특히 3차 산업혁명에 비해 속도나 범위, 영향도에 있어 완전히 다른 양상을 나타내게 될 것으로 전망된다.

초연결과 초지능은 전체 산업분야에서의 프로세스 재구성을 야기하게 될 것이고, 인류가 경험하지 못한 빠른 속도로 변화될 것이다. 4차 산업혁명은 새로운 제품과 서비스를 창출하는 반면 기존 산업과 시장에 대해서는 엄청난 영향을 주게 될 것이다. 디지털 기술인 사물인터넷은 플랫폼을 기반으로 사물과 인간을 연결하는 비즈니스를 만들어내고 있으며, 사물인터넷 통신환경에서 생성되는 엄청난 양의 실시간 데이터를 처리하기 위해 클라우드 컴퓨팅과 빅데이터, 인공지능(AI)의 기술이 복합되어 인류의 생활방식을 변화시키고 있다. 특히 인공지능의 초기 단계인 기계 학습을 통해 자율자동차, 드론, 로봇 등 서비스도 함께 빠르게 진화되고 있다.

4. 4차 산업혁명의 적용

인공지능(AI), 사물인터넷(IoT), 클라우딩 컴퓨팅, 빅데이터, 모바일 등 지능정보기술이 기존 산업과 서비스에 융합되거나 3D 프린팅, 로봇공학, 생명공학, 나노기술 등 여러분야의 신기술과 결합되어 모든 제품/서비스를 네트워크로 연결하고 사물을 지능화한다. 제4차 산업혁명은 초연결과 초지능을 특징으로 하기 때문에 기존 산업혁명에 비해 더 넓은 범위에 더 빠른 속도로 크게 영향을 끼치고 있다.

1) 스페인 바르셀로나 '스마트 워터그리드'

물 부족 해결을 위해 바르셀로나의 경우 '스마트 워터그리드' 기술을 도입했다. 스마트 워터그리드는 기존 수자원 관리 인프라에 ICBM 기술을 적용한 서비스로 특히 바르셀로나 시 정부는 스마트 워터그리드 기술을 공원에 활용하고 있다. 일단 용수 현황을 측정하는 스마트 미터, 온도 센서, 습도 센서가 물 관리에 필요한 정보를 수집해 클라우드로 전송한다. 이후 빅데이터 분석 결과가 모바일, 태블릿 PC 화면을 통해 관리자에게 제공되며 시스템 스스로 물 사용량을 자동관리 한다.

2016년 2월 하버드대는 바르셀로나의 스마트 워터그리드 효과성 측정에 나섰다. 연구에 따르면 바르셀로나는 스마트 워터그리드를 전체 공원의 68%에 적용했으며 이에 따라 용수 보존율이 25% 상승했다. 이로 인해 연간 약 6억 원의 비용이 절감되는 효과가 발생한 것으로 조사됐다.

2) 맥아피 'Global Threat Intelligence'

맥아피(McAfee)는 인텔이 소유한 보안 전문 회사이다. 맥아피는 수많은 악성 공격 유형에 효과적으로 대응하기 위해서 GTI(Global Threat Intelligence)를 구축했다. GTI는 맥아피 고객사에서 탐지하거나 발생한 악성공격 정보들을 클라우드에 수집해 빅데이터로 분석, 고객사에 유용한 정보를 제공하는 통합 플랫폼이다.

맥아피는 탐지된 모든 악성정보들을 기업들이 서로 공유할 수 있게 함으로써 악성공격 대응력을 높였다. 기존에는 악성공격 정보들이 서로 공유되지 않았기 때문에 해커는 유사한 공격방식으로 여러 기업들에 공격을 가할 수 있었다. 그러나 GTI를 통해 악성공격 유형이 서로 공유됨에 따라 해커는 더는 유사한 방식으로 여러 기업을 공격할 수 없게 됐다.

3) 스마트 팩토리

스마트 팩토리(공장 자동화)가 구축되면 운영 효율성과 생산성을 향상시킬 수 있다. 주요 선진국들은 스마트 팩토리를 국가 경쟁력 향상의 핵심 요소로 판단하고 있다. 자동화의 완성인 스마트 팩토리는 각 모듈이 독립적인 동작 제어와 판단 알고리즘이 필요하다. 모든 시스템의 시작은 현재 상황에 대한 파악, 즉 정확하고 방대한 데이터를 취합하고 이를 무선 통신 네트워크로 전달한다. 스마트 팩토리는 ICT를 이용하여 구현되는 공장을 말한다. 2016년부터 4차 산업혁명이 등장하면서 회자되고 있으며, 관련기술과 적용범위가 확장되고 있다. 대표적인 인공지능, IoT, 모바일, 클라우드 등이 급속도로 증가하고 있다.

제3절 4차 산업혁명과 일자리 전망

1. 알파고로 보는 AI(인공지능)의 진화

2017년에도 중국에서 AI 알파고와 인간의 세기의 바둑 대결이 있었다. 이번에는 세계 바둑계의 정점에 있는 중국의 커제였으나 결과는 더욱 참패하였다. 3전 전패로 더욱 진화한 알파고에 처참하게 무릎을 꿇은 것이다.

'알파고의 승리'를 보면서 인류는 4차 산업혁명에 대한 관심과 두려움이 더 깊어진 것 같다. 인공지능과 로봇에 인류가 일자리를 모조리 빼앗길지도 모른다는 불안감이 전 세계에 엄습한 것 또한 현실이다.

2. 4차 산업혁명으로 인한 일자리 전망

세계경제포럼의 발표 자료에 따르면 향후 20년 내에 현재 직업의 47%가 자동화될 것으로 예측되었다. 또 향후 5년 내에 710만 개의 일자리가 사라지고,

210만 개의 신규 일자리가 만들어질 것으로 전망되었다. 인공지능과 로봇이 사람의 일자리를 대체해 앞으로 5년 동안 약 500만 개의 일자리가 줄어들 것이라는 충격적인 내용이다. 더 나아가 현재 학생의 65%는 아직 존재하지도, 누구도 경험해보지 못한 직업을 갖게 될 것이란 예측도 내놓았다.

인공지능과 로봇의 시대는 이미 우리 앞에 성큼 다가왔고 현실과 가상의 중간 정도인 '팩션(faction)'으로 인지하면서 어떻게 대처하는 것이 현명한 것일까 머리를 맞대고 지혜를 모으는 것이 중요할 것이다.

3. 독일 아디다스 스피드팩토리

축구를 비롯한 스포츠 전문 브랜드인 독일의 아디다스(Adidas)는 다른 제조업이 그렇듯 자국내 고임금에 따른 가격경쟁력에 대한 고민 끝에 1993년 독일에서 운영 중이던 모든 공장을 폐쇄하고 중국과 동남아시아로 공장을 옮겼다. '가장 적은 비용 또는 동일한 비용으로 가장 큰 효과를 얻는다'는 경제원칙의 대전제를 따른 것이다.

그랬던 아디다스가 23년 만인 2016년부터 모국인 독일로 신발 생산공장을 이전시키고 있다. 스피드팩토리(Speed Factory)라고 명명하며 큰 변화를 가져왔다. 주변에서는 임금 상승으로 인한 제품 경쟁력 하락이 불 보듯 뻔해 보이는 결정에 우려의 목소리도 많았다.

그런데 이 공장이 매우 독특하다. 기존에 연간 50만 켤레를 생산하기 위해서는 약 600여 명의 근로자가 필요했었으나, 이 공장의 근로자는 단 10명뿐이다. 근로자가 하던 재단과 재봉을 로봇과 3D 프린터가 맡고 있기 때문에 가능한 일이다. 이렇게 인력을 로봇으로 대체하여 인건비를 낮추고, 24시간 생산시스템을 가동하여 생산성 극대화가 가능하다.

4. 4차 산업혁명으로 자동화 대체 확률이 높은 직업

앞서 독일의 아디다스 스피드팩토리의 사례를 살펴보면 소프트웨어, 로봇, 3D 프린터 등 신기술의 결합이 무려 590명(98.3%)의 실업자를 만들어냈다. 구체적으로는 '숫자'와 '언어'를 사용해 단순 분석하는 직업은 위험하다고 내다봤다. 예를 들어 금융분석 업무는 인공지능과의 경쟁에서 이길 가능성이 별로 없다는 것이다.

영국 BBC 방송은 옥스퍼드대 교수의 논문과 자국 통계를 기반으로 366가지 직업들의 향후 20년 내에 자동화 가능성을 예측한 프로그램을 내놓았다. 로봇이 대체하기 어려운 직업으로는 사회복지사, 간호사, 치료사 등 공감능력이 요구되는 직업들이다. 반면 전화 통신판매원(자동화 가능성 99%), 속기사(98.5%), 법률보조원(97.6%), 재무회계 관리자(97.6%) 등은 높은 대체 비율을 보였다. 역시 '숫자'와 '언어'를 단순 사용하는 직업의 자동화 가능성이 높게 나타났다.

〈표 1-1〉 4차 산업혁명에 따른 일자리 대체 전망

자동화 대체 확률 높은 직업 상위 10개			자동화 대체 확률 낮은 직업 상위 10개		
순위	직업명	대체 확률	순위	직업명	대체 확률
1	콘크리트공	0.9990578	1	화가 및 조각가	0.0000061
2	정육원 및 도축원	0.9986090	2	사진작가 및 사진사	0.0000064
3	고무 및 플라스틱 제품조립원	0.9980240	3	작가 및 관련 전문가	0.0000073
4	청원경찰	0.9978165	4	지휘자, 작곡가 및 연주가	0.0000200
5	조세행정사무원	0.9960392	5	애니메이터 및 만화가	0.0000389
6	물품이동장비조작원	0.9951527	6	무용가 및 안무가	0.0000431
7	경리사무원	0.9933962	7	가수 및 성악가	0.0000744
8	환경미화원 및 재활용품수거원	0.9927341	8	메이크업 아티스트 및 분장사	0.0002148
9	세탁관련 기계조작원	0.9920450	9	공예원	0.0002440
10	택배원	0.9918874	10	예능 강사	0.0003703

출처: 한국고용정보원 제공 일자리 대체 전망

실제로 IBM의 슈퍼컴퓨터 '왓슨'과 연계한 인공지능 '로스(ROSS)'는 2016년 5월부터 미국 뉴욕에서 파산 관련 변호사 일을 시작하였다. 세계 최초의 인공지능 변호사가 탄생한 것이다. 의료분야 '왓슨'은 1,500만 페이지의 의료정보(빅데이터)를 활용해 100%에 근접한 최적의 암 치료법을 제시하고 있다.

10년 전 '스마트폰 시대'가 열릴 것이라고 예상한 이는 거의 없었다. 그럼에도 스티브 잡스라는 걸출한 인물이 '아이폰 애플리케이션 시장'을 힘차게 열어젖혔고, 수많은 젊은이들은 애플리케이션 개발에 적극 뛰어들었다. 그 결과 애플리케이션에서만 매년 1,000억 달러 이상의 수익이 발생하고 있다. 이처럼 4차 산업으로 인한 인류의 발전에 대해 인공지능에 대항하려 들지 말고 공존하겠다는 '발상의 전환'을 통한 변화를 주도하는 국가가 되어야 한다.

제1절 4차 산업혁명 주요 기술

1. 주요 기술 개요

4차 산업혁명의 화두는 초연결, 초지능과 융복합이다. 4차 산업혁명이 산업 간의 융복합 기술혁신을 통해 서서히 전개되고 있다. 스마트 홈, 스마트 공장(스마트 팩토리) 등이 등장했다. 인공지능(AI), 사물인터넷(IoT), 차세대 통신기술(5G), 로봇, 블록체인, 드론, 3D 프린터, 빅데이터, 무인 운송수단, 바이오공학, 신소재, 공유경제, VR/AR 등이 미래의 먹거리 4차 산업혁명의 주요 기술로 떠오르고 있다.

4차 산업혁명의 키워드는 융복합이다. 스마트 홈, 스마트 마트, 스마트 팜 등 대부분의 산업과 서비스에 일정 부분 적용되고 있으며 향후 더 빠른 속도로 다방면에서 활용될 것이다.

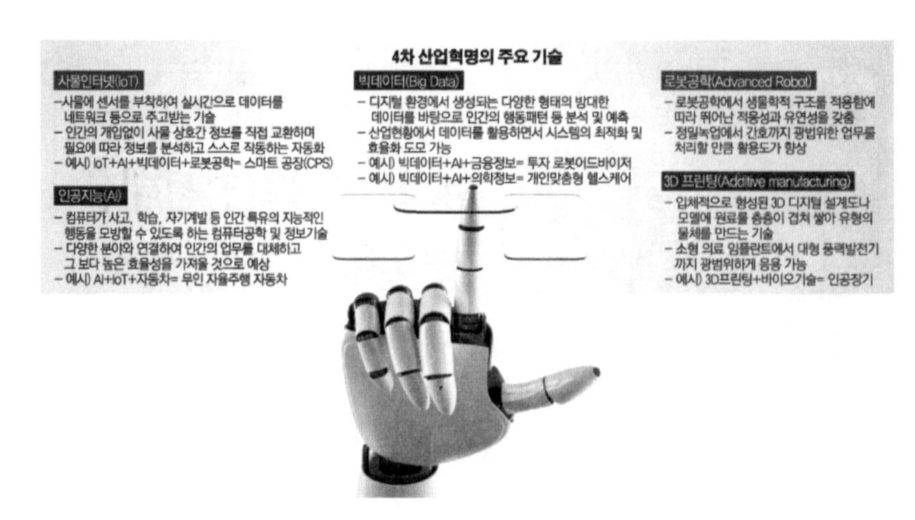

[그림 2-1] 4차 산업혁명의 주요 기술

2. 4차 산업혁명 주요 기술

1) 인공지능 기술

최초로 인공지능이란 말을 쓴 것은 1956년, 미국 다트머스콘퍼런스에서였다. 이 학회는 인공지능 연구의 선두주자인 마빈 민스키, 존 매카시, 클로드 섀넌, 네이선 로체스터가 개최했으며 "학습의 모든 면 또는 지능의 다른 모든 특성으로 기계를 정밀하게 기술할 수 있고, 이를 시뮬레이션 할 수 있다"라는 주장을 하며 시작되었다. 이때 AI, 즉 Artificial Intelligence라는 말을 처음 사용했으며, 본격적으로 인공지능연구가 시작되었다.

인공지능은 1940년대부터 과학자들 간에 회자되다가 1950년 앨런튜링이라는 과학자의 논문에서부터 본격적으로 연구가 되기 시작했다. 인공지능의 주요 기술은 패턴인식, 자연어 처리, 자동제어, 가상현실 등이 있으며 이 기술이 이종 기업 간 융합을 통해 파괴적인 혁신을 만들어낸다. 애플 아이폰에 기본 탑재된 시리(Siri) 역시 음성인식을 기반으로 한 인공지능 기술이다.

인공신경망은 최근 들어 '딥 러닝' 네트워크로 발전했다. 딥 러닝의 장점은 빠른 속도의 고성능 컴퓨터들을 연결해 방대한 양의 데이터를 학습시킬 수 있다는 데 있다. 딥 러닝은 이미지 분류나 외국어 번역, 스팸 메일 분류 등 유형화된 데이터에서 탁월한 성능을 보여주고 있다. 고전적 인공지능이 두 손을 든 문제도 초보적인 수준의 인공신경망은 거뜬히 풀어낸다. 그런데도 몇 가지 한계는 있다. 예를 들어, 학습 데이터가 충분치 않을 때 인공신경망은 좋은 실력을 보여주지 못하는 기술적 한계도 있다.

2) 빅데이터 기술

3차 산업혁명시대에 정보통신기술(ICT)의 발달로 누적되는 데이터의 수는 이전과는 비교도 할 수 없을 정도로 서버에 대량으로 저장되고 있다. 4차 산업혁명시대에는 수많은 데이터를 단순히 처리할 수 있는 기술을 뛰어넘어 대량의 정형 및 비정형 데이터들을 가공하여 가치 있는 새로운 데이터를 추출하고 분석하는 기술이 필요하다. 이러한 기술이 바로 '빅데이터'이다.

빅데이터는 이미 광범위하게 활용되고 있으며, 앞으로도 관련 서비스들의 활용분야 및 성장 가능성은 무궁무진하다고 할 수 있다. 디지털 환경에서 생성되는 다양한 형태의 데이터를 의미하며, 그 규모가 방대하고 생성 주기도 짧은 대규모의 데이터를 의미하고, 증가한 데이터의 양을 바탕으로 사람들의 행동 패턴 등을 분석 및 예측할 수 있다. 이를 산업 현장에 활용할 경우 시스템의 최적화 및 효율화 등이 가능하다.

빅데이터는 PC와 인터넷, 모바일 기기 보급률이 높아지고, 이용이 생활화되면서 데이터양은 기하급수적으로 늘어나고 있다. 매일 전 세계에서 250경 바이트 데이터가 생성되고, 현존하는 전 세계 데이터의 90%는 최근 2년 내에 생성되었다. 2020년경에는 데이터 생성속도가 2009년에 44배에 육박할 예정이다. 또한 기업이 보유하고 있는 데이터의 규모는 매번 1.2년마다 두 배씩 증가하고 있다.

빅데이터를 운영하고 관리하기 위해서는 기존 데이터 처리와는 다른 새로운 방식이 필요하다. 그리고 웹과 SNS 등의 비정형데이터의 수집과 RDBMS가 아닌 고속의 CAP이론 기반의 저장소를 구축해야 하며, 대용량 데이터를 분석하기 위한 다양한 솔루션(인메모리 컴퓨팅, DW 어플라이언스 등)을 도입 및 구축해야 한다.

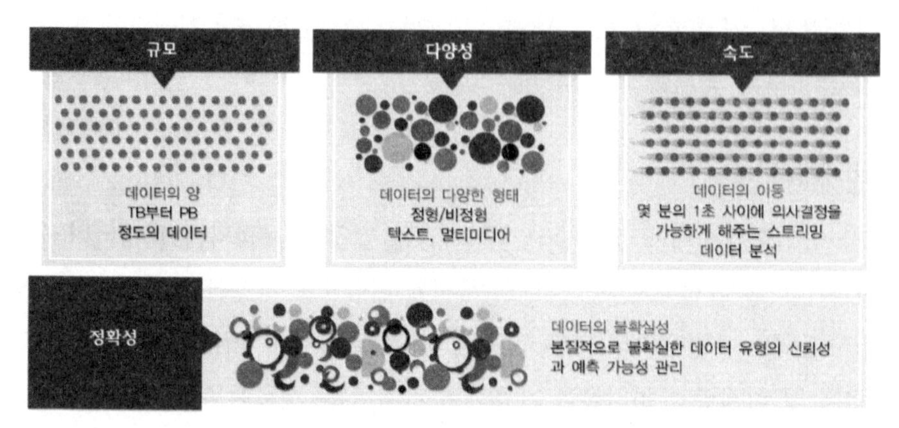

[그림 2-2] 빅데이터의 활용도

〈표 2-1〉 기업의 빅데이터 활용 효익

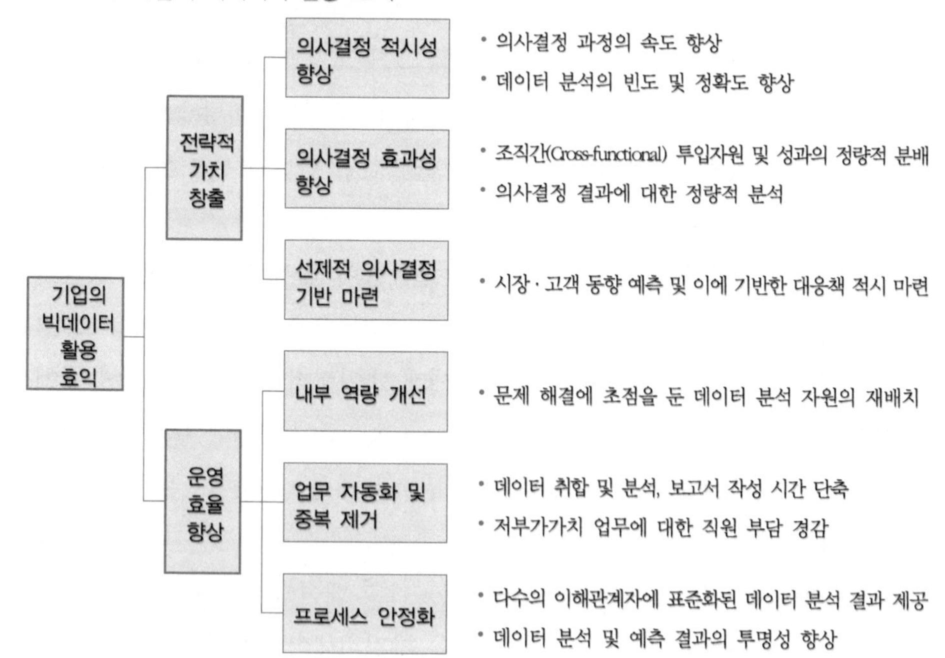

구분	가치	세부 항목	내용
기업의 빅데이터 활용 효익	전략적 가치 창출	의사결정 적시성 향상	• 의사결정 과정의 속도 향상 • 데이터 분석의 빈도 및 정확도 향상
		의사결정 효과성 향상	• 조직간(Cross-functional) 투입자원 및 성과의 정량적 분배 • 의사결정 결과에 대한 정량적 분석
		선제적 의사결정 기반 마련	• 시장·고객 동향 예측 및 이에 기반한 대응책 적시 마련
	운영 효율 향상	내부 역량 개선	• 문제 해결에 초점을 둔 데이터 분석 자원의 재배치
		업무 자동화 및 중복 제거	• 데이터 취합 및 분석, 보고서 작성 시간 단축 • 저부가가치 업무에 대한 직원 부담 경감
		프로세스 안정화	• 다수의 이해관계자에 표준화된 데이터 분석 결과 제공 • 데이터 분석 및 예측 결과의 투명성 향상

3) 사물인터넷(IoT-Internet of Things)

사물인터넷은 정보통신기술 기반으로 모든 사물을 연결해 사람과 사물, 사물과 사물간에 정보를 교류하고 상호 소통하는 지능형 인프라 및 서비스 기술을 말한다. 사물인터넷이라는 용어는 1999년 MIT의 오토아이디센터(Auto ID Center)의 케빈 애시턴이 RFID와 센서 등을 활용하여 사물에 탑재된 인터넷이 발달할 것이라 예측한 데서 비롯되었다.

각종 사물에 센서와 통신 기능을 내장하여 인터넷에 연결하는 기술로 기존에는 인터넷으로 사람과 사람만이 연결되어 정보공유의 대상도 사람에게만 한정되어 있었지만 사물인터넷 기술로 인해 사람뿐 아니라 사물까지도 모든 정보를 주고받을 수 있다. IoT의 기술에는 크게 센싱기술, 유무선 통신 및 네트워크 인프라 기술, IoT 서비스 인터페이스 기술, Battery Technology(배터리 기술) 등이 대표적으로 꼽힌다. 사물인터넷의 기술 발전을 통해 향후 커넥티드카, 의료기술과의 융합, 스마트 팩토리, 스마트 홈 등의 구축에 더 효율적으로 활용이 가능해질 것이다.

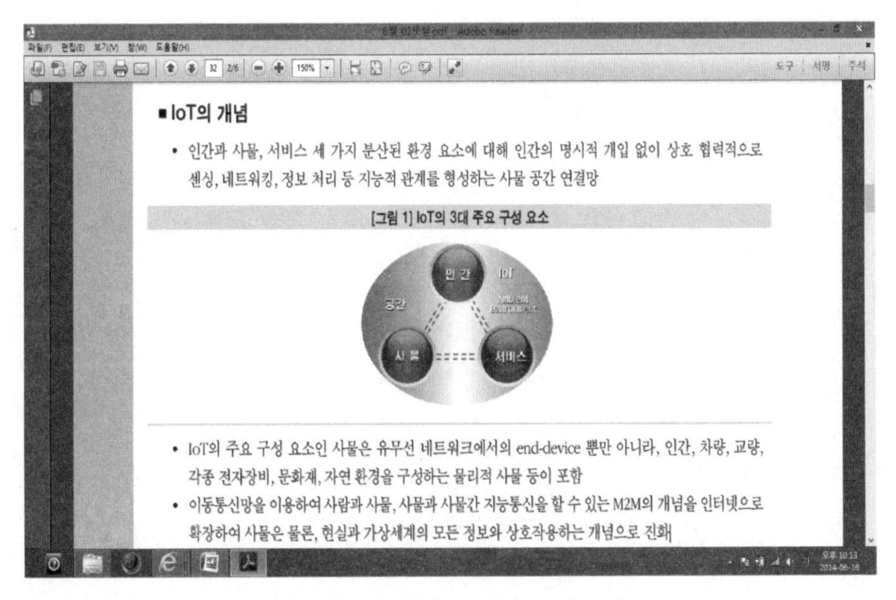
■ IoT의 개념

- 인간과 사물, 서비스 세 가지 분산된 환경 요소에 대해 인간의 명시적 개입 없이 상호 협력적으로 센싱, 네트워킹, 정보 처리 등 지능적 관계를 형성하는 사물 공간 연결망

[그림 1] IoT의 3대 주요 구성 요소

- IoT의 주요 구성 요소인 사물은 유무선 네트워크에서의 end-device 뿐만 아니라, 인간, 차량, 교량, 각종 전자장비, 문화재, 자연 환경을 구성하는 물리적 사물 등이 포함
- 이동통신망을 이용하여 사람과 사물, 사물과 사물간 지능통신을 할 수 있는 M2M의 개념을 인터넷으로 확장하여 사물은 물론, 현실과 가상세계의 모든 정보와 상호작용하는 개념으로 진화

[그림 2-3] IoT의 3대 주요 구성요소

4) 클라우드 기술

'클라우드 컴퓨팅' 기술은 클라우드 서비스를 활용한 기술 혹은 업그레이드 버전으로 사용자가 필요한 소프트웨어를 자신의 컴퓨터에 설치하지 않고도 인터넷 접속을 통해 언제든 사용할 수 있고 동시에 각종 정보통신 기기로 데이터를 손쉽게 공유할 수 있는 사용 환경이다. 1965년 '클라우드 컴퓨팅'이 개념적으로 살짝 드러난 후, 그로부터 40여 년이 지나서야 '클라우드 컴퓨팅'이라는 용어가 점차 사용되기 시작하였다. 2006년 본격적으로 '클라우드 컴퓨팅'이라는 용어가 사용되었다.

클라우드는 빅데이터 시대에 데이터를 효과적으로 관리하여 능동적인 비즈니스 혜택을 창출하도록 해주는 기술이다. 클라우드 컴퓨팅 기술의 가장 큰 가치 중 하나는 '가상화'로 초기 투자 비용 및 유지보수 비용이 적게 들고 시스템의 자원을 유연하게 늘리거나 줄일 수 있는 장점이 있다. 또한 IoT기반 기술로 수집한 정보들을 빅데이터를 통해 분석할 수 있는 공간이며, 하나의 인프라가 된다는 점에서 4차 산업혁명시대의 중심 역할을 하게 될 것이다.

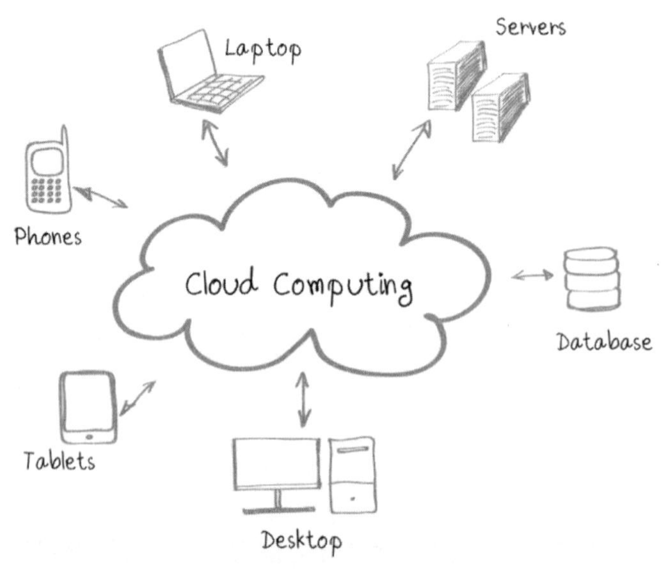

[그림 2-4] 클라우드 컴퓨팅

5) 3D 프린터

3D 프린터는 3D 디자인 소프트웨어로 제작된 3차원 설계도로 실제 물건을 만들어 출력하는 프린터다. 기존 프린터가 PC에 있는 문서를 바탕으로 그림이나 글자를 종이에 인쇄하듯이, 3D 프린터는 3차원 도면을 바탕으로 플라스틱이나 금속을 녹여 그릇, 신발, 장난감과 같은 입체적 물건을 만들어낸다.

3D 프린팅의 원리를 간단히 수학의 '미분'과 '적분' 개념이다. 입체 형태로 생긴 물건을 '미분'하듯 매우 얇게 도려낸 후, 이 조각들을 '적분'하듯 바닥부터 꼭대기까지 한 단계 한 단계 쌓아올리는 것이다. 좀 더 자세히 알아보면 일단 CAD, 3D 스캐너 등 컴퓨터 그래픽 설계 프로그램을 통해 물체의 모양을 3차원 형태로 모델링하는 작업을 진행한다. 원하는 물건을 3차원 입체모델로 만드는 것이다.

제조업계가 3D 프린팅을 주목하는 이유 중 하나는 3D 프린팅의 제작 방식이 맞춤형 다품종 소량 생산에 적합하기 때문이다. 3D 프린터의 기술이 보편화되면 누구나 크리에이터(Creator)가 된다. 개인은 디자이너에게 3D 모델링을 의뢰하고 아이디어나 3D 모델링의 설계도를 사고파는 시장이 형성될 것이다. 그리고 제품 생산 주체가 다양해지고, 제조방식과 유통에 있어서도 개인과 소규모 제조사들의 비중이 커질 것이다. 3D 프린터 기술이 발달하면 향후 개인에 맞는 인공뼈를 제작하거나, 인공세포를 통해 인공장기 등 제작이 가능하며, 여러 분야에 활용이 가능할 것이다.

3D 프린팅은 비용과 시간을 절감하고 개인 맞춤형 제품을 생산하는데 유리하며, 인공장기와 인공혈관 등을 제작할 수 있어 인간의 건강에 큰 도움이 된다. 그리고 3D 프린팅의 미래를 예측해보면 앞으로 4D 프린팅이 보급되어 소재산업, 항공우주, 자동차, 의류, 건설, 국방, 헬스케어 등에 광범위하게 적용될 것이며 시장의 규모는 2019년에 6,300만 달러에서 2025년 5억 5,560만 달러로 약 9배가량 증가할 것으로 예상했다.

[그림 2-5] 메이커봇 리플리케이터

6) 드론기술

20세기 초반 등장한 드론은 처음엔 군사용 무인항공기로 개발됐다. '드론'이란 영어단어는 원래 벌이 내는 웅웅거리는 소리를 뜻하는데, 작은 항공기가 소리를 내며 날아다니는 모습을 보고 이러한 이름을 붙였다. 드론이란 단어가 처음 등장한 것은 1930년대다. 방산전문가 Steven Zaloga의 주장에 따르면 대공포 사격용 연습물체로 개발된 DH 82B Queen Bee에서 비슷한 단어인 드론이란 단어가 유래되었다고 한다.

드론 기술이 발달을 통해 앞으로 먼 섬지역이나, 배달이 어려운 산골지역에 여러 가지 필요 물품을 손쉽게 배달 할 수 있게 된다. 또한 화재진압이나, 인명구조 시 사람이 투입되기 어려운 곳에 투입되어 사람의 역할을 대신할 수 있게 될 것이다.

드론 관련 새로운 일자리가 크게 늘어날 전망이다. 드론을 사용하는 업체는 2016년 기준 1,000개 정도로 추정되고, 조종 자격자는 1,300여 명이다. 드론 조종사는 영상 촬영, 무인 경비나 국경 감시, 인명 구조, 방재, 비료나 농약 살포, 소형화물 배달 등 다양한 분야에서 활약할 수 있다.

12kg 이상의 드론을 조종하기 위해서는 자격증이 필요하며, 교통안전공단에서 초경량(150kg 이하) 무인 비행 장치를 조종할 수 있는 자격증을 발급한

다. 비행실습 20시간, 항공법규, 항공기상 등 항공기 운항에 대한 이론교육 20시간 이상을 받아야 응시할 수 있다. 12kg 이하는 자격증 없이도 국토교통부에 사업승인만 내면 누구나 띄울 수 있고, 상업목적이 아니면 승인 없이 조종할 수 있는데, 150m 이하로만 띄울 수 있으며 제한 공역에서의 비행은 금지한다.

2017년 9월 11일 '2017 드론 챌린지코리아'가 부산 한국해양대학교에서 개최되었다. 드론산업은 정부가 2015년 선정한 미래 성장동력에 포함돼 있어 정부가 적극적으로 육성하는 차세대 전략산업이다. '2017 드론 챌린지코리아'는 해양도시 드론산업 육성의 일환으로 국토교통부와 부산시가 주최하고 부산 테크노파크와 항공안전기술원이 주관하며, 드론산업을 소개하고 아이디어를 발굴하기 위해 열리며 2016년부터 시작되었다. 대회는 개발한 드론을 전시하고 시연하는 실증부와 자율미션 경진대회에 참가하는 일반부, 드론 해상공역에서 오픈세리머니를 하는 공역개장으로 구성해 진행하였으며, 실증부에 13개업체, 일반부에 11개팀이 참가했다(정보통신신문, 2017년 8월 21일, 14면).

7) 나노기술

나노(nano)란 10-9을 의미하는 SI 단위의 접두어로서, 길이, 무게, 또는 시간 등과 같은 단위에 n을 붙여서 사용한다. 나노는 난쟁이를 뜻하는 고대 그리스어 나노스(nanos)에서 유래되었으며, 1nm는 머리카락 굵기의 약 8만분의 1, 수소원자 10개를 나란히 늘어놓은 정도에 해당한다. 이와 같이 나노기술이란 1nm 내지 100nm 단위의 크기를 가지는 물질을 조작하고 제어하는 기술이다.

또한 다른 기술분야, 특히 IT(Information Technology 이하 IT), BT(Bio Technology 이하 BT), ET(Environment Technology 이하 ET), ST(Space Technology 이하 ST) 등의 신기술 영역과 다양한 공유영역을 가지며, 21세기 과학기술의 핵심으로 주목받고 있다. 나노기술개발은 2001년 미국 클린턴 대통령이 연두교서에서 나노기술을 차세대 경쟁력 확보를 위한 핵심기술로 선언하고, 국가차원에서 개발을 추진하겠다고 발표하면서 본격적으로 추진됐다.

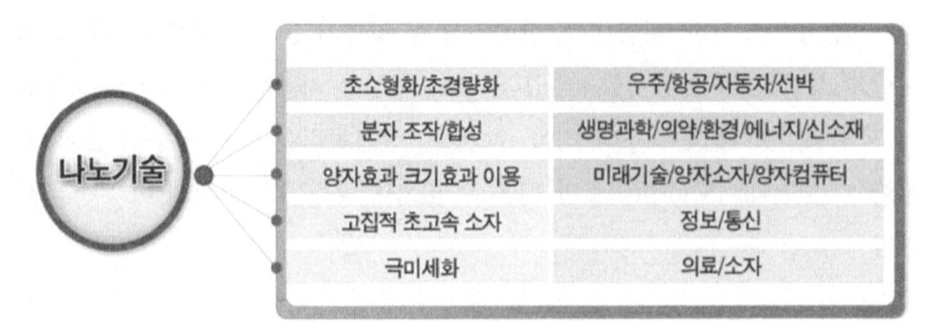

[그림 2-6] 나노기술 관련도

이후 나노기술은 전자, 재료, 의약, 에너지 등의 기술 분야에 응용됨에 따라, 선진 각국은 나노기술의 큰 잠재력과 파급력을 인정하여 나노기술을 국가 핵심기술로 선정하고 기초기술과 연구기반 구축에 적극적으로 투자하고 있다. 요즘엔 원자를 줄 세워서 글자를 적는 등의 기술도 가능해짐에 따라 이 기술에 대한 관심도도 높아졌다.

8) CPS기술

CPS는 실제 물리 세계와 그 위에서 진행되는 다양하고 복잡한 프로세스들과 정보들을, 인터넷을 통해 데이터 에 접근 및 처리하는 서비스 기반으로 사이버 세계에 밀접하게 연결시켜 주는 컴퓨터 기반 구성 요소 및 시스템 [3]을 말하며, 스마트공장 CPS는 지능화된 '상황인지', '판단(의사결정)', '수행'을 통하여 제조 현장의 설비 간 네트워크에서부터 설계, 운영에 관련된 최적화된 의사결정을 통합하여 지원한다.

특히 공장 차원의 CPS 적용을 위해서는 데이터애널리틱스를 통해 물리적 세계(제조 현장)과 동기화된 사이버 모델, 즉 '디지털 트윈(digital twin)'이 구축, 활용된다. CPS의 구축과 실현을 위해서는 계층별로 다양한 기술 들이 융합되어야 하며, 그중 가장 핵심적 요소들에는 클라우드 기반 상호운용 아키텍처, IoT기반 스마트센서 네트워크 데이터 수집 및 처리, 산업 데이터 애널리스틱을 통한 수집 데이터의 정제와 분석, 실시간 가상화(real-time virtualization)를 통한 사이버모델 자동 구축, 머신 러닝(machine learning) 등 최적화된 의사결정 방법 통합 적용 등이 있다.

9) 5세대 이동통신(5G)-40배 빨라진 '4차 산업혁명의 핏줄'

2017년 초 미국에서 열린 IT 전시회에서 20세기폭스의 최고기술책임자 하노 바세(Hanno Basse)는 "5G는 미래의 석유가 될 것"이라고 말했다. '5G의 상용화로 2035년까지 약 12조 달러(약 1경3600조원)의 경제유발효가가 생길 것'이라고 예측하였다. 5G는 LTE보다 통신속도가 40배나 빠르고 잘 끊기지 않고 지체시간이 짧으며 주파수의 대역폭도 LTE보다 100배나 크다.

사물인터넷, 자율주행차, 인공지능 로봇, 스마트 가전 등 모든 첨단기기들은 통신망에 연결된 '커넥티드 디바이스(Connected Device)'이다, 인터넷에 연결되어 있어야 각종 정보를 다운로드받거나 원격으로 조정할 수 있어 5G는 첨단기기들을 위한 기반 통신망이다.

제2절 한국의 4차산업 핵심기술 현황

한국과학기술기획평가원(KISTEP)과 한국산업기술평가관리원(KEIT)이 주요 20개 4차 산업혁명 기반 기술 수준을 분석한 결과 미국을 100점으로 봤을 때 한국의 기반 기술 점수는 79.6점에 불과하다. 빅데이터, 인공지능(AI) 등 한국의 4차 산업혁명 기반 기술 경쟁력이 중국과 비교해 우위에 있지만, 주요 선진국들에는 크게 뒤처져 있다.

유럽연합(EU)은 91.4점, 일본은 85.7점, 중국은 69.4점으로 제시됐다. 부문별로 한국의 빅데이터 기술 수준은 77.9점에 머물렀다. 중국(66.4점)보다는 높지만 EU(88.9점)나 일본(87.7점)보다 훨씬 낮다. 이미 다양한 산업에 빅데이터가 접목돼 새로운 서비스와 제품이 출시되고 있는 상황이다.

그럼에도 한국의 빅데이터 경쟁력은 주요 국가에 비해 크게 떨어져 있다는 뜻이다. 한국의 AI 기술 역시 마찬가지다. 미국 기술 수준을 100점으로 봤을 때 한국은 70.5점밖에 안 된다. EU와 일본이 각각 86.8점과 81.9점, 중국은 최근 경쟁력이 상승하고 있다. 생물 의약품(70.7점), 나노 센서 소자(76.5점), 바이오 인공장비 개발(75.5점) 등도 미흡하다.

〈표 2-2〉 4차 산업혁명 기반기술 경쟁력

	한국	EU	일본
빅데이터	77.9	88.9	87.7
인공지능	70.5	86.8	81.9
사물인터넷	80.9	85.6	82.9
가상현실	83.3	94.8	91.7
유전자치료	79.0	91.0	89.7
스마트그리드	90.3	94.6	93.5
3D 프린팅	73.1	88.0	85.1
스마트카	78.8	98.9	95.3
20개 기술 평균	79.6	91.4	85.7

주: 1) 미국을 100으로 봤을 때 상대적 기술 수준
2) 국가별 평균은 20개 기반기술 기준
출처: 산업연구원, 한국과학기술기획평가원, 산업기술평가관리원

1. 4차 산업혁명시대 핵심기술에 대한 전망

구글과 애플 등이 경쟁적으로 개발하고 있는 자율주행차 또한 머지않아 우리 도로를 달리게 될 것이다. 드론, 로봇, 무인차 등 자칫 공상과학 영화에서나 등장할 법한 소재로 여겨지지만, 눈앞에 닥친 현실이다.

그러면 우리는 이 거대한 변화의 물결에 어떻게 대응해야 할까? 어떤 준비를 해야 하는지 연구해야 한다. 인공지능, 드론, 비트코인, 소셜미디어, 사물인

터넷, 빅데이터, 미래직업 등 꼭 알아야 하는 분야에 대한 전망과 기회, 위기, 해법은 반드시 답이 있다.

"다가올 새로운 산업에 필요한 사람들의 모습은 다양하다. 그러므로 큰 변화를 앞두고 새롭게 필요성이 대두될 만한 나만의 전문영역을 찾아내려면 이제까지 인류가 신경 쓰지 못한 새로운 욕구들을 먼저 상상해 파고들어야 한다. 그 결과로 개척되는 지점이 바로 블루오션이고 틈새시장이다." 새로운 시대에 나아갈 방향을 모색하고, 오늘보다 더 나은 내일을 설계하여야 한다.

빅데이터는 전 세계적으로 사회, 정치, 문화, 과학 등 모든 인류 문명의 전 영역에 걸쳐서 엄청난 가치의 정보를 제공하고 있다.

제4차 산업혁명으로 인공지능과 로봇에게 우리의 일자리를 뺏긴다는 두려움과 어떤 직업을 가져야 하는지에 대해 궁금증이 생기는 것은 자연스러운 현상이다. 하지만 인간은 변화에 적응하는 동물이다. 제1 · 2 · 3차 산업혁명에서와 마찬가지로 누군가는 실업했으며, 누군가는 새로운 일자리를 갖게 됐다. 제4차 산업혁명이 있기 전에도 직장에서 로봇처럼 일하는 사람은 존재했을 것이다.

그러나 지금부터 중요한 점은 우리가 로봇보다도 못한 인간이 되어서는 안 된다는 것이다. 노동시장에 인공지능의 파급력은 우리가 상상하는 그 이상이 될 수도 있기 때문이다. 로봇과 인공지능이 미래의 일자리를 빼앗아간다는 비관론자들의 입장과 새로운 간접 일자리가 많이 창출될 것이라는 낙관론자들의 입장은 모두 타당성이 있다.

인공지능이란? 인간의 두뇌와 같이 컴퓨터 스스로 추론 · 학습 · 판단하면서 전문적인 작업을 하거나, 인간 고유의 지식활동을 하는 시스템을 의미한다. 기존의 컴퓨터와 마찬가지로 프로그래밍이 된 순서 안에서만 작업하는 시스템과는 달리 좀 더 유연한 문제해결을 지원한다. 지난 2016년 3월 구글 딥마인드의 '알파고'는 인류에 커다란 충격을 안겨줬다.

인공지능(AI)이 인간을 절대로 이길 수 없다고 여겨졌던 바둑에서 인간대표 이세돌이 무릎을 꿇었고, 충격에 빠진 일부 사람들은 무력감과 우울증을 호소

했다. 알파고 쇼크 이후 AI에 관한 관심은 열병처럼 번졌다. AI 관련 시장도 빠르게 성장하기 시작했다. 미국의 IT 시장 조사업체 IDC의 최근 보고서에 따르면 AI 시장 규모는 지난 2016년 80억 달러에서 오는 2020년 470억 달러로 커질 전망이다.

현재까지 비트코인은 1,618만 BTC가 조금 넘게 채굴되었으며, 1BTC의 가격을 1,150달러로 계산하면 시가총액은 약 186억 달러, 한화로는 약 21조 4,000억 원에 달한다. 비트코인은 주기적인 반감기를 거치면서 오는 2140년까지 총 2,100만 BTC가 채굴될 예정이다. 초기에는 채굴 난이도가 높지 않아 PC에서도 쉽게 채굴이 가능했다. 공개된 채굴 프로그램을 다운로드받아서 몇 가지 설정만 하고 실행시키면 비트코인을 쏠쏠하게 챙길 수 있었다.

근일간 더 다양한 분야에서 진정한 융합의 드론이 나타날 것으로 생각된다. 가령 드론이 날아와서 모닝콜을 해주고 오늘의 스케줄을 알려주는 집사와 같은 일을 하는 로봇형 드론, 나를 24시간 보호해주는 보디가드 드론 등 새로운 형태의 드론들이 탄생할 것으로 예상한다. 반면 곧 수년 내에 드론으로 인해 많은 일자리가 없어질 것이다.

또한 새로운 일자리도 생겨날 것이다. 얼마만큼 미래를 예측하고 이에 대비하느냐에 따라 자신이 해온 직업군에서 남아 있을 것인지 새로운 직업군에 밀려 사회로부터 잊힐 것인지 결정하여야 하고 급변하는 제4차 산업혁명에 잘 적응하여야 한다.

사물인터넷(IoT, Internet of Things)은 사람, 기계 그리고 물체 사이의 관계를 거시적 및 미시적으로 볼 수 있게 한다. 미시적으로 물체에 부착된 전자태그(Tag, 예: RFID)나 인터넷 접속기능을 가진 기계로부터 수집된 정보를 사용할 수 있다. 거시적으로는 인공지능이나 데이터 마이닝(Data Mining) 등의 기술을 활용해 사람, 동물, 기계 및 물체 간의 관계인식 및 패턴예측 등 새로운 정보 및 지식을 생성하는 데 사용된다.

우리는 지금까지 소셜 네트워크 서비스, 크라우드 소싱, 사물인터넷, 클라우드 컴퓨팅, 빅데이터, 인공지능, 로봇, 가상현실, 3D 프린팅, 센서 기술, 나노기술 등의 새로운 기술들을 개별 기술로 인식해 왔다. 사물인터넷은 이러한 개별 기술을 융합하는 시발점이다. 사물인터넷은 사물과 사물이 정보를 주고받고, 사람과 사물이 정보를 주고받는 환경을 제공한다.

2. 센서기술

요즘 정치인에게도 인기 단어의 하나가 '4차 산업혁명'이다. 4차 산업혁명은 정보통신기술(ICT) 전문가도 드론, 로봇, 사물인터넷(IoT), 빅데이터, 인공지능(AI) 분야로만 알고 있을 뿐 핵심이 무엇인지는 모르는 듯하다. 핵심은 '센서기술'이다. 4차 산업혁명에 속하는 드론, 로봇, IoT 등 분야는 외형만 알고 말하는 것이다. 건물만 짓고 내부 공사는 하지 않은 상태와 같다. 최첨단 센서가 없는 드론, 로봇, IoT는 인테리어 공사가 안 된 집에 입주한 것과 같다. 인간의 5감각은 인간에게 있는 인체 센서다.

이세돌 9단과 세기의 바둑 대결로 관심을 모은 알파고는 지능형 로봇에 들어가는 AI가 인간 지능을 대신한다는 측면에서 보면 제6의식에 해당되는 초고성능 센서라 할 수 있다. 로봇이나 드론은 외형인 껍데기에 불과하다. 이들에게 최고성능 센서가 장착될 때 엄청난 고부가 가치가 생기는 것이며, 또한 응용 분야가 무궁무진해지는 것이다. 초정밀 카메라, 소리 센서, 위치 측정 센서, 열 감지 센서, 동작 감지 센서 등 수백 가지 고성능 센서를 누가 더 많이 더 빨리 개발하느냐에 따라 4차 산업혁명의 성공과 우리나라 미래가 결정된다.

이러한 최첨단 센서가 장착된 로봇이 전방 휴전선에 설치되면 멀리서 감지하고 정확히 조준해 제어할 수 있다. 휴전선 155마일, 248㎞ 구간에 500m 간격으로 최첨단 고성능 센서가 장착된 로봇을 설치하면 500대만으로도 지상은 물론 하늘까지도 철통 같은 감시망을 갖출 수 있다. 도널드 트럼프 미국 대통령이 멕시코 국경에 3144㎞ 길이의 장벽을 설치하겠다고 선언했다. 장벽 공사비가 무려 12조 원이 들어간다고 한다. 이런 천문학 규모의 구축비도 첨단 센서가 부착된 로봇 6000대로 경계를 세우면 불과 5%도 안 되는 비용으로 해결될 것이다.

인간의 한 방울 피나 침만으로 20가지 이상의 암 종류도 분간해 낼 수 있는 의료 센서 개발이 멀지 않았다. 이러한 센서가 단순한 혈액형 차이뿐만 아니라 미세한 암세포들에 있는 화학 성분 차이를 구별, 암 종류를 알아낼 수 있다. 미세한 가스 누출까지도 센서가 감지해서 가스의 종류와 위치를 알아낼 수 있다면 대형 건물의 화재를 예방할 수 있다. 수백km 지하에서 지진이 일어날 때 발생하는 미세한 지진파를 감지하는 초고성능 지진 센서가 개발된다면 수많은 인명 피해도 줄일 수 있다.

우리나라에 이러한 최고 성능의 센서를 개발할 수 있는 '종합센서개발연구소'를 설립해야 한다. 그래서 앞으로 우리나라가 최고 센서 개발 메카로, 각종 '센서 백화점'으로 세계 속에서 4차 산업혁명을 주도해 나가는 선진 국가가 돼야 한다. 미래 성장 동력, 새로운 먹거리, 청년 일자리를 창출하는 도구로써 4차 산업혁명에 대해 정확히 인식하고 인력 양성과 재원 조달을 비롯한 국가 미래를 설계해야 한다.

제3절 대화형 AI 서비스(채팅 로봇) 확산

1. 인공지능에 기업들 감성 디자인 열풍

국내 기업들 사이에서 인공지능(AI) 서비스에 인간의 개성을 입히는 '감성디자인(emotional design)'열풍이 일고 있다. 고객과 자동으로 대화를 주고받으며 각종 서비스 안내부터 상품 추천까지 하여주는 대화형 AI 서비스(채팅 로봇)가 확산되면서 소비자들이 실제 종업원 상담원을 대한 것처럼 느끼도록 AI에게 이름을 지어주고 말투와 태도까지 상세히 차별화하고 있다.

현대카드가 2017년 8월 출시한 대화형 AI 서비스 '버디'는 남녀 캐릭터가 따로 있다. 고객들은 현대카드의 앱(응용 프로그램)에 접속해서 버디 매뉴를 고른 뒤 여성 상담사 '피오나'와 남성 상담사 '헨리' 중에 하나를 선택하여 문자 채팅을 할 수 있다. 피오나가 상냥하고 친근한 어투로 고객과 수다를 떠는 느낌이라면 핸리는 예의와 매너를 중요시하는 신사 분위기로 대화한다.

카드 혜택안내, 맞춤카드 추천, 금융 서비스, 콘서트 예매 등 200여 가지 항목에 대한 답변 4만여 개를 안내해준다.

롯데닷컴도 8월 AI 문자 채팅 서비스 '사만다'를 시작하고, 한국전력도 9월에 서울 서초지사에서 공공기관 최초로 음성 대화형 AI '파워봇' 서비스를 시작했다. 전기요금 조회, 명의 변경, 청구서 발행 등 각종 업무를 신속하고 정확하게 해결한다. 영어, 중국어, 일본어 등 외국어 안내와 수화 기능도 있다. 이 서비스는 현재 여러 기업들에 열풍적으로 확산되고 있다.

2. 글로벌 기업들도 AI 이미지 관리

AI를 통해 자사의 이미지와 서비스 특성이 잘 드러나도록 이름과 성격 설계에 치중하고 있다. 2017년 초에 스타벅스가 출시한 음료 주문 전용 AI 서비스 이름은 커피 제조 전문가인 '바리스타(barista)'이다. 그리고 페이스북이 출시한 일기예보 AI 서비스 이름은 영어로 우비를 의미하는 '판초(poncho)'이다.

미국 은행 뱅크오브아메리카(BoA)의 AI 서비스 이름은 '에리카(erica)'이다. 에리카는 꼼꼼하게 장부 정리하는 회계사처럼 고객의 자산 관리를 안내한다. 예를 들어 '지금 잔고가 얼마냐?'라고 물으면 '현재 잔고는 521달러이며, 이번 달에는 평소보다 소비가 1000달러 정도 많습니다. 이러면 월말에 마이너스 잔고가 될 수 있습니다'라고 그래프까지 그려가며 설명해줄 정도로 인간을 대신하는 '로봇' 역할을 수행한다(조선일보, 2017년 10월 3일, A8면).

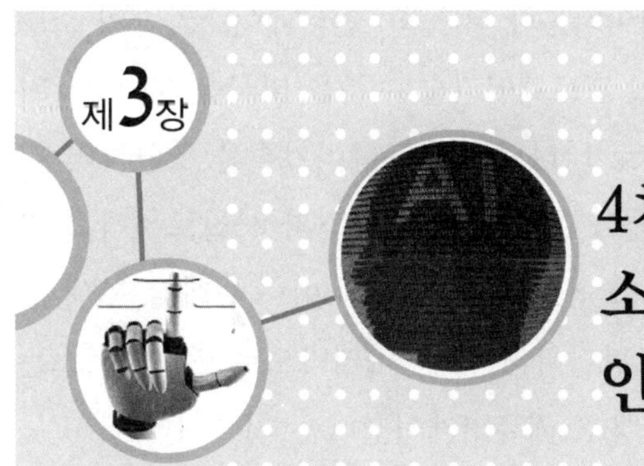

제3장 4차 산업혁명에서 소프트웨어기술과 인공지능의 중요성

제1절 4차 산업혁명과 소프트웨어기술

4차 산업혁명이란 2017년 1월 20일 스위스 다보스에서 열린 '세계경제포럼'에서 처음 언급된 개념이다. '세계경제포럼'은 전 세계 기업인, 정치인, 경제학자 등 전문가 2천여 명이 모여 세계가 당면한 과제의 해법을 논의하는 자리이다. '과학기술' 분야가 주요 의제로 선택된 것은 포럼 창립 이래 최초였다. 세계경제포럼은 '제4차 산업혁명'을 "3차 산업혁명을 기반으로 한 디지털과 바이오산업, 물리학 등의 경계를 융합하는 기술혁명"이라고 설명하였다. 즉 4차 산업혁명은 3차 산업혁명의 연장선이다.

데이터가 축적되면 특정한 패턴이 형성된다. 분석 결과를 토대로 사람들의 행동을 예측하며, 기업들은 그 결과를 바탕으로 소비자들의 특성에 맞는 물건들을 생산해 낸다. 이처럼 4차 산업혁명은 컴퓨터와 인터넷의 연결성이 극대화하는 역할을 수행한다. 이를 통해 인간이 감지(Sense)하고 합리적으로 판단(Think)하며 실행(Act)하는 과정에서 새로운 경험과 가치를 제공하게 된다.

4차 산업이 작동하기 위해서는 데이터통합, 지능화, 인터페이스기술의 소프트웨어가 필수적이다. 2015년 기준 소프트웨어기술 수준을 미국을 100으로 기준했을 때 일본은 89이고 한국은 74로 나타나 소프트웨어기술을 보완하기 위해 노력하여야 한다. 데이터통합기술을 통해 물리적 환경과 사물로부터 감지할 수 있는 정보를 수집하고 데이터를 통합 관리하게 되며, 지능화를 통해 정보의 해석 및 상황의 이해와 행동을 판단하게 된다. 마지막으로 인터페이스는 판단된 결과가 인간과 효율적으로 상호 커뮤니케이션하는 기술이다.

기존의 3차 산업혁명의 소프트웨어기술과 달리 4차 산업혁명에서의 소프트웨어는 감지범위, 자율판단, 실행력에서 차이가 있다. 감지범위에서는 기존에는 인간의 오감에 의존했던 것과 달리 사물이 센싱을 통해 인식한 데이터까지 활용함으로써 감지범위가 확대되고, 스스로 학습을 통해 진화하며 보다 유연한 판단을 하게 되며, 사물 간의 커뮤니케이션 등을 통한 실행력도 향상된다. 이처럼 4차 산업혁명은 일련의 단계를 통해 새로운 가치를 창출해 내는 것이다.

1. 국내 소프트웨어 산업의 투자확대 방안

1) '국내 소프트웨어 시장규모는 113억 3달러(2015년 1월 기준)으로 글로벌 16위 수준으로, 세계 Top 20개 국가에서 차지하는 비중이 1% 수준으로 매우 낮으며, IT강국의 위상에 걸맞지 않다고 평가된다. 하지만 정부 및 기업들이 국내 소프트웨어 산업의 도약을 위한 정책 및 투자를 지속적으로 추진하고 있는 만큼 국내 소프트웨어 시장도 국내 IT산업과 같은 의미 있는 성과를 나타낼 수 있을 것이라 판단한다.

2) 국내소프트웨어 산업은 생산의 증가보다 수출의 증가가 빠르다. 2009년부터 2015년까지 패키지SW와 IT서비스를 합한 전체 소프트웨어 생산은 연평균 7.2% 증가했고, 국내 소프트웨어 수출은 같은 기간 연평균 34.4%의 고성

장을 이뤄왔다. 이러한 추세가 지속되면, 국내 소프트웨어 기업들은 내수 시장뿐만 아니라 해외 시장 진출 본격화를 통한 성장 동력을 마련할 수 있을 것으로 전망한다.

3) 소프트웨어산업진흥법에 따라 매년 8월 발표되는 소프트웨어 기술자의 평균임금추이를 보면, 기술수준별로 다소 상이하지만 연평균('10~'16년) 2.3~9.0% 수준으로 꾸준히 성장해 왔다. 공표되는 임금이 반드시 준수해야 하는 강제성을 보유한 사항은 아니지만, 정부차원에서 소프트웨어 관련 인력의 보호와 소프트웨어산업육성을 위한 긍정적인 정책이라 평가한다.

4) 특히 공공기관에서 발주하는 소프트웨어 관련 용역과 연구개발에서 소프트웨어 연구 인력들이 적절한 평가를 받는 것과 함께 소프트웨어관련 기업들의 성장도 기대된다. 추가적으로 정보의 정책에 따라 소프트웨어 유지보수 요율 정상화를 위한 노력도 함께 하고 있다. 소프트웨어 유지보수 요율이란 단순한 하자보수의 개념이 아니라 법, 제도 등이 지속적으로 변화하는 환경에 대응하기 위한 기술지원이나 커스터마이징을 의미한다. '한국소프트웨어산업협회'가 2015년 상용SW유지관리요율의 추가 상향 등의 노력에 따라 향후 국내 소프트웨어기업들의 수혜가 기대된다.

소프트웨어는 제조, 금융, 서비스 등 모든 산업에서 도입 및 활용이 가능하며, 소프트웨어 도입을 통해 서비스의 경쟁력의 강화가 가능하다. 소프트웨어가 자동차와 접목을 통해 자율 주행자동차가, 금융과의 접목을 통해 O2O 및 핀테크 서비스를, 통신과의 접목으로 클라우드와 IoT 서비스의 실현이 가능해졌고, 관련 산업의 활성화 및 보급에 따라 소프트웨어 산업은 빠르게 성장하고 있다.

최근 글로벌 기업들의 경쟁력 평가에서 소프트웨어 기술력을 보유한 기업들의 가치가 상승하고 있고, 브랜드 가치평가에서 높은 순위에 랭크되고 있다.

2015년 조사된 기업의 브랜드 가치 평가에서 텐센트(11위), Facebook(12위), Alibaba(13위), Amazon(14위), 바이두(21위), SAP(24위) 등 2006년 당시에는 순위에 없던 기업들이 2015년 30위 안에 다수 포함된 것은 소프트웨어의 중요성을 반증하고 있다.

국내 기업들 또한 소프트웨어를 결합한 산업의 변화에 대응하기 위한 발빠른 움직임을 보이고 있다. IoT, 핀테크, 모바일페이, 클라우드 서비스 등은 모두 소프트웨어의 역량이 중요한 사업들로, 기업들이 관련 분야에 투자를 확대하고, 관련 서비스를 지속적으로 출시하고 있는 것은 향후 국내소프트웨어 기반산업의 성장에 긍정적인 촉매제로 작용할 것으로 판단한다.

2. 정부의 지원을 통한 소프트웨어 산업 활성화 방안

소프트웨어 산업의 부가가치율(부가가치율=〈부가가치액/매출액〉*100)은 54.2%(소프트웨어정책연구소)로 제조업 부가가치율(23.3%)보다 2.3배 높고, 서비스업(55.1%)와 비슷한 수준이다. 특히 소프트웨어와 타 산업 간의 융합이 확대됨에 따라, ICMB(IoT, Cloud, Big Data, Mobile)을 기반으로 소프트웨어 산업의 부가가치율은 더욱 상승할 것으로 예상된다.

정부는 소프트웨어 산업의 부가가치율과 취업유발 및 고용 유발효과에 주목하고, 경제성장의 새로운 동력으로서 소프트웨어 산업을 육성하기 위한 정책적인 지원을 지속하고 있다. 또한 상용소프트웨어 유지관리 요율의 상향을 통해서 소프트웨어 기업들의 성장을 위한 안정적인 캐시카우 보장을 위한 노력을 지속하고 있다.

인공지능, IoT, 빅데이터, VR(가상현실), AR(증강현실) 등은 모두 소프트웨어와 밀접한 관련이 있는 분야이다. 한국 정부에서도 시대적인 변화에 발맞춰 2018년부터 초, 중, 고등학교에서 소프트웨어 교육이 정규 교과목으로 편입된다. 소프트웨어가 정규 교과목으로서 교육에 할애된 시간이 많은 것은 아니지만, 모든 학생이 배우는 의무 교과서라는 것에 의미가 크다.

현재 소프트웨어 관련 과목을 정규 교과목으로 편성하고 있는 국가는 미국(9개 주), 일본, 중국, 핀란드, 영국 등이 있다. 소프트웨어 교육의 핵심은 프로그래머의 육성이아니라, 어떠한 직업을 선택하던 소프트웨어에 대한 기본적인 이해를 바탕으로 미래사회의 변화를 인지하고 이해시키는 것에 의미가 있다.

특히 소프트웨어 교육을 통해 컴퓨터적 사고를 수행할 수 있는 역량을 키우게 된다. 즉, 코딩이나 디바이스를 만드는 방법이 아니라, 문제를 해결하는 논리의 설계 역량을 학습하게 된다. 한국도 소프트웨어 교육의 중요성을 인지하고 정부 주도의 인력양성을 추진하는 등 소프트웨어의 중요성 확대에 알맞은 정책이라 평가된다.

위에 모든 내용은 소프트웨어에 대한 역할 및 얼마나 현재 생활에 없어서는 안 될 역할을 하고 있는 부분임을 알려주고 있다. 이러한 내용을 기반에 두어 소프트웨어의 역할이 커지는 것에 대한 대응책을 마련해야 한다. 소프트웨어에 기반을 둔 제품은 판매 후에도 고객과 지속적으로 소통하며 관리 · 개선되는 것처럼 이전 프로세스들과 상호작용하며 부가가치를 창출할 수 있다. 테슬라는 2015년 가을에 고객이 구입한 차량에 자동조종장치인 오토파일럿(autopilot), 파워부스터(power booster), 음원 서비스 등의 기능을 와이파이로 추가할 수 있는 운영체계를 내놓은 바 있다. 고객에게 업그레이드된 기능을 일단 무료로 사용해 보게 하고, 고객이 계속 사용하는 것을 원하면 유료로 전환함으로써 지속적인 수익을 창출하게 될 것이다.

제2절 4차 산업혁명의 핵심기술 인공지능 등

새로운 기술의 등장은 단순히 기술적 변화에 그치지 않고, 전 세계의 사회 및 경제구조에 큰 변화를 일으키는 것을 우린 '산업혁명'이라고 한다. 인류의 역사에 총 3번의 산업혁명이 일어났고, 2017년 현재 제4차 산업혁명이라는 새로운 혁명이 우리에게 다가오고 있다. 제4차 산업혁명은 2016년 1월 스위스 다보스에서 열린 '세계경제포럼(WEF)에서 처음 언급되었는데, 다보스포럼에서는 제4차 산업혁명을 '디지털 혁명(제3차 산업혁명)을 기반으로 하여 물리적 공간, 디지털적 공간 및 생물학적 공간의 경계가 없어지는 기술융합의 시대'라고 정의하면서, 인류가 한 번도 경험하지 못한 새로운 시대를 접하게 될 것임을 강조했다.

4차 산업혁명의 특징에서 초연결은 사람 · 사물 등 객체 간의 실시간 데이터 공유가 극대화됨을 의미하며, 초융합은 이러한 데이터 공유를 통해 과거에는 상상할 수 없었던 이종(異種) 기술 및 산업 간의 다양한 결합을 통해 새로운 기술 · 산업이 출현하게 됨을 의미한다. 또한 초연결 · 초융합 환경에서 극대화된 객체 간 실시간 데이터 공유는 지식기반 서비스 활동이 확장됨을 시사하며, 보다 향상된 서비스의 창출 및 제공을 위하여 최적 의사결정, 즉 초지능 기술이 요구된다.

4차 산업혁명의 핵심기술로는 인공지능, 메카트로닉스, 사물인터넷(IoT), 나노기술, 빅데이터 등이 있다. 특히 인공지능은 제4차 산업혁명의 특징 중 초지능성의 핵심기술이라 할 수 있으며, 인공지능의 정의 및 특징, 기술 발전 현황, 해외 및 우리나라의 정책에 대해서 이야기하고자 한다.

인공지능(Artificial Intelligence: AI)은 인간의 인지, 추론, 학습 등 사고능력을 모방한 기술을 컴퓨터 기술을 이용하여 구현하는 것을 의미한다. 사람의 뇌가 하는 인지와 학습 그리고 추론기능을 컴퓨터 프로그램으로 구현하고, 센서로 측정한 환경 정보를 바탕으로 패턴 학습을 통해 새로운 환경에서 최적의 솔루션을 제시하는 추론을 수행하게 된다. 인공지능은 1956년 존 매카시가 그 정의와 개념을 정립하면서 인간의 지능을 대체할 학문 분야로 인정받았다. 인공지능은 개념적으로 강 인공지능(Strong AI)과 약 인공지능(Weak AI)로 구분할 수 있다. 강 AI는 사람처럼 자유로운 사고가 가능한 자아를 지닌 인공지능을 말한다. 인간처럼 여러 가지 일을 수행할 수 있다고 해서 범용인공지능(AGI, Artificial General Intelligence)이라고도 한다. 강 AI는 인간과 같은 방식으로 사고하고 행동하는 인간형 인공지능과 인간과 다른 방식으로 지각·사고하는 비인간형 인공지능으로 나시 구분할 수 있다.

약 AI는 자의식이 없는 인공지능을 말한다. 주로 특정 분야에 특화된 형태로 개발되어 인간의 한계를 보완하고 생산성을 높이기 위해 활용된다. 인공지능 바둑 프로그램인 알파고(AlphaGo)나 의료분야에 사용되는 왓슨(Watson) 등이 대표적이다. 현재까지 개발된 인공지능은 모두 약 AI에 속하며, 자아를 가진 강 AI는 차후에 등장할 것이다.

간혹 인공지능을 로봇 분야와 혼동하여 사용하기도 하는데, 엄밀하게 이 둘은 서로 구분되어야 한다. 로봇의 두뇌에 해당하는 것이 인공지능이며, 로봇에는 인공지능 외 기계 제어, 전자 제어 등 다양한 분야의 기술이 사용된다. 인공지능의 대상은 단지 로봇의 뇌뿐만이 아니다. 바둑의 알고리즘을 구현한다거나 주식시장에서 매매 계획을 세우는 등의 활동은 특별히 로봇의 물리적인 신체가 필요하지 않는 분야이다. 인공지능이 학문의 한 분야로 인정을 받은 이후 인공지능 기술은 끊임없는 발전을 이루었다.

1960년대에 간단한 문제를 해결하는 대화시스템 '엘리자(ELIZA)'가 개발되었으며, 1970년대에는 전문적인 지식을 체계적으로 축적하고 전문가와 같은 결정을 하는 '전문가 시스템'(Expert System)이 개발되었지만, 전문가 시스템이 목표 문제를 해결하지 못함에 따라 인공지능에 대한 관심이 줄어들었다.

1980년대 들어 일본의 5세대 컴퓨팅 프로젝트 추진과 이에 대응한 서구권의 연구개발 투자로 AI가 재도약하는 계기가 마련되어, 인간전문가의 문제해결 지식을 모델링하는 전문가 시스템 기술에 기반한 산업화가 이루어졌다. 그러나 지식의 대량 습득과 대형 시스템의 구축이 어렵다는 문제와, 구현할 수 있는 시스템이 매우 도메인 종속적이어서 상식을 갖지 못한다는 점 등으로 인하여 활용의 한계에 직면하였다.

20세기 후반부터 몇 가지 핵심기술의 급속한 발전에 힘입어 AI가 새롭게 부활하게 되었다. 메모리 비용이 1억분의 1로 감소하였고, CPU속도 400만 배 향상되어 과거 이론적으로만 존재했던 시스템의 구현이 가능하게 되었다.

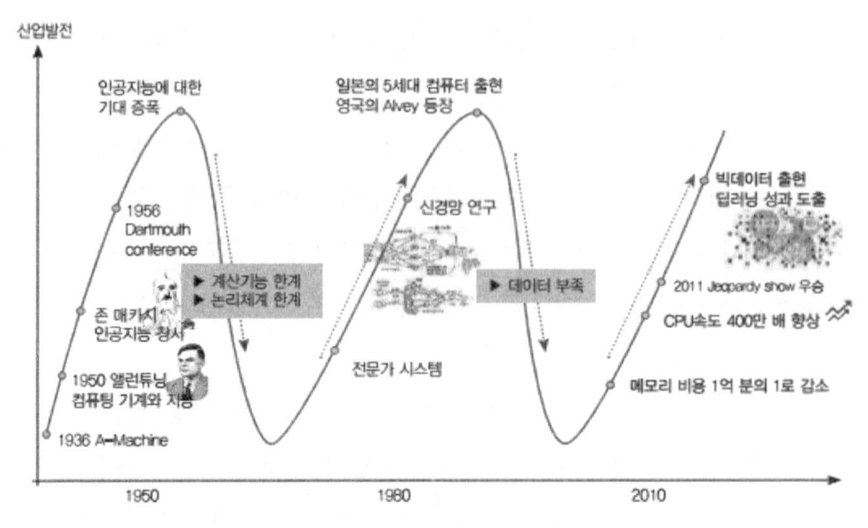

※ Source:IDC&EMC, 디지털 유니버스 스터디 2011, 한국정보화진흥원

[그림 3-1] 인공지능의 진화발전

구분	1세대	2세대	3세대	4세대
시기	~1980년대	~1990년대	~2000년대	2010년대~
방법	단순 제어 프로그램	경로 탐색/DB검색	머신러닝(기계학습)	딥 러닝 (Deep Learning)
특징	• 전문가(사랑)에 의해 제어 알고리즘 작성 • 기계/전기 제어 프로그램을 탑재 • 제어공학/시스템공학	• 모든 경우의 수를 탐색하는 탐색트리 • 구축된 DB를 통한 정답 탐색 • 전문가 시스템	• 입력 데이터를 바탕으로 규칙이나, 지식을 스스로 학습 • 로지스틱, D-Tree, SVM, 인공신경망	• 깊은 인공신경망 • 주성화된 특징표현을 알아냄 • 신경망에 합성곱 연산, 순화연결 등 기법추가
사례	〈자동세탁기〉 	〈자동세탁기〉 	〈문자/패턴 인식〉 	〈알파고 바둑대결 승리〉 

[그림 3-2] 인공지능의 진화발전 단계

인터넷 · 웹 · 모바일 디바이스 및 센서 기술의 발전에 힘입어 양산되는 빅데이터는 AI의 새로운 발전에 촉매 역할을 하고 있다. 주변 기술의 발전에 힘입어 기계학습(Machine Learning)이 AI의 핵심기술로 등장하였고 다양한 알고리즘이 개발되어 거의 모든 컴퓨팅 분야에 있어 스스로 학습하고 성능이 향상되는 시스템의 개발이 가능하게 되었다.

기계학습(Machine Learning)은 AI 초창기부터 시작되어 1950년대에 사무엘의 체커 게임, 1990년 제럴드 테사우로의 주사위놀이 백게먼 프로그램과 같이 과학자들의 자가 학습(Self-teaching) 프로그램으로 발전되었고, 2000년대 들어 음성인식과 같이 데이터로부터 학습하는 기술에 큰 진보가 있어 데이터마이닝과 같은 실용적 기술을 태동시켰다. 근래에 컴퓨팅 파워와 학습데이터의 획기적 증대를 통해 존재감이 약했던 연결주의기반 신경회로망(Neural Network) 모델을 복수로 적층하는 딥 러닝(Deep Learning)[1] 기술이 급속도로 발전하게 되었고, 이로 인해 이미지 이해 등 다양한 패턴인식 문제에 있어 획기적인 진보가 이루어지고 있다. 인공지능의 단계별 진화 방향에 따라, ANI, AGI, ASI로 구분할 수 있다.

ANI(Artificial Narrow Intelligence)는 약한 인공지능의 개념으로, 한 분야에 특화된 인공지능을 말한다, AGI(Artificial General Intelligence)는 강한 인공지능 또는 인간 수준의 인공지능을 의미한다. 판단, 계획, 문제해결, 추론, 이해, 학습을 할 수 있는 인간 수준의 지능 활동을 하는 것이다. ASI(Artificial Super Intelligence)는 모든 분야에서 가장 우수한 인간보다 더 똑똑하고 창의력과 지혜, 사회성을 겸비한 지적 능력을 가지고 있다.

1) 딥 러닝은 기계학습의 한 분야로, 인간의 신경망을 모방한 인공신경망에서 발전한 심층신경망을 활용하는 기계학습 모델 또는 알고리즘의 집합으로 정의된다. 컴퓨터가 수행해야 할 작업을 데이터로부터 스스로 배워 처리하도록 하는 기술과 방법론을 연구하는 분야인 기계학습은 컴퓨터 인공지능(AI)의 근간이 된다.

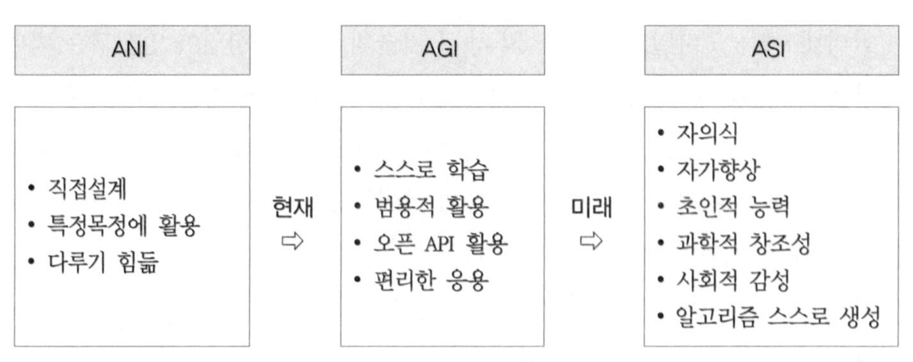

출처: KT경영경제연구소, 인공지능의 발전단계 2017 한국을 바꾸는 7가지 ICT 트렌드, 한스미디어출판, 2016

[그림 3-3] 인공지능의 발전단계

제3절 주요국 인공지능 발전정책

1. 미국의 인공지능 발전정책

2015년 기준으로 미국정부가 인공지능에 관련된 기술에 투자한 금액은 11억 달러에 달한다. 미국이 인공지능 분야에서 리더십을 유지하기 위해 중장기 투자와 효과적인 투자 조정, 협업 우선순위 설정뿐 아니라 사회적 이슈나 윤리, 법률적 문제에도 큰 관심을 갖고 있음을 확인할 수 있다.

미국은 지난 2013년 3월 인공지능과 관련하여 백악관 중심의 범정부 차원에서 '브레인 이니셔티브(BRAIN Initiative: Brain Research through Advancing Innovative Neurotechnologies Initiative)'를 발표하였다. 10년 동안 총 30억 달러 규모의 투자가 진행되며, 인간의 뇌 연구를 중심으로 이루어진다. 125조 개에 이르는 뇌의 시냅스 분석을 통해 인간이 어떻게 데이터를 두뇌에 저장하고 처리하는지 메커니즘 자체를 파악하여 이를 컴퓨터 시스템에 그대로 적용하여 진정한 인공지능을 구현하는 것을 목표로 한다.

2016년 10월 미국 백악관에서는 '인공지능 국가연구개발 전략 계획(The

national Artificial Intelligence Research and Development strategic plan)' 및 '인공지능의 미래 준비하기(Preparing for the Future of Artificial Intelligence)' 보고서를 동시에 발표했다. 또한 2016년 12월 '인공지능과 자동화가 경제에 미치는 영향(Artificial Intelligence, Automation, and the Economy)'을 발표하였다.

미국 정부는 '인공지능 국가연구개발 전략 계획' 작성을 위해 다양한 시민(대기업, 전문기업, 작가, 실업자, 트럭 운전사, 정치 평론가 등)에게 총 11개 주제에 대해서 2천 자 이내의 의견을 조사했다. AI의 법적·거버넌스 합의, 공공성을 위한 사용, 안전과 제어 이슈 등이 설문 내용이었다. 이 조사 결과를 토대로 아래와 같이 7개의 R&D 전략을 도출하였다.

① 미국이 AI연구의 세계적 리더십 유지를 위해 장기적 투자와 우선순위 상위 유지한다.
② AI가 인간을 대체하는 것이 아니라 인간-AI가 협업 가능한 효과적인 방법 모색이 필요하다.
③ AI의 윤리적, 법적, 사회적 목표와 부합하도록 시스템 설계방법 연구가 필요하다.
④ AI의 안전 및 보안 시스템 보장이 필요하다.
⑤ AI의 교육 및 시험용 공공데이터 공유 환경 구축이 필요하다.
⑥ AI의 표준 및 벤치마킹을 통한 기술측정 및 평가가 필요하다.
⑦ 국가적인 AI R&D 인력수요 분석이 필요하다.

'인공지능의 미래를 준비하기'는 공공성을 위한 활용, 안정선과 규제, 연구와 인력, 경제적 영향, 공정성·안전·거버넌스, 국제적 고려와 안보 문제 대해 23개의 권고사항을 제시하고 있다.

'인공지능과 자동화가 경제에 미치는 영향'은 AI의 투자 및 개발을 통한 공익 극대화(사이버 방어/사기 탐지 AI 개발, 시장 경쟁 지원), 미래 일자리 변화에 대비한 교육과 훈련(직업교육 및 재교육의 기회 확대), 전환기 노동자 지원 및 노동자 역량 강화(사회안전망 강화, 세금 정책, 임금/경쟁력 확대) 등에 대해서 다루고 있다.

이와 같이 미국은 기초/원천 기술 중심의 민간투자가 어려운 도메인에 특화되지 않은 범용 AI 등에 투자를 하고 있으며, AI 활용 기술보다는 AI로 인한 사회적, 경제적 문제에 대응한 정부 역할 모색에 중심을 두고 있다.

2. 유럽의 인공지능 발전정책

유럽은 인간두뇌 인지형태 기반의 지식처리를 위한 Human Brain Project(HBP)를 EU 6대 미래유망 기술 중 하나로 선정하여, 10억 유로를 투입하여 10년간 추진(2013~2023)하고 있다. HBP는 서로 다른 학문 영역들로부터 데이터와 지식을 통합하고, 뇌에 대한 새로운 이해, 뇌 질병에 대한 새로운 치료방법 및 뇌처럼 동작하는 컴퓨팅 기술들을 성취하기 위한 사회적 노력을 촉진하는 ICT 기반 뇌 연구의 새로운 모델 개발을 위한 기술적인 기반을 마련하고 있다. HBP의 추진 과제로는 신경정보학 플랫폼, 뇌 시뮬레이션 플랫폼, 고성능 컴퓨팅 플랫폼, 의학정보 플랫폼, 뉴로모픽 컴퓨팅 플랫폼, 뉴로 로봇 플랫폼이 있다.

〈표 3-1〉 인공지능 개발과제

세부과제	설명
신경정보학 플랫폼	시맨틱 기술, 분산형 쿼리 처리기술, 유래추적 기술 등을 기반으로 대용량의 뇌관련 데이터를 해석, 분석하고 뇌지도 구축에 활용
뇌 시뮬레이션 플랫폼	3차원 시뮬레이션 기술을 바탕으로 다계층, 다구조로 뇌의 형태와 기능, 역할 등을 재현, 이를 통해 신경질환의 원인을 규명하거나 신약개발에 활용
고성능 컴퓨팅 플랫폼	고성능 슈퍼컴퓨터를 기반으로 두뇌 시뮬레이션이나 뉴로모픽 컴퓨팅을 설계하는데 활용. 또한, 엑사스케일의 두뇌 데이터를 시각화하거나 시뮬레이션하는 분야에 활용

세부과제	설명
의학정보 플랫폼	의료기관, 연구기관에서 수집된 다양한 형태의 데이터를 분석하여 두뇌 질환의 생물학적 신호를 파악하는데 활용. 이를 통해 뇌질환의 진단, 예방, 신약 개발, 새로운 치료법 개발에 활용
뉴로모픽 컴퓨팅 플랫폼	뉴런을 닮은 컴퓨터 플랫폼을 제공하여 신경과학의 비전문가나 공학자에게 실험을 수행하게 하거나 두뇌 지도를 구축하는데 활용
뉴로 로봇 플랫폼	로봇의 몸체나 이용환경을 가상으로 구축하거나 로봇형태로 제작하여 두뇌의 인지능력과 행위의 연결을 실험하거나 시뮬레이션에 활용

3. 독일의 인공지능 발전정책

독일은 1988년 설립된 DFKI가 지방정부뿐 아니라 인텔, 마이크로소프트, 구글 등 23개의 글로벌 기업과 기관이 국제 주주로 참여하는 공공-민간 합작연구소로 활동하고 있다. 국내의 '지능정보기술연구원'은 DFKI를 모델로 만들었다.

독일은 제조업분야에 4차 산업혁명을 넘어 사회적 혁명을 추구한다. 제조업에 사물인터넷을 연결하는 것이 공급측면의 변화라면, 소비단계에서 스마트 서비스는 수요측면의 변화이다. 독일은 미래의 스마트 서비스 세상을 위해 '스마트세상연구회'를 구성하고, DFKI 인공지능연구소가 연구과제를 수행하고 있다. 플랫폼 방식으로 운영되는 '스마트세상연구회'는 개방형 의사소통 시스템이며, 논의 내용이 공개된다. 워킹그룹에는 15-20여 명이 참석한다.

4. 일본의 인공지능 발전정책

일본 정부는 2015년 '로봇신전략'을 통하여 인공지능 기반 로봇혁명을 추진하고 있다. 인공지능 로봇을 통하여 저출산과 고령화로 인한 인력 부족을 해결하고자 한다. 과거 로봇 3대 핵심기술인 AI, 감지기술, 동작기술에다가 빅데이터, 클라우드 컴퓨팅 기술을 도입하여 노동력 부족의 제조업에서 재활/간병인 대체하는 기능으로 서비스업(숙박/음식업)에 투입할 계획이다.

2016년을 인공지능 R&D 지원의 원년으로 규정하고, 2016년 'AI 산업화 로드맵'을 수립하여 산업계와 연계할 4개 전략분야[2]를 선정하고, 향후 10년간 1,000억 엔을 투자할 계획이다. 일본은 미국 및 유럽에 비하여 인공지능분야에 늦었다는 인식을 하면서, 2016년 4월 총무성, 문부과학성, 경제산업성의 3성 중심으로 컨트롤타워 기능의 '인공지능기술 전략회의'를 설치했다. 인공지능기술 전략회의를 통해 관계부처, 학계, 산업계 등 협력을 도모하면서, 인공지능의 연구개발 목표와 산업화의 로드맵을 구성했다.

5. 중국의 인공지능 발전정책

중국은 노동 · 자본 투입의 양적 확대에 의존한 기존의 경제발전방식에 한계를 인식하고, 이를 타개하기 위해 AI를 차세대 성장엔진으로 기술개발 강화 및 산업화를 적극적으로 추진하고 있다. 중국에서 진행하는 인공지능 정책은 '중국제조 2025', '인터넷 플러스[3] AI 3년 행동실시방안'이 있다.

'중국제조 2025' 정책을 통해 노동집약적 제조업을 벗어나 기술 집약형 스마트 제조업 강국을 구축하는 것을 목표로 하는데, 특히 저임금 기반의 대량생산에서 로봇 기반의 개인화 생산방식으로 전환을 꿈꾸면서 빠르게 전환하고 있다. 이미 산업용 로봇 시장에서는 세계 1위의 시장이 되어 있다.

중국은 2016년 5월 국가적 AI 종합정책을 추진하기 위해 국가발전개혁위원회에서 '인터넷 플러스 AI 3년 행동실시방안'을 발표했다. AI의 종합정책에는 AI 연구개발에서 '3년 내에 세계적 수준 달성', AI 응용에서 '1,000억 위안(한화 약 17조)의 시장창출'이라는 목표를 제시했다. 또한 AI산업 발전을 위한 AI 신흥산업 육성, 중점 영역 AI 상품 혁신(가전, 자동차, 무인시스템, 보안 등), ICT 기기 지능화 수준 향상, AI 산업 보호조치(자금지원, 표준체계, 인재 양성, 지식재산권 등)의 4가지 행동 방안을 제시하고 있다.

---

2) 의료(건강 · 의료 · 간병), 교통(공간이동: 드론, 자율주행), 생산성(제조업, 농업), 보안
3) 모바일, 클라우드, 빅데이터, IoT 등과 전통산업의 결합을 통한 산업구조 전환 전략

또한 중국은 대기업이 인공지능 산업을 주도하고, 정부가 디지털 전략으로 이를 지원하는 방식이다. 중국 바이두, 알리바바, 텐센트 등의 기업들은 풍부한 자금력을 바탕으로 AI 연구조직의 설립이나 외부 기업과의 협력, 벤처기업에 대한 출자 · M&A 등을 실시하여 AI를 활용한 신규 산업에 적극 투자하여서 2017년 12월 기준으로 세계 2위를 차지하고 있으며 2030년에는 미국과 경쟁할 것이다.

바이두는 2013년 북경에 IDL(Institute of Deep Learning)이라는 연구소를 설립했고, 2014년에는 실리콘밸리에 SVAIL(Silicon Valley AI Lab)이라는 AI연구소를 개설하여 약 300억 위안을 투자해 200명 규모의 연구 체제를 구축했다. 알리바바는 과학기술부와 양자컴퓨터 전문 실험실을 공동 설립하여 AI를 개발중이며, 텐센트는 '스마트컴퓨팅 검색 실험실(TICS LAB)'을 구축하여 AI 연구에 주력하고 있다.

6. 우리나라 인공지능 발전정책

우리나라는 2016년 3월 지능정보사회 민관합동 간담회에서 '지능정보산업 발전전략'을 발표했으며, 지능정보기술 연구소 설립, 지능정보기술 선전, 전문 인력 저변 확충, 데이터 인프라 구축, 지능정보산업 생태계 구축 등을 위하여 향후 5년간 총 1조 원을 투자하고, 민간에서 2조 5천억 원 이상의 투자를 유도할 계획이라고 발표했다.

계획의 한 축으로 2016년 7월 지능정보기술연구원을 민간기업의 출자로 설립했으며, 2016년 9월 미래부에 범정부 차원의 '지능정보사회추진단'이 조직되어 인공지능개발을 비롯한 4차 산업혁명 대응을 지원하고 있다. 2016년 12월 관계부처 합동으로 기술, 산업, 사회 전반에 대한 30년까지의 추진과제를 담은 '제4차 산업혁명에 대응한 지능정보 사회 중장기 종합대책'을 수립하였다.

출처: 지능정보 사회 중장기 종합대책 추진 과제(미래창조과학부 보도자료, 2016.12.29)

[그림 3-4] 지능정보 사회 중장기 종합대책 추진과제

7. 한국/미국/일본/중국 인공지능 발전정책 비교

디지털 혁명이라고 불리는 제3차 산업혁명의 시대를 지나 지금 우리는 제4차 산업혁명의 시대에 살고 있는데, 인공지능은 IoT 기술과 함께 제4차 산업혁명의 토대가 되는 기술이다. 그러므로 인공지능 기술의 가치는 앞으로 시간이 지날수록 더욱 커질 것이다. 해외 각국에서도 인공지능 발전정책을 수립하고 있는데, 아직까지는 절대 강자가 없는 분야이다.

우리나라는 아직 미국, 중국, 일본 등 주요 해외국에 비해 인공지능관련 특허수(미국 9,786개, 한국 2,638개), 딥 러닝 논문 생산 순위(중국 1위, 한국 10위) 등에서 현저하게 밀리고 있다. 하지만 세계 최고 수준의 ICT 인프라(한국 1위, 일본 10위, 미국 15위, 중국 81위), 정부의 높은 R&D 투자 의지 등을 바탕으로 핵심기술들을 잘 발전시켜 나간다면 우리에게는 많은 기회가 있다. 정보화 혁명에 발 빠른 대응으로 세계 최고의 ICT 강국으로 도약한 우리나라가, 지능정보화를 앞장서 이끌어 나가 제4차 산업혁명을 잘 준비하여 보다 안정하고 여유로운 사회가 되었으면 한다.

〈표 3-2〉 각국의 인공지능 발전정책 비교

구분	미국	중국	일본	한국
주요 정책	• 브레인이니셔티브 • 인공지능 국가연구개발 전략계획 • 인공지능의 미래 준비하기	• 제조 2025 • 인터넷 플러스 AI 3년 행동실시 방안	• AI 산업화로드맵 • AI 개발지침	• 지능정보사회 중장기종합대책
정책 방향	• 민간 투자 미비 고위험 분야 기초/원천기술 등에 정부 AI R&D 투자 • AI에 대한 사회 · 경제적 대응 정책 논의	• 대기업 중심의 AI 산업 활성화 • 가전, 자동차, 무인시스템, 보안에 AI 집중 적용	• 4개 산업 전략 분야(의료, 교통, 생산, 보안)에 집중 • 로봇 등 강점분야 AI 융합을 통한 AI 국가경쟁력 확보 • 다부처 협의체 구성을 통한 단일 거버넌스 구축	• 경제 · 사회 변화 대응을 위한 기술 기반 확보 • 산업의 지능정보화 • 사회정책 개선

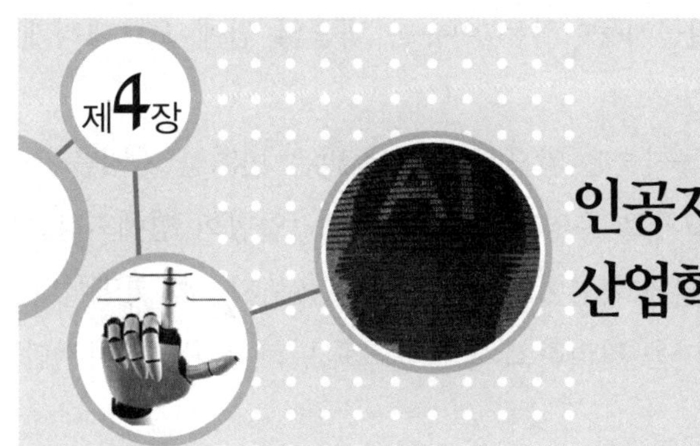

인공지능 현황과 4차 산업혁명 발전전망

제1절 인공지능의 현황

1. 서론

최근 이세돌 9단과 알파고의 바둑 대결은 인간과 로봇의 세기의 대결로 불리며 사회적으로 큰 관심을 끌었다. 대결 내내 바둑 애호가는 물론 바둑을 모르는 일반인들조차도 숨죽이며 결과를 기다리게 만든 이번 대국은 결국 알파고의 승리로 끝났고 이는 사회에 큰 반향을 일으켰다. 그동안 사람 목소리와 표정 · 행동을 따라하는 로봇, 산업현장에서 부품을 제작 · 조립하는 로봇의 모습이 일반인들이 아는 로봇의 형상이었는데 알파고는 형체 없는 로봇이었다.

그리고 이 인공지능 로봇이 최고의 바둑 고수로 꼽히는 이세돌 9단을 꺾었다는 사실은 큰 충격이었다. 알파고와의 대진 이후 정부와 기업, 연구 계에서는 앞 다퉈 인공지능 개발과 투자에 열을 올리고 있고 각종 서점가에서도 인공지능과 관련된 서적들이 쏟아지고 있다. 2017년 초에는 중국의 바둑고수도 알파고에 참패하여 앞으로 인공지능이라는 이슈는 대중의 입에 오르내리게 될 것이다.

알파고로 대변되는 인공지능기술은 앞으로 사회에 많은 변화를 가져올 것으로 예측된다. 창조경제 전도사로 유명한 이민화 벤처기업협회 명예회장은 최근 기고[4]에서 "인터넷이 연결의 혁명이었다면 인공지능은 지능의 혁명이다"라고 하였다. 혁명이 사회를 더욱 편리하고 발전적으로 변화시키기도 하지만 역기능 또한 상당하다.

그간 인터넷 혁명이 초래한 초연결 사회에서 수많은 중간 관리직이 사라져 갔다. 인공지능 혁명이 가져올 초연결 · 지능 사회에서는 수많은 전문직이 사라질 것이다. 2016년 다보스 포럼에서는 710만 개의 일자리가 선진국에서 사라지고 200만 개의 일자리가 생길 것으로 예측하였고, 옥스퍼드대학은 미국 일자리의 47%가 10년 내 사라질 것으로 예측하고 있다.

본 과제는 최근 화두가 되고 있는 인공지능 현황과 인공지능이 야기하는 긍정적, 부정적 변화는 무엇인지를 살펴보고 선행연구와 각종 보고자료, 전문가 기고 등을 통해 발전방안을 모색해 보고자 한다.

2. 본론

1) 인공지능 정의

인공지능은 인간의 지각, 추론, 학습 능력 등을 컴퓨터 기술을 이용하여 구현함으로써 문제해결을 할 수 있는 기술을 말한다. 인공지능의 기반 기술로는 지각 · 인식, 추론 · 계획, 학습 · 적응 등이 존재한다.

첫째, '지각 · 인식'은 센서를 통해 들어온 정보에 기반하여 상태를 유추하는 기술이다.

둘째, '추론 · 계획'은 기존에 보유한 지식으로부터 새로운 지식을 유도하고

4) 이민화, 인공지능과 4차 산업혁명 그리고 인공지능 혁명의 본질(한국뇌과학연구원, 2016)

목표에 도달하기 위한 행위의 순서를 찾아내는 기술이다.

셋째, '학습 · 적응'은 문제 수행의 추론 과정을 통해 얻은 경험을 바탕으로 다음에 더 효과적으로 문제를 해결할 수 있도록 시스템을 수정 · 보완하는 기술이다.

인공지능이란 사고나 학습 등 인간이 가진 지적 능력을 컴퓨터를 통해 구현하는 기술이다. 인공지능은 개념적으로 강 인공지능(Strong AI)과 약 인공지능(Weak AI)으로 구분할 수 있다. 강AI는 사람처럼 자유로운 사고가 가능한 자아를 지닌 인공지능을 말한다. 인간처럼 여러 가지 일을 수행할 수 있다고 해서 범용인공지능(AGI, Artificial General Intelligence)이라고도 한다. 강AI는 인간과 같은 방식으로 사고하고 행동하는 인간형 인공지능과 인간과 다른 방식으로 지각 · 사고하는 비인간형 인공지능으로 다시 구분할 수 있다.

약AI는 자의식이 없는 인공지능을 말한다. 주로 특정 분야에 특화된 형태로 개발되어 인간의 한계를 보완하고 생산성을 높이기 위해 활용된다. 인공지능 바둑 프로그램인 알파고(AlphaGo)나 의료분야에 사용되는 왓슨(Watson) 등이 대표적이다. 현재까지 개발된 인공지능은 모두 약AI에 속하며, 자아를 가진 강AI는 등장하지 않았다.

약AI 분야는 많은 진전을 이루었다. 특히 초고밀도 집적회로(VLSI, Very-Large-Scale Integration) 분야와 프로그래밍 분야에서의 큰 진전으로 일본과 미국에서의 인공지능 연구에 대한 노력이 증대되었다. 많은 연구가는 고밀도 집적회로 기술이 진정한 의미의 지능형 기계를 만드는 데 필요한 하드웨어 기반을 제공할 수 있다고 믿고 있다.

현재 지능형 컴퓨터는 병렬처리를 할 수 있는 내부구조로 만들어진다. 병렬처리란 수백만 개의 중앙처리장치(CPU)와 기억장치, 입출력장치가 1개의 작은 실리콘 칩 안에 들어가 있는 집적회로를 여러 개 사용하여 기억 · 논리 · 제어 등과 같은 몇 개의 독립된 연산들을 동시에 수행하는 것을 말한다.

디지털 컴퓨터는 이 연산들을 직렬 또는 순서대로 행한다. 즉 별개의 입력회로가 데이터를 각 기억장치에 저장하고 이 기억장치로부터 한 번에 하나의 정보가 중앙처리장치로 전달되어 처리되며, 그 결과는 외부 출력장치로 출력된다. 이제까지 개발된 가장 빠른 컴퓨터가 1초에 약 100억 번의 연산을 할 수 있지만 거의 순간적으로 수많은 연산과 일반화를 수반하는 인간의 사고 작용을 흉내 내기에는 아직도 느리다는 것이 일반적인 평가다.

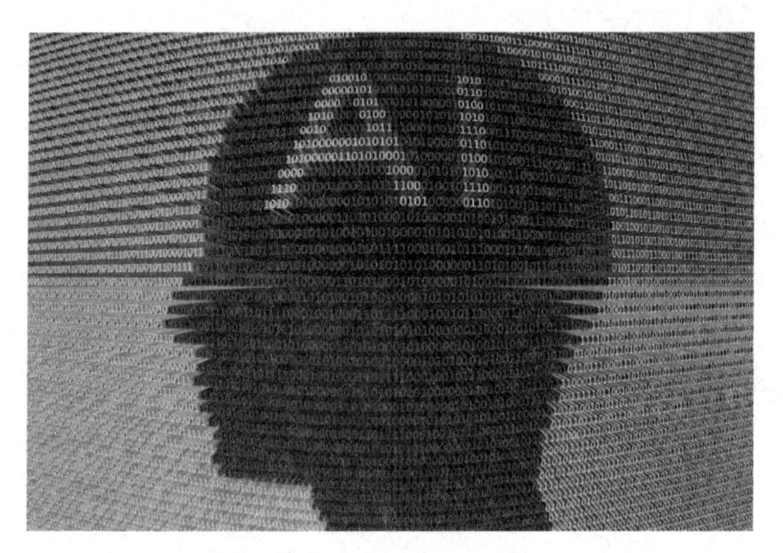

[그림 4-1] 인공지능 가상보기

인공지능 연구는 1940년대 현대적인 디지털 컴퓨터가 개발된 직후부터 시작되었다. 초기 연구가들은 생각하는 과정을 자동화하는 수단으로서 계산 장치의 잠재성을 재빨리 간파했다. 수년에 걸쳐 정리한 증명법(Theorem Proving)이나 체스 게임처럼 논리적으로 복잡한 일들을 컴퓨터 프로그래밍을 통해 효과적으로 수행할 수 있음이 증명되었다.

그러나 해당 분야에서의 성공은 컴퓨터가 고도의 정신작용을 다룰 수 있는 능력보다는 부호화된 정보를 극히 고속으로 반복 처리할 수 있는 능력에서 기인한 것이었다. 1980년대 말까지도 인간의 지능활동을 흉내 낼 수 있는 컴퓨터는 아직 개발되지 않았다. 그러나 인공지능 연구는 의사결정과 언어이해, 형상

인식 등과 관련된 분야에서 유용한 몇 개의 업적을 남겼다.

전문가 시스템 컴퓨터는 지식에 기반을 둔 소프트웨어 시스템을 이용해 산술문제가 아닌 복잡한 문제를 풀기 위한 의사결정을 할 수 있다. 이러한 지식 기반 소프트웨어 시스템을 전문가 시스템이라고 한다. 전문가 시스템은 수백 개 또는 수천 개의 '조건-시행문(If-Then)'의 형태를 갖는 논리적 규칙들로 이루어진다. 이 규칙들은 특정 분야의 전문가들로부터 얻어진 지식으로 만든다. 즉 전문가의 지식과 사고능력을 모방해 인간이 하는 전문적인 작업을 컴퓨터가 대신할 수 있도록 하는 것이다.

대화형 프로그램인 마이신(MYCIN)은 전문가 시스템을 활용한 발전적 학습 프로그램의 대표적인 사례다. 마이신은 피검사에서 어떤 종류의 세균에 감염되었는가를 알아내고 치료방법을 결정하여 의사들의 진단을 돕는다. 마이신이 프로그램된 컴퓨터는 먼저 알려진 증상들을 기초로 환자의 상태에 대해 가능성 있는 진단을 추정한다. 그런 다음 이 잠정적 진단이 증상에 관련된 미생물의 반응과 관련해 알려진 모든 사실에 잘 맞는지를 결정함으로써 결론에 이르게 된다. 일단 컴퓨터가 감염의 원인을 찾아내면 가능한 항생제 종류를 조사해 추천하는데 대부분은 가능한 몇 개의 대안들로 처방을 제시해준다.

자연어 처리는 영어처럼 사람이 쓰는 언어의 구두 명령을 컴퓨터가 알아듣게 하는 인공지능 기술이다. 자연어 처리 프로그램 개발 역시 진전이 계속된 분야다. 지금까지 개발된 자연어 처리 소프트웨어 프로그램은 대부분 특정 분야의 데이터베이스에 질문하기 위해 개발되었다. 이런 소프트웨어 시스템에는 한정된 분야에 속하는 용어들의 의미를 담은 방대한 양의 정보뿐만 아니라 문법 법칙과 문법 법칙의 일반적인 오용(誤用)에 관한 정보도 갖고 있다.

이미지 인식 그래픽 형상(Graphic pattern)이나 화상(Image)을 분별해내는 능력도 인공지능과 관련이 있다. 컴퓨터 프로그램을 통한 이미지 인식은 인지 및 추상과 관계가 있기 때문이다. 컴퓨터에 연결된 원격장치가 화상을 읽고 인지한 뒤 디지털 펄스의 형상으로 변화시키면 이 형상이 차례로 컴퓨터의 기억장치에 저장된 펄스 형상과 비교되는 방식이다.

저장된 형상은 컴퓨터가 인식할 수 있게 프로그램 된 기하학적인 형상과 모양이다. 컴퓨터는 입력되는 디지털 펄스 형상을 연속적으로 빠르게 처리하고 자동으로 관련된 특성을 분리해낸다. 이 과정에서 불필요한 신호는 제거하며 어떤 형상이 정해진 경계치에서 벗어나면 새로운 존재로 간주해 기억장치에 첨가한다.

컴퓨터로 진행하는 이미지 인식 기술은 다양한 과학 분야에 응용되고 있다. 천문학에서는 무인탐사선이 촬영한 원거리 행성이나 다른 천체 사진의 해상도를 높이는 데 이미지 인식 기술을 사용한다. 형상인식 능력을 갖춘 로봇 장치도 있다. 산업용으로 개발된 이 로봇들은 주로 완제품을 검사하고 분류하는 작업에 사용된다. 최근에는 머신러닝과 딥 러닝 방식을 사용해 컴퓨터가 스스로 영상이나 사진을 인식하고 분류하는 프로그램이 등장하기도 했다.

2) 인공지능 현황

(1) 기술 동향

최근 기술 동향은 상당 기간 발전이 지체되어온 인공지능 기술이 최근 딥 러닝, 자연어 처리 등 논리 · 추론 · 예측, 외부 인지 등 다방면에서 진전을 보이는 추세이다. '딥 러닝'은 데이터 입력과 출력 사이에 다수 레이어로 구성된 뉴럴 네트워크를 통해 높은 수준의 추상화를 시도하는 기계 학습 방법이다. 이 기법으로 출력값 없이도 입력 데이터의 비선형적 변환을 반복하며 하위층의 단순한 특징들로부터 상위층의 보다 복잡하고 구조적인 형태 특징들까지를 추출해내는 비지도학습이 가능하다. 다음으로 '자연어 처리'는 인간의 언어를 컴퓨터가 이해할 수 있는 형태로 만들거나, 그러한 형태를 다시 인간이 이해할 수 있는 언어로 표현하는 기술이다.

〈표 4-1〉 인공지능기술 응용분야

분야	내용
지능형 비서	▪ 사용자의 신호나 주변 환경을 인지하여 사용자가 요구하거나 실생활에서 필요한 업무(스케줄 관리 등)를 파악해 그에 맞는 대응책을 지원하는 기술 ▪ 애플과 마이크로소프트, 구글은 각각 인공지능 개인비서 서비스인 시리(Siri)와 코나타(Cortana), 나우(Now)를 출시 ▪ 페이스북은 디지털 비서 영역에서 음성 인식이 적용된 메시징 서비스 M을 선보이며 소비자들에게 상황 인지를 통한 지능형 서비스를 제공
의료 진단	▪ 대량의 생체 데이터를 기반으로 의료 정보를 학습하고, 활용하여 환자의 상태를 추정하거나 치료를 보조하는 기술 ▪ IBM은 Watson을 이용한 의료시스템 개발, 암 전문 병원 MD 앤더슨 센터에서 암 진단을 위한 실용화 준비 중 ▪ Facebook, Twitter는 사용자의 게시글 내용으로부터 산후 우울증을 추정하는 기술을 개발
법률 서비스 지원	▪ ROSS Intelligence는 법률 전문가의 사전 조사 업무를 크게 개선하기 위해 IBM Watson과 연결하여 법률 관련 지원을 하는 기계학습 인공지능을 개발 ▪ 미국의 블랙스톤 디스커버리는 150만 건 이상의 법률 문서로부터 기조 법률 자료를 조사하는 시스템을 개발
지능형 금융 서비스	▪ 지능형 금융 서비스를 통해 투자 분석, 예측, 대리집행, 금융 투자 위험 예측 및 관리와 조기 대응 가능 ▪ 싱가포르 개발은행은 IBM 왓슨을 적용, 자산관리 사업에서 우수고객의 투자 선호도를 파악하고, 맞춤형 투자자문과 자산관리서비스를 제공
지능형 감시시스템	▪ 영상정보를 수집하고 자동으로 특정 개체나 행위를 감지하여 상황을 판단함으로써 자동으로 사용자에게 위험 상황을 알릴 수 있는 시스템 ▪ 패턴인식 및 기계학습을 바탕으로 객체 인식, 행동 인식 등을 수행함으로써 영상으로부터 대상을 인식하고 영상 내의 상황을 지각함 ▪ 이스라엘 IOimage사에서 개발한 Video Analytic은 차량 탐지, 유실물 탐지, 침입 탐지 등의 응용 탐지 기술을 제공
기사 작성	▪ 자연어 처리 등을 이용하여 신문기사를 자동으로 생성하는 로봇 저널리즘이 확대되고 있음 ▪ 내러티브 사이언스 등 인공지능 화사는 자동으로 구성된 스포츠, 기업 실적 관련 기사를 포브스, AP 통신 등에 제공 ▪ LA타임즈 등은 자체 기술로 자연재해 소식이나 살인 사건 등에 대한 기사를 자동으로 작성해 보도

출처 : '15년 기술영향평가(2016, 한국과학기술기획평가원)

(2) 국내 인공지능 현황

인공지능이 글로벌 경쟁력의 원천 기술로 부각되면서 정부도 자율주행차, 드론, 로봇 등 미래 신산업의 기반 기술이 되는 인공지능을 전략적으로 육성하기로 하였다. 미래창조과학부(현, 과학기술정보통신부)는 2017년 1월 18일 대통령 업무 보고에서 '지능 정보 기술'로 ICT 산업을 업그레이드하고 범정부 · 사회 전반에 스마트 혁신을 추진하기 위한 국가 전략을 마련하겠다고 밝혔다. 미래부가 밝힌 '지능 정보 기술'이란 최근 각광받고 있는 딥 러닝, 머신러닝 등 인공지능 기술을 말한다.

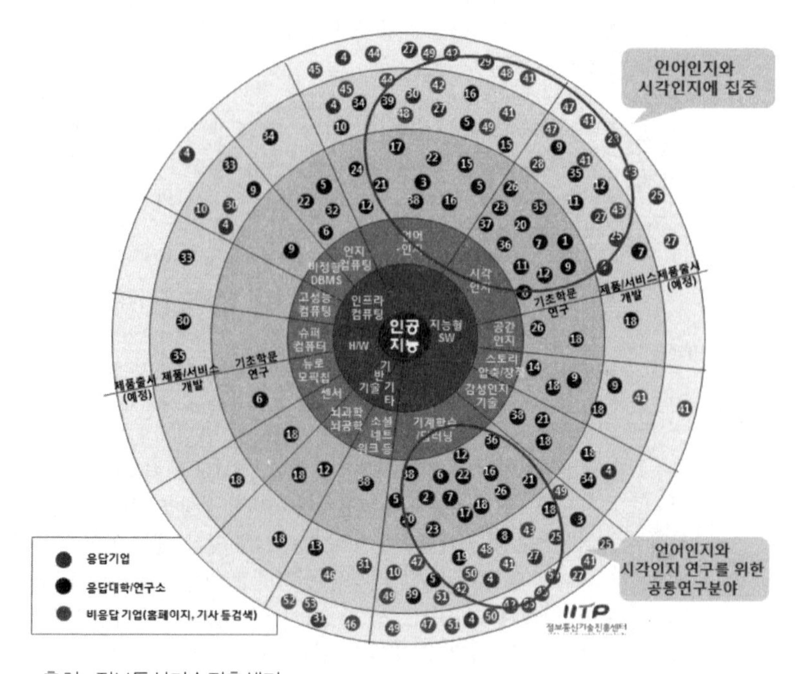

출처: 정보통신기술진흥센터

[그림 4-2] 인공지능 분야별 현황

국내 인공지능 연구 및 서비스는 네이버와 카카오를 중심으로 출시되었으나 해외에 비하면 규모나 수준이 미약한 편이다. 네이버는 '12년부터 '네이버 랩스'를 운영하고 있고 카카오는 즉답검색서비스와 여행지 추천서비스에 '머신러닝' 기술을 적용하는 등 인공지능에 대한 투자를 강화하고 있다.

정부과제 및 투자를 바탕으로 일부 스타트업기업들이 작지만 활발하게 연구를 수행하고 있고 대학 및 연구소는 ETRI와 KAIST를 중심으로 연구를 진행하고 있다. 이외에 통번역 분야 업체인 솔트룩스, 의료 분야 업체인 디오텍 등이 정부 R&D 과제 및 투자 유치를 통한 본격적 연구 및 제품 개발 집중하고 있다.

국내 인공지능은 '언어인지', '시각인지' 분야가 압도적으로 많으며 이를 위한 기계학습 · 딥 러닝이 같이 개발되고 있다. 그러나 대부분 정부과제에 의존하다보니 결과물을 단기간에 가시화 할 수 있고 수요가 많은 분야 위주로 연구를 수행하고 있는 실정이다. 반면, 인지컴퓨팅, 슈퍼컴퓨터 등 대규모 투자 및 장기간 연구수행이 필요한 분야는 연구진행이 더딘 것으로 조사되어 R&D 과제의 쏠림현상이 보인다.

특히, 인공지능 관련 분야는 기업 및 연구기관이 많지 않고 분야가 제한적이므로 좀 더 체계적인 지원 및 연구가 필요하다. 또한 R&D 대부분이 단기적이고 결과 중심적이다 보니 기초에 충실하고 장기적인 지원은 부족한 실정으로 인력양성 및 기반조성 같은 생태계 구축을 위한 노력이 요구된다.

제2절 인공지능으로 인한 변화

1. 산업 및 일자리 변화

우선 제조업의 지능화로 인해 제품의 품질과 생산성이 향상되고 단가는 낮아질 것이다. 제조업의 시스템이 지능화 되면서 선진국에서는 제조업 회귀 현상이 발생할 수 있다. 시스템 지능화가 일자리 문제를 해결하는데 직접적으로 기여하지 못하더라도 연관 산업들이 생기며 긍정적인 파급효과를 창출하게 될 것으로 예상된다. 다만, 중소기업보다는 대규모 투자가 가능한 대기업에서 변화를 주도하며 시장 지배력이 강화되어 기업 간 불균형이 심화되는 문제가 불거질 수 있을 것이다.

다음으로 의료 · 금융 분야에서 일반 진단뿐만 아니라 맞춤형 치료, 신약 개발에 인공지능 기술이 활용되어 프로세스를 개선하고 비용과 시간을 절감하는 효과를 가져올 수 있을 것이다. 다만, 맞춤형 서비스가 난립하게 되고 우수한 인공지능 시스템을 보유한 기업 또는 기관에서 독점적인 지위를 공고히 하여 시장 지배력을 남용할 가능성이 존재하는 점은 우려할 만한 부분이다. 인간과 인공지능 사이에 상호 보완적인 협업을 통하여 인간은 판단, 창의, 감성 및 협업이 필요한 분야에 집중하고 인공지능은 그 이외 데이터를 분석 · 조합하여 처리하는 분야를 맡아서 일을 처리할 수 있다. 매뉴얼에 기반하는 직종의 상당수는 인공지능으로 대체될 것이다.

〈표 4-2〉 인공지능이 일자리에 미치는 영향 관련 해외 연구 사례

옥스퍼드대학교	■ 702개의 세부 직업 동향을 연구한 옥스퍼드대학에 의하면, 컴퓨터화로 인하여 미국 일자리의 47%가 없어질 위험에 있다고 발표 ■ 운송업자, 사무직, 행정직, 노동 생산직종이 고위험군 ■ 테라피스트, 안마사, 의료 사회 복지사 등 면대면 위주의 직종은 기계가 대체하기 어려운 것으로 나타남
보스턴 컨설팅그룹	■ 한국, 대만, 인도네시아 등은 상대적으로 높은 임금 상승률 및 인구 고령화 등으로 인하여 로봇으로 인한 노동 대체율이 높으로 전망 ■ 한국은 세계 평균보다 4배 높은 노동 대체율을 보이고 있으며 2025년이 되면 40%의 제조업 노동력이 로봇에 의해 대체될 것으로 예측
매킨지	■ 조사 대상인 미국의 800개 직업 중 자동화로 인해 사람을 대체할 수 있는 직업은 5%에 불과 ■ 자동화로 인해 직업 일부가 대체되더라도 여전히 사람의 역할이 필요하며 기계와 사람이 함께 일하면서 효율성을 높여 나갈 것이라 예상

출처: '15년 기술영향평가(2016, 한국과학기술기획평가원)

특히 근로자의 임금이 상승하고 로봇의 가격이 하락하는 경우 이러한 대체가 더욱 증가할 것으로 예상된다. 그러나 창의적, 예술적, 감성적 영역이 강한 직업군과 면대면 위주의 직업군들은 여전히 인간의 영역으로 남아 있을 것이다. 인공지능의 이론이 되는 수학, 통계학, 소프트웨어 공학 등에 대한 연구가 더욱 활성화되어 해당 분야 전문가와 인공지능 로봇의 유지 보수 인력에 대한 수요가 증가할 것이다.

2. 사회·문화적 변화

사용자 친화적인 시스템을 통해 지식 획득에 소요되는 시간과 비용을 대폭 줄일 수 있다. 또한 기존의 단순 반복적인 노동을 기계와 알고리즘이 대신함으로써 생활의 편의성이 높아지고 추가적으로 발생하는 여가시간을 취미활동 등에 활용할 수 있다. 인공지능 기술이 접목되어 인간의 창조성 한계를 극복하거나 새로운 예술 활동을 창작할 수 있어 예술적 풍요로움 확대가 가능할 것이다.

다만, 자율주행자동차 시스템을 해킹하여 자동차 탑승자에게 위해를 야기하는 경우 등 인공지능 기술이 범죄에 악용될 때 큰 손해를 입게 될 수 있다. 또한 금융, 군사 분야 등 높은 신뢰도가 요구되는 분야에 인공지능에 의해 생성된 잘못된 정보가 사용되는 경우 또한 큰 손실을 야기할 가능성이 존재한다. 인공지능 기술에 대한 의존성이 심화되어 인간의 사고와 비판의식이 저하되는 경우 인간 활동의 전반에 걸쳐 숙련도를 떨어뜨리는 부작용을 낳을 수 있다.

3. 직업의 변화

통계청 자료에 의하면 2017년 4월 취업 준비생 등 사실상 실업자를 포함한 체감실업률은 23.6%에 달했다. 장년층의 은퇴도 빨라지고 있어 전체 실업률도 높게 유지되고 있다. 문제는 실업자의 숫자는 앞으로 더욱 늘어날 것이라는 점이다. 우리는 산업사회를 겪으면서 수많은 일자리가 사라지는 것을 경험했다. 값싼 노동력을 찾아 공장을 이전하기도 하고, 자동화 때문에 일자리가 사라지기도 했다. 인간의 근력과 감각을 대신하는 기계들의 출현으로 많은 일자리가 기계로 대체되었고 이제는 지적 능력마저도 로봇이 대신하는 시대가 돼간다. 의사, 변호사, 세무사, 공무원 등 비교적 고임금의 일자리 상당수가 로봇으로 대체될 것이다.

마트 점원, 운전, 비서, 사무직, 요리사 등 고임금도 아닌 서비스 직종마저도 로봇이 대신할 날이 머지않았다. 아예 도시 전체가 거대한 로봇처럼 변해가면서 청소나 경비, 지자체 일마저도 로봇에게 내주어야 할 판이다. 이런 시대를 살면서도 열심히 공부해서 좋은 대학 나와, 훌륭한 직장 얻어 평생 안정된 삶을 살겠다고 노력하는 것은 무의미한 일이 될 것이다. 우선 우수하게 졸업을 했어도 로봇과의 경쟁 자체가 무리다. 로봇만큼 오랜 시간 일도 못하고, 저임금에 만족할 수도 없다.

더욱이 그들의 능력을 뛰어넘기가 힘들다. 학교가 학업이나 취업에 도움이 안 된다는 것을 깨닫는 순간 학생들이 외면할 것이다. 이미 그 충격은 시작되었다. 아마도 많은 실직자가 문 닫는 학교에서 쏟아질 것이다. 기업이 사람보다는 말 잘 듣는 로봇을 써야 생산성 및 수익성을 담보할 수 있음에도 정규직을 강요하는 정부의 정책은 기업과 근로자 모두를 공멸의 길로 내모는 일이다. 물론 단기간에 어쩔 수 없다고 강변할지 모르지만 그것은 우리 산업계 전반을 회복 불능의 환자로 만들고 말 것이다.

일자리 없이 빈둥빈둥 사는 것만큼 힘든 일은 없을 게다. 따라서 일자리는 그 무엇보다 중요하다. 먹고사는 경제적 안정을 찾기 위해서도 시간을 의미 있게 사용해야 하는 점에서도 일자리는 중요하다. 그런데 앞서 설명했듯이 우리가 지금까지 해오던 일들을 거의 다 로봇에게 맡겨야 할 판이다. 그렇다면 인간은 과연 무엇을 하고 살아야 하는가. 이 질문에 우리 사회는 깊이 있는 성찰과 고민이 없다. 불과 몇 십 년 안에 도래할 이 심각한 상황에 대한 고민

없이 일자리 정책을 펼친다는 것 자체가 어불성설이다.

과거 노예에게 자유를 주었더니 다시 노예로 돌아왔다는 이야기가 있다. 자유를 얻은 노예가 그 자유를 누릴 방법을 몰랐던 것이다. 노예처럼 되지 않기 위해서는, 자유로운 삶 속에서 무엇으로 어떻게 삶의 의미를 찾을 것인지 알아야 한다. 안타깝게도 우리는 이런 삶의 방식을 잘 모르고 있다.

국가정책도 이런 삶을 대비해 마련되어야 한다. 충실하게 나를 대신해 일해 줄 기계노예를 수천만 가지나 탄생시킨 인간들이 그들과 경쟁을 하고 그들에게 일을 빼앗기지 않겠다고 투쟁하는 것은 뭔가 시대에 뒤처지는 행동이다. 이제 우리는 자유를 마음껏 누리면서 자신이 진정 하고픈 일을 추구하는 자아실현 사회의 구조를 설계하고 이를 시급히 마련해야 한다. 그것이 진정한 일자리 대책이 될 것이며, 인류 문명의 진화를 위한 우리의 사명일지 모른다.

4. 판단의 부적절성과 정보보호 문제

인간의 판단을 대신할 수 있는 인공지능의 판단의 종류와 범위 등에 대한 논란이 가중될 수 있다. 기술적 판단과 법적 판단은 인공지능이 맡을 수 있으나 윤리적 판단을 맡기는 경우 판단의 부적절성, 편향된 판단 가능성 등에 대한 우려가 발생할 수 있다. 알고리즘 자체가 잘못되어 인공지능의 자율적인 판단으로 행동한 결과에 대해 책임소재 설정이 문제가 된다. 인공지능에 의해 수집 · 분석 · 공유되는 방대한 정보로 인해 개인 정보와 사생활 침해에 대한 우려가 증가될 것으로 예상된다. 특히, 방대한 정보가 수집되고 공유되면서 해킹으로 인한 2차 침해가 발생하는 경우에는 그 피해는 더욱 큰 양상으로 나타날 것이다.

5. 인공지능 발전방안

1) 윤리적 접근

알파고가 이세돌 9단에게 완승을 하였지만 인공지능 기술은 아직 수많은 시행착오를 거치고 있다. 앞으로도 각종 오류를 줄이고 보다 완벽한 기술을 구현하기 위해 끊임없는 연구가 계속 진행되어야 할 것이다. 인공지능 기술은 누가 어떤 목적으로 구현해내느냐에 따라 도움이 되는 기술이 될 수도 위해가 되는 기술이 될 수도 있다.

이러한 측면에서 기술을 개발한 연구자들에게 높은 윤리적 책임이 요구된다고 하겠다. 또한 기계 그 자체에 대해서도 윤리 학습을 하도록 할 것인지에 대한 논의가 필요하며 만약 학습하도록 하는 경우 그 수준과 범위에 대한 사회적 합의도 필요할 것이다.

2) 법 · 제도 마련

인공지능의 무분별한 활용과 악용을 규제하기 위한 법 · 제도 개선도 필요하다. 특히 무기에 활용되는 인공지능 기술에 대해서는 관련 법 정비가 시급하다. 현존하는 국제법으로는 현재의 인공지능 시스템에 적용하기 어려운 상황이며 UN에서 킬러로봇 배치 금지 조약을 추진하고 있으나 이에 대한 협상이 장기화되면서 이미 개발되었거나 실전 배치 중인 로봇 무기들은 금지 대상에서 제외될 우려가 존재한다.

국제적 차원에서 인류에게 위해가 되는 문제인 경우에는 논의를 통해 규제를 만드는 것도 중요하지만 이를 어겼을 경우에 대한 처벌 정도를 어느 수준으로 할 것인가에 대한 연구도 필요하다.

자동인식과 데이터 마이닝을 활용하는 인공지능은 다양한 기기와 결합하여 끊임없이 정보를 결합 · 생산해 내고 있으며 이러한 정보가 관리 부실, 해킹, 데이터 조작 등으로 악용되는 경우 인권 침해, 사생활 피해는 이전보다 더욱 확대될 것이다. 이에 개인정보의 안전한 관리 및 보안 관리를 위한 제도 도입은 물론 개인정보보호와 사생활 보호에 관련 제도 정비가 필요하다.

3) 인력 양성

인공지능 분야의 전문가 양성을 위해서 전문가 인증 제도를 만들고 자격증을 취득할 수 있는 과정이 필요하다. 로봇으로 인한 인력 대체가 일어날수록 우리의 삶이 편안해질 수 있으나 일자리 감소에 대해서도 고민해 봐야 할 것이다. 이를 위해서는 사회적 안전망에 대한 활발한 논의가 필요하다. 또한, 인공지능이 자리를 차지하여 일자리가 줄어드는 분야에서는 해당 인력들에 대한 선별적 재교육 등 인력 재배치에 대해서도 고민해 볼 필요가 있다.

제3절 인공지능과 딥 러닝(Deep Learning)의 발전

1. Deep Learning AI(Artificial Intelligence)

1) 요약

구글 딥마인드(Google DeepMind)의 인공지능 컴퓨터 알파고(AlphaGo)가 이세돌과의 경기에서 4:1로 압승하며 인공지능이 큰 이슈가 되고 있다는 것을 다시 언급하며, 충격적인 사실은 이 컴퓨터가 게임을 풀어가는 알고리즘이 아닌 딥 러닝(Deep Learning)방식으로 학습하여 바둑을 배웠다는 점이다.

딥 러닝(Deep Learning) 또는 머신 러닝(Machine Learning)은 최근에 등장한 것이 아니라 수십 년 전부터 시작된 분야였고, 최근 들어 기술이 비약적으로 성장하고 있다. 널리 알려졌듯이 체스게임을 하는 컴퓨터와 골프를 치는 로봇 등이 이에 해당된다. 바둑은 경우의 수가 너무나 방대하여 컴퓨터로 계산하기에도 많은 양이라 완벽하게 분석하는 것이 불가능한 영역으로 생각되어 기계 불가침 영역이었다.

프로 바둑기사들도 모든 수를 계산하여 임한다기보다는 직관과 경험에 의존하여 플레이를 한다고 볼 수 있었는데 알파고는 학습을 통해서 기계가 구현하기 힘든 인간의 직관을 완벽에 가깝게 습득했다고 볼 수 있는 것이다. 이번에 인공지능의 승리로 인간의 영역으로 분류된 영역이 무너졌기 때문에 향후 우리 사회에 시사하는 바는 무엇인지 그리고 향후 어떤 영향을 미칠지를 예측하여 보겠다.

2) 연구배경

개인적으로 인공지능의 가장 큰 장점은 확장 가능성이 넓어 다방면의 분야에 적용할 수 있다는 점이다. 아직 현재 수준으로는 비용, 기술적인 측면의 제약으로 많은 분야에 적용하기 힘들지만, 점차 확대될 것으로 생각된다. 게임 분야에서의 적용을 시작한 이유는 결과입증이 비교적 쉽기 때문으로 생각한다. 좀 더 나아가 연구 또는 시뮬레이션 등의 분야에 적용한다면 연산 시간이 단축되어 더 많은 연구를 할 수 있게 된다.

특히 사람이 계산하는데 걸리는 시간을 비약적으로 줄여줄 수 있을 것으로 기대된다. 이러한 연구의 성장은 기술의 성장으로 이어져 발전의 선순환이 될 수 있다. 적용할 수 있는 분야는 무궁무진하기에 적절하게 사용되면 최고의 도구가 될 수 있다고 믿는다. 반면, 인공지능의 발달은 오래전부터 제기되어온 노동의 종말을 앞당길 수 있다고 생각한다.

지금의 기술 수준의 자동화로도 이미 많은 양의 노동력을 로봇 몇 대가 수행이 가능한데, 인간과 기계가 결합된 형태의 자동화가 대부분이고 아무리 고도의 자동화를 이뤄도 인간의 판단은 필요하다. 개인적으로 화이트컬러 계층에는 큰 위협이 될 수 있다. 이와 더불어 인공지능의 인류 생존에 위협을 가할 수 있는 위협에 대하여 생각해 보아야 한다. 인공지능의 폭주를 막고 윤리적 문제에 대한 대책 마련이 필요할 것이다. 즉, 미래에는 인공지능의 상위 레벨에서 컨트롤할 수 있는 능력이 생활과 생존에 필요할 것이다.

초기의 대형 컴퓨터가 오늘날에는 성능도 향상되고, 크기도 줄이며 개인PC

로 널리 보급되었다. 지금의 고성능 인공지능은 다수의 CPU가 탑재된 옛날의 대형 컴퓨터와 비슷하다면 훗날 개인이 인공지능을 사용하는 날이 올 수도 있으리라 예상한다. 제4의 물결이 오며 시대가 급변할 수도 있다. 이런 시대가 온다면 인류의 발전 속도는 극대화되고, 발전에 발전을 거듭할 것이다. 인공지능, 기계, 로봇의 아래에 있지 않고, 그 위에서 도구로써 사용할 수 있는 사람이 되기 위한 꾸준한 준비가 필요하다고 생각한다.

나부터도 꾸준히 관심 갖는 것에 그치지 않고, 배워나가는 것이 필요하다고 생각한다. 최근 이슈가 되고 있는 인공지능이 바둑게임에서 챔피언을 이기며 인공지능의 현 위치와 발전가능성을 보여주고 사람들에게 주목받고 있는 이 사건은 일시적인 현상이 아니라 장기적으로 벌어질 큰 변화의 시작을 알리는 것으로 기억될 것이다.

3) 사람처럼 생각하는 컴퓨터의 등장

딥 러닝(Deep Learning)은 컴퓨터가 사람처럼 생각하고 학습이 가능하게 하는 인공지능의 기술을 말한다.

4) 기계학습(Machine Learning)

사람들은 고양이와 개를 직관적으로 구분할 수 있는 능력이 있다. 하지만 컴퓨터는 사진만을 놓고는 고양이와 개를 구분하지 못한다. 이를 위해 기계학습(Machine Learning)이 발명되었는데, 방대한 양의 데이터를 컴퓨터에 입력해 주면 비슷한 것들끼리 분류해서 고양이와 개를 판독하도록 훈련하는 것이다. 컴퓨터가 스스로 훈련을 하면서 패턴을 찾아내 분류하는 기술방식을 기계학습(Machine Learning)이라고 한다.

5) 딥 러닝(Deep Learning)

딥 러닝(Deep Learning)은 기계학습의 한 발명분야로 분류된다. 다양한 상황에 대해 프로그램이 비슷한 판단을 내릴 수 있도록 하는 것이 딥 러닝(Deep

Learning)이다. 컴퓨터가 사람처럼 생각하고 배울 수 있다고 하는 인공지능의 기술을 말한다.

6) 지도 학습(Supervised Learning)

딥 러닝(Deep Learning)의 핵심은 분류를 통한 예측이다. 수많은 데이터 속에서 패턴을 발견해 인간이 사물을 구분하듯 컴퓨터가 데이터를 나누는데, 이 같은 분별 방식은 두 가지로 나뉜다. 먼저 지도학습 방식은 컴퓨터에 먼저 정보를 가르치는 방법이다. 예를 들어 사진을 주고 '이 사진은 고양이'라고 알려주는 식이다. 컴퓨터는 미리 학습된 결과를 바탕으로 고양이 사진을 구분하게 된다. 학습 데이터가 적으면 오류가 커지므로 데이터의 양은 충분해야 한다.

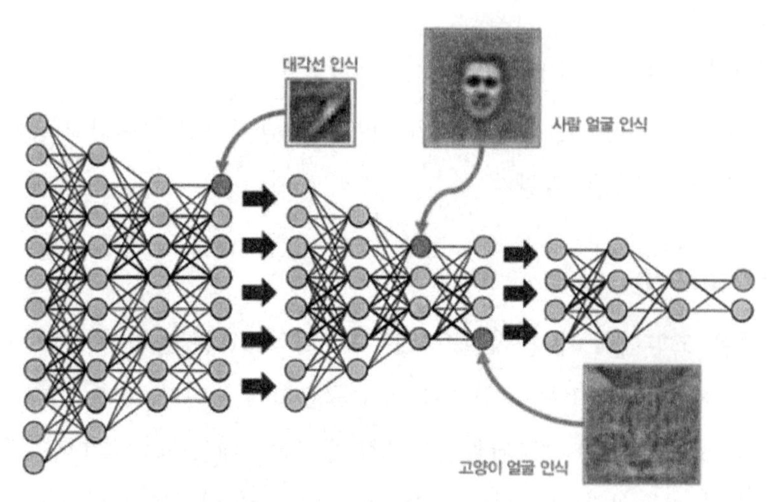

[그림 4-3] 페이스북 딥 페이스의 얼굴 인식기능-1

7) 비지도 학습(Unsupervised Learning)

비지도 학습은 배움의 과정이 없다. '이 사진은 고양이'라는 배움의 과정 없이 '이 사진이 고양이다'라고 컴퓨터가 스스로 학습하게 된다. 지도 학습과 비교해 진보한 기술이며, 컴퓨터의 높은 연산 능력이 요구된다. 딥 러닝(Deep

Learning)은 데이터 양 자체가 풍부하고, 높은 확률적 정확성이 요구되는 분야에서 활발하게 연구되고 있다.

대표적인 발명사례로 페이스북의 '딥 페이스' 기술(2014.03)이 있는데, 친구의 사진을 업로드하면 자동으로 얼굴을 인식해 태그를 달아주는 얼굴 인식 알고리즘을 딥 페이스라고 한다. 인식 정확도는 97.25%로 인간의 눈 인식 정확도인 97.53%와 거의 오차가 없다고 한다.

8) 학습하는 A.I 딥 러닝(Deep Learning)

데이터의 생성 양과 주기, 형식 등이 방대한 빅데이터(Big Data) 기술에서 한 단계 진보한 형태로, 이 데이터들을 분석해 미래를 예측하는 기술을 일컫는다. 포털사이트에서 제공하는 검색어 자동 완성 기능, 엘리베이터 센서를 달아 속도 및 출입문 오작동 등의 정보를 분석해 사고 발생 가능성을 예측하는 것과 범죄자와 잠재적 범죄자의 심리나 행동을 분석해 범행이 어떤 시점 또는 어떤 장소에서 발생할 가능성이 높은 예측을 하는 것 등이 하나의 예이다.

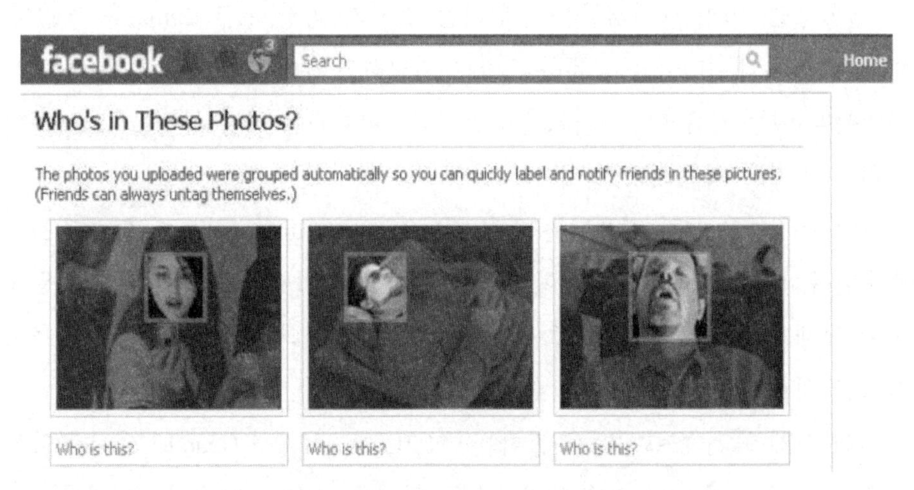

[그림 4-4] 페이스북 딥페이스의 얼굴 인식기능-2

2. 연구분야와 성공요인

1) 딥 러닝(Deep Learning)의 연구분야

딥 러닝(Deep Learning)은 인공신경망으로 표현되는 비선형 변환을 활용해 데이터의 고차원 특징을 추출하는 알고리즘을 연구하는 분야로 머신러닝(Machine Learning) 중 하나의 방법이다. 딥 러닝(Deep Learning)이 뜨거운 감자로 부상하게 된 이유로는 크게 3가지가 있는데 이는 각각 기존 인공신경망 모델의 단점이 극복되었다는 점, 하드웨어(GPU)의 발전, SNS을 통한 빅데이터(Big Data)의 출현이다. 여러 사람들로부터 쏟아져 나오는 데이터들과 태그들을 이용한 지도 학습 및 비지도 학습을 이용한 딥 러닝(Deep Learning) 연구가 진행될 수 있었다.

2) 딥 러닝(Deep Learning)의 성공요인

딥 러닝(Deep Learning)의 가장 중요한 성공요인은 매우 복잡한 비선형 변환을 통해 많은 수의 데이터로부터 고차원 특징을 직접 학습하려고 시도한 점이다. 즉, 빅데이터(Big Data) 속에서 스스로 학습해 구별한다는 것인데 이 과정을 살펴보면, 미리 데이터들을 투입하는 전처리 과정(Pre-Training)을 거친다. 이때 투입된 데이터들을 컴퓨터 스스로 비교하고 분류하여 각각의 특징을 찾아가는데 이는 처음부터 Output을 주는 지도 학습과는 다른 특징을 스스로 학습하는 비지도 학습의 방법이다.

찾은 특징들을 통해 컴퓨터는 특징 지도(Feature Map)를 형성한 후 특징들을 추출한다. 이때 추출하는 특징이 얼마나 좋은 특징인지에 따라 알고리즘의 성능이 크게 좌우된다. 추출한 특징들을 이용해 컴퓨터는 새로운 사진을 보고 학습한 정보에 관한 사진인지 판별할 수 있게 된다.

여러 단계를 거쳐 특징을 추출하는 CNN(Conbolutional Neural Network)알고리즘을 통해 상위 계층으로 올라갈수록 어려운 내용을 학습할 수 있다.

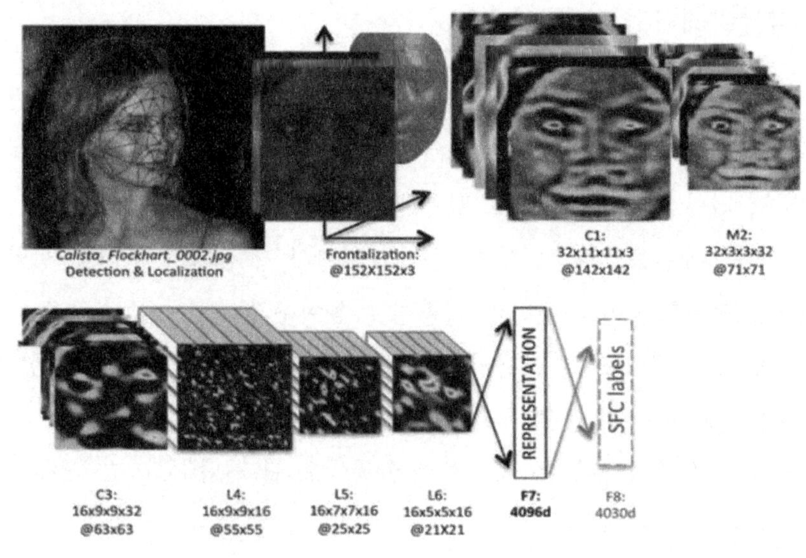

[그림 4-5] 페이스북 딥페이스의 작동 원리

다단계로 깊은 수준까지 내려가 학습을 하기 때문에 딥 러닝(Deep Learning)이라는 이름이 붙게 된 것이다.

딥 러닝(Deep Learning) 기술에 누구보다 관심이 많은 곳은 IT기업들이다. 음성 및 이미지 인식과 사진 분류를 통해 다양한 서비스를 만들어낼 수 있기 때문인데, 구글은 사진과 동영상을 무제한으로 무료 저장할 수 있는 클라우드 서비스 '구글 포토'를 출시하여, 업데이트된 사진 속의 사람, 장소, 사물 등을 정교하게 정리 및 검색하는 기능을 선보였다. 페이스북은 딥 러닝(Deep Learning) 기술을 적용한 '딥 페이스'라는 서비스를 계속 개발 중이다. 국내에서도 딥 러닝(Deep Learning) 연구가 활발하다.

네이버는 뉴스요약 이미지 분석에 딥 러닝(Deep Learning)기술을 적용하여 기사를 정확히 요약하는 알고리즘을 개발했고, 그 밖에도 수 많은 스타트업 기업이 딥 러닝(Deep Learning)을 이용한 기술개발에 뛰어들고 있다. 학자들은 2017년이면 전 세계 컴퓨터의 10%가 딥 러닝(Deep Learning)으로 학습할 것이라고 예상하고 있다.

3. 의료분야에서의 활용

딥 러닝(Deep Learning)은 사람의 생활을 윤택하게 만드는 서비스전반에도 영향을 미친다. 미국의 딥 러닝(Deep Learning) 기술개발기업 '인리틱'은 빅데이터와 립 러닝(Deep Learning)을 활용해 의료분야의 솔루션을 제공한다. 일반인과 환자의 패턴을 각각 분석해 질병을 진단하고, 감염된 부위를 정확하게 식별하여 오차를 줄이고 진단의 정확성을 높여준다.

재난대응분야에서도 딥 러닝의 역할이 기대된다. 인공근육을 탑재한 화재진압 로봇 '사파이어'가 좋은 예다. 위험한 곳에서 사람이 하기 어려운 일들을 대신 해내는 '똑똑한 로봇'을 제작하는 환경에도 딥 러닝(Deep Learning)은 빠질 수 없는 기술이 되었다.

딥 러닝(Deep Learning) 기술의 상용화가 이어질수록 다양한 측면에서 인간을 보조해주는 인공지능을 볼 수 있을 것이다. 인공지능이 그 과정에서 끊임없이 성장해 언제가는 인간의 도구에서 벗어나 인간과 공존하는 존재로 거듭난 인공지능과 마주할 날이 기대된다.

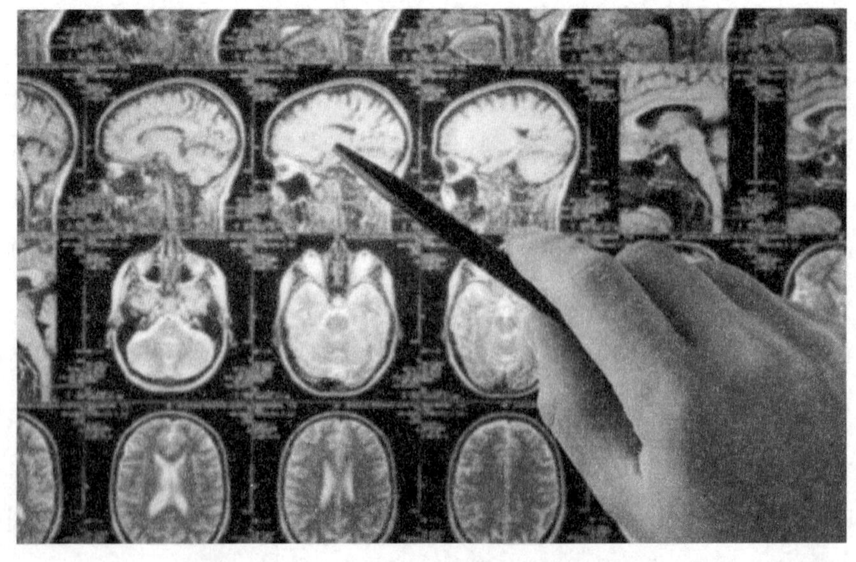

[그림 4-6] 의사의 진단을 돕는 진단기술 '인리틱'

4. 인공지능 왓슨의 진료

인공지능 왓슨은 몇 년 전부터 미국 메모리얼 슬론 케터링 암센터(MSKCC), MD 앤더슨 암센터에서 활용해 왔고, 학회 등을 통해 그 효과에 대해 어느 정도 인정되는 분위기였다. 200명이란 숫자가 가지는 제한점과 부정확한 치료를 권한 경우가 거의 3%에 달하는 등 한계는 보였지만 이런 부분은 점차 개선될 가능성이 있다고 하니, 인간 의사와 인공지능 의사의 한판 대결이 아주 먼 미래의 이야기는 아니다.

[그림 4-7] 인공지능 왓슨이 진료를 하는 가상도

최근에는 여러 병원들이 다학제진료로 이런 종류의 문제를 해결한다고는 하지만, 어느 누가 주도권을 잡느냐에 따라 권하는 치료법이 달라지는 경우가 간혹 생긴다. 그러나 인공지능의 경우 어느 과의 치료법을 선호하지 않고 환자에게 장단점을 제시할 가능성이 많다.

2015년 12월에 왓슨을 도입한 길병원을 필두로 부산대병원과 건양대병원이 왓슨 도입을 확정지은 상태다. 그러나 앞서 언급한 장점들에 매료되어서 이들

병원들이 도입하는 것 같지는 않다. 그렇다면 왜 도입을 하는 것일까?

무엇보다 마케팅 효과 때문일 가능성이 매우 커 보인다. 왓슨을 가지고 진료를 본다고 우리나라 건강보험에서 병원에 돈을 주지는 않는다는 것을 보면 '마케팅 효과'에 더 무게가 실린다.

마케팅 효과를 통해 실제 암환자들이 서울로 빠져나가는 것을 막을 수 있다는 기대도 여러 도입 이유 중 하나다. 더 나아가 서울에 있는 대형 병원들에서 치료받을 환자들도 역으로 빼 올 수 있다. 실제 길병원에는 서울대병원과 삼성서울병원, 아산병원에서 치료받을 암환자들 몇 명이 진료를 받으러 왔다고 한다.

IBM 왓슨을 도입하기 위해서 분명 사용료를 지불해야 한다. 그러나 현재 비급여로 돈을 받는 것도 불가능할뿐더러, 애초에 환자에게 더 유용한 '무엇'이 있다고 말하기에도 부족하다. 그렇기에 투자 대비 효용성을 입증하는 것도 가능하지 않다. 이렇듯 현재의 인공지능 수준은 의사를 대체하기는 어렵다. 그러나 의료 분야에도 변화의 바람이 불고 있다. 휴대전화가 보급되면서 전화번호를 외우지 않게 되고, 내비게이션이 도입된 후 길을 외우지 않는 것처럼, 앞으로 인공지능을 진료에 활용하게 되면서 의사들도 컴퓨터의 지식 의존도가 높아질지는 아무도 모르는 일이다.

5. 제약사와 IT업계 손잡고 인공지능 개발

글로벌 1위 제약사인 미국 '화이자'는 지난해12월 IBM의 클라우드(가상 서버) 기반 인공지능인 '신약 탐색용 왓슨'을 도입해 항암 신약을 개발하고 있다. '화이자'는 왓슨에게 그동안 진행 했던 암 관련 연구 자료를 학습시키고 신약이 작용할 만한 표적을 발견하기 위한 가설을 세우고 검증하는 데 집중하고 있다. 미국 '존슨앤드존슨'은 2016년 IT기업 '베네볼렌트AI'와 협약을 맺고 신약 후보물질 탐색에 인공지능을 도입하기로 했다.

일본 제약기업 '산텐'은 인공지능 '듀마'를 이용해 녹내장 신약을 개발하고 있다. 영국 최대 제약회사인 '글락소스미스클라인(GSK)'은 2016년 7월 IT기업 '엑시엔시아'와 협력 계약을 맺고, 인공시능 개발에 4,300만 달러(492억 원)를 투입하기로 했다. AI의 정보 분석 능력은 사람의 1만 배이다.

'한국제약바이오협회'가 최근 발표한 보고서에 따르면, 현재까지 개발된 기술수준대로라면 인공지능은 1년에 신약개발과 관련한 논문 100만 건 이상을 읽을 수 있고, 400만 명 이상의 임상시험 데이터를 분석할 수 있다. 보통 연구자 1명이 1년간 200-300여 건의 신약개발 자료를 조사할 수 있기 때문에, 인공지능이 사람에 비해 최소 1만 배 이상 데이터 분석 능력이 뛰어난 것이다(조선일보, 2017년 9월 28일, 제약 바이오 섹션, E1면).

6. 결론

인공지능 기술의 활용은 이제 거스를 수 없는 현실이다. 알파고로 인한 놀라움과 충격이 가시기 전에 인공지능이 무엇이고 어떻게 활용되고 있으며 세계적인 흐름은 어떠한지에 대한 이해도를 높이고 관련 분야 육성 및 기술 개발에 더욱 매진해야 할 것이다.

이민화 교수는 인공지능 발전방안에 대해 "대한민국의 대응 전략은 단순해야 한다. 인공지능이 초래할 초연결 · 초지능 사회에서 도태되지 않기 위해 기술과 제도와 사람이라는 3대 요소를 중심으로 전 국가적 차원의 합의하에 강력하지만 유연한 추진 전략이 필요하다."고 제언하였다.[5] 정부는 인공지능 분야에 대한 R&D 예산 투자를 확대하고 육성 · 발전 계획을 꾸준히 시행해 나가되 시행 과정에서 학계, 산업계 등 여러 분야의 의견을 적극 수렴해 나가야 할 것이다.

앞서 살펴본 인공지능으로 인한 사회 변화와 그에 따른 순기능, 역기능을 보다 면밀히 분석하여 순기능은 증진시키고 역기능은 최소화하는 방향으로 정부는 정책을 펴나가고 연구자들은 특정 계층이나 집단의 이익에 편향되지

---

2) 이민화, 인공지능과 4차 산업혁명 그리고 인공지능 혁명의 본질(한국뇌과학연구원, 2016)

않고 연구 윤리를 지켜가며 본연의 연구에 매진해야 할 것이다.

광범위한 과학기술과 정보통신 분야 중 최근 에너지 신산업, 빅데이터, IoT 등 최근 더욱 이슈가 되고 있는 분야들에 대해서 정부의 육성 · 투자 의지가 높고 기업들도 이 분야에 대한 기술개발에 더욱 몰두하고 있다. 선택과 집중을 통해 육성할 분야를 선정하고 예산과 인력을 투입하는 것은 바람직하나 자칫 알파고로 부각된 인공지능에 대한 관심이 희미해진다고 하여 정부와 연구계, 산업계에서도 이를 방관하지 않고 일회성 관심이 아닌 긴 호흡으로 육성 · 관리해 나가야 할 것이다.

제1절 4차 산업혁명의 핵심 빅데이터 개요

빅데이터란 디지털 환경에서 생성되는 데이터로 그 규모가 방대하고, 생성 주기도 짧고, 형태도 수치 데이터뿐 아니라 문자와 영상 데이터를 포함하는 대규모 데이터를 말한다. 이를 잘 활용하면 다변화된 현대 사회를 더욱 정확하게 예측하고, 개개인에게 맞춤형 정보를 제공할 수 있다. 사실 아직 빅데이터가 무엇인지 낯설어 하는 사람들이 매우 많은 편이나, 그 가치는 나날이 인정받아 현대 정보화 시대에 있어서 귀중한 자원으로 인식되고 있으며 관련 자격증도 생겨 전문가들에 대한 기업의 관심도 커지고 있다.

1. 4차 산업혁명의 핵심 빅데이터

4차 산업혁명의 핵심으로 제일 먼저 제시되는 것은 빅데이터이다. 학자들은 디지털혁명으로 규모를 가늠할 수 없을 정도로 많은 정보와 데이터가 생산되는 상황을 '빅데이터 환경'이라고도 부른다.

현재 트위터에서는 하루 평균 1억 5,500만 건의 문제점이 생겨나고 유튜브에서는 동영상 재생 건수가 하루 평균 40억 회에 이른다. 모바일 데이터는 매년 61%씩 증가하고 있으며, 데이터 전체 양은 50-60%씩 늘어나고 있다. 미국 데이터 회사들은 2020년경 데이터가 40제타바이트(Zbit)에 달할 것으로 예측했다. 1제타바이트는 전 세계사람들이 35년 동안 쉬지 않고 감상할 수 있는 DVD 2,500억 개 정도의 용량이다. 이를 개인별로 나누면 300만 권의 책에 담긴 데이터에 버금간다.

빅데이터는 거대한 용량의 데이터에서 그치는 것이 아니다. 엄청난 규모의 데이터를 넘어 이를 관리하고 분석하기 위한 인력과 조직, 기술을 포괄한다.

이런 의미에서 빅데이터란 데이터를 수집, 저장, 관리, 분석할 수 있는 역량뿐만 아니라 대량의 데이터 집합과 데이터에서 가치를 추출하고 결과를 분석하는 기술을 총칭한다. 세계적인 기업들은 빅데이터 활용에 적극적이다. 4차 산업혁명시대에는 인공지능 플랫폼을 선점하는 자가 세상을 차지한다고 생각하기 때문이다. 구글, 아마존, 마이크로소프트, IBM 등이 빅데이터 활용에 총력을 기울이고 있다.

2. 빅데이터의 역사

빅데이터는 ICT역사와 함께 한다. 빅데이터는 이용자들이 SNS, 특정 홈페이지나 정보 검색을 하면서 남겨지는 모든 데이터를 일컫는데, 즉 정확히 언제 탄생했느냐보다는 디지털 경제의 확산에 따라 발생한 것이다. 예를 들어 세계 최대 영상 공유 사이트 Youtube의 '맞춤 동영상'이나 여러 쇼핑몰의 상품추천 등이 이용자들의 관심 분야나 상품 등을 이용자 정보로부터 분석하고 예측한 빅데이터 이용의 사례다.

〈표 5-1〉 빅데이터의 구분과 환경

구분	기존	빅데이터 환경
데이터	정형화된 수치 자료 중심	비전형 데이터 위치
하드웨어	• 고용량 고비용 저장장치 • 데이터 베이스 • 데이터 웨어하우스	클라우드 컴퓨팅
소프트웨어, 분석 방법	• 관계형 데이터 베이스(RDBMS) • 통계패키지(SASS, SPSS) • 데이터 마이닝 • 기계 학습(Machine Learning) • 지식 발견(Knowledge Discovery)	• 오픈 소스 소프트웨어 • Hadoop, NoSQL • 오픈 소스 통계솔루션(R) • 텍스트 마이닝 • 온라인 버즈 분석(오피니언 마이닝) • 감성 분석(Sentiment Analysis)

빅데이터의 개념이 아예 없던 시절, 무언가를 결론짓거나 여론을 판단하거나, 시작 예측을 할 때에는 설문조사나 기존의 통계자료에만 의존하곤 했다. 하지만 이들의 근거로만 판단하고 결론짓기에는 오차나 생각지 못한 변수가 많았다. 한 예를 들자면 1936년 미국 대통령 선거에서 인기잡지 '리터러리 다이제스트'는 1000만 명에게 설문지를 보내 230만 장을 회수한 어마어마한 여론조사를 벌였다.

이를 토대로 공화당 앨프 랜든 후보가 압승할 것이라고 전망했는데 결과는 민주당 프랭클린 D. 루스벨트 대통령이 60%를 얻는 압승이었다. 표본이 많음에도 여론조사의 전망이 완전히 실패한 건, 전화나 자동차를 가진 시민들 리스트에만 표본이 국한되었기 때문인데 공화당 지지자는 대체로 부유층인 반면, 민주당 지지자는 그 반대였기 때문이다.

즉 서베이(Survey)의 빅데이터로의 발전은 이런 실패를 통하여 변수를 예측 추가하는 등에서 나온 셈인데, 최근에는 오차와 그 한계를 줄이기 위하여 생긴 것이다. 서베이는 설문지나 전화로뿐 아니라 또 다른 수단을 이용하여 더 믿을 만한 근거자료를 모으는 개념으로 확장되었다. 그리고 이렇게 모은 자료들은 폭넓고 다양한 사람들까지 놓치지 않을뿐더러 성격이나 현재의 감정, 어디서 거주하며 어떤 음식에 기호를 가지며 어떤 취미를 가지며 무엇을 수집하기를 좋아하는지 등의 변수까지 다루는데 이것이 바로 빅데이터가 되었다. 그리고 그 빅데이터 분야는 지금까지도 끊임없이 더 새로운 변수 수집을 위해 연구되고 개발되고 있는데 중요한 것은 시장의 성장과 이 빅데이터 수집을 위한 기술의 개발비나 서버 투자 등이 두드러진다는 것이다.

그러다 보니 빅데이터의 신뢰성이 높아질수록 기업들은 빅데이터를 수집하여 팔기도 하고, 이를 수집하는 방법이나 기술을 개발하거나 이를 이용하여 시장 조사를 하거나 광고 등의 마케팅에도 활용하기 시작했다. IT 발전과 설문을 바라보는 안목의 높아진 수준과 새로운 변수에 대한 요구가 빅데이터를 만들어내고 그 빅데이터가 돈을 벌어다 주는 귀중한 노다지가 된 셈이다.

3. 빅데이터의 기술

빅데이터 기술은 기존의 데이터 관리 및 분석체계로는 감당하기 어려운 정도의 거대한 데이터에서 통찰력을 얻기 위해서 사용되는 기술을 의미한다. 사용자를 위해 허용 경과시간 내에 데이터를 수집하고, 저장/관리하고, 처리하는 것으로 범용 하드웨어 환경 및 소프트웨어 도구의 영역을 넘어선다.

데이터 규모가 방대하고, 다양한 종류의 데이터를 융합하며, 수집/처리/분석 · 예측을 적시에 해결하는 빅데이터 기술은 기존의 데이터 분석과는 달리 일정한 양식에 따라 정제된 정형 데이터뿐만 아니라 정제되지 않은 막대한 양의 비정형 데이터에 대한 분석을 포함하며, 대용량의 데이터를 저장 · 수집 · 발굴 · 분석 · 비즈니스화하는 일련의 과정을 포괄하는 용어로 변화하고 있다.

4. IBM 왓슨

2017년 ICT시장은 SW와 IT서비스가 발전하며, 4차 산업혁명을 맞아 기업들의 Digital Transformation 움직임이 활발하였다. 2017년 주목할 기술로 AI, Cloud, Open Source, IoT, VR 등이며, ICT 시장환경이 급박하게 돌아감에 따라 예측과 대응능력이 중요시되고 세계경제의 침체 속에서도 ICT는 빠르게 진화하고 있으며 4차 산업혁명 중심기술로 되었다.

기존산업을 파괴하는 혁신기업인 MD앤더슨암센터, 메모리얼슬로언케터링암센터 등 세계최고의 암센터에서 왓슨의 암진단 정확도는 대장암 98%, 직장암 96%, 방광암 91%, 췌장암 94%, 신장암 91%, 난소암 95%, 자궁경부암 100%에 달하고 도쿄대의학연구소, 한국의 길병원 등 수많은 병원들이 IBM Watson과 협력을 늘려나가고 있다.

2015년 도쿄대의학연구소는 급성골수성백혈병 진단을 받고 6개월간 두 가지 항암제를 투여하였으나 회복되지 못하고 위험에 처한 환자를 IBM Watson에게 의뢰한 결과 이환자는 급성골수성백혈병에서도 '2차성백혈병'이라는 특수한유형의 환자라는 분석결과를 도출하였고, 왓슨은 항암제종류를 바꾸도록 제안하여 이환자는 수개월 안에 회복되었다.

제2절 빅데이터 기술 구성

빅데이터 처리 및 분석 기술은 개별 기술의 각축이 아니라 핵심기술을 중심으로 구성하는 플랫폼 기술이다. 주요 IT 기업들 역시 전략적으로 공개소프트웨어를 지원하고 있고, 자사 플랫폼과 통합하여 개발자 확보 및 저변 확산을 꾀하고 있다. 빅데이터 분석 플랫폼을 둘러싼 새로운 플랫폼 전쟁이 시작되었으며 공개소프트웨어 진영의 운영체제 시장에서 확고하게 자리를 잡은 리눅

스처럼 빅데이터 플랫폼 시장에서 주력 플랫폼으로 자리를 굳혀가고 있다.

빅데이터 분석 플랫폼은 빅데이터 처리 인프라를 기반으로 하며, 그 구성 기술은 데이터 수집/통합, 데이터 전처리, 데이터 저장/관리, 데이터 분석, 데이터 분석 가시화로 구분할 수 있다. 빅데이터 시장의 주도권 확보를 위해 데이터 수집/통합, 전처리, 저장/관리, 분석/예측, 가시화에 이르는 빅데이터 분석 플랫폼 기술과 빅데이터 처리 인프라기술을 통합한 플랫폼 확보경쟁이 치열하다. 데이터 수집/통합 기술은 새로운 데이터 생성, 네트워크에 산재해 있는 외부 데이터 수집, 내 · 외부 이종 데이터 통합 등 데이터의 형태와 소재에 무관하게 데이터를 확보하는 기술이다.

데이터 전처리 기술은 센싱 정보, SNS 등 지속적으로 발생하는 비정형 스트림 데이터를 정제하여 분석 가능 형태로 구조화하여, 분석의 정확성을 높이고, 심픙 분석을 가능하게 하는 기술이다. 데이터 저장/관리 기술은 웹데이터, 소셜 미디어, 비즈니스 데이터, 센싱 정보 등의 폭증하는 다양한 형식의 데이터를 실시간 저장/관리할 수 잇는 분산 컴퓨팅 기술이다.

데이터 분석 기술은 빅데이터에 내재된 가치를 추출하기 위해 필요한 대규모 통계처리, 데이터 마이닝, 그래프 마이닝 등의 분석 방법, 기계학습 및 인공지능을 활용한 심층 분석 기술이다. 데이터 분석 가시화 기술은 비전문가가 데이터 분석을 수행할 수 있는 환경을 제공하는 분석 도구 기술과 분석 결과를 함축적으로 표시하고, 직관적인 정보를 제공하는 이포그래픽스 기술로 구성된다.

빅데이터 처리 인프라 기술은 대용량 데이터를 실시간으로 처리하기 위한 클라우드 컴퓨팅, 패브릭머퓨팅 등 고성능, 고가용성, 고확장성을 제공하는 컴퓨팅 시스템 및 시스템 소프트웨어 기술이다.

빅데이터 분석 플랫폼 경쟁이 IBM, 오라클, EMC 등을 중심으로 전개되고 있지만 공개소프트웨어 진영은 하둡을 중심으로 빅데이터 분석 플랫폼 기술 생태계를 조성해 나가고 있다. 아파치 재단의 공개프로젝트로, 분산 컴퓨팅으로 출발한 클라우드 컴퓨팅 인프라 구축의 기반 기술에서 빅데이터 인프라 기술로 진화하고 있으며, 분석 패키지 도구인 R과 함께 빅데이터 분석 플랫폼을 구성하는 필수적인 기술로 부상하고 있다.

하둡은 2005년 루센 개발자인 더그 커팅과 마이크 카파렐라가 구글 맵리듀스 알고리즘을 구현하기 위해 개발하였다. 하둡은 대용량 데이터 처리 분석을 위한 대규모 분산 컴퓨팅 지원 프레임워크로 하둡 분산 파일시스템, 분산 처리를 위한 프레임워크인 맵리듀스가 핵심이며, 이외에 분산 데이터베이스인 HBase, 검색엔진인 Nutch, SQL을 지원하는 hive 등 빅데이터를 위한 통합 솔루션으로 발전하고 있다.

정보통신기술이 발달하면서 일정한 형태를 갖추거나 갖추지 않은 정보(데이터)가 기하급수로 늘어나 인터넷 여기저기에 쌓인 결과다.

2011년 세계 디지털 공간에서 생성된 정보량이 1.8제타바이트(ZB)로 추산됐다. 두 시간짜리 고선명(HD) 영화 2000억 편을 4700만 년간 볼 수 있는 양이다. 5000만여 한국 국민이 1분마다 소셜네트워크사이트(SNS)에 글을 세 개씩 18만 년간 올리는 양이기도 하다. 실로 가늠하기 어려운 분량이다. 2020년에 관리할 정보량이 2011년보다 50배나 늘어날 것이라 하니 그야말로 빅데이터 시대가 올 전망이다.

관건은 빅데이터를 잘 다룰 방안을 찾는 것. 방대한 데이터를 제대로 분석해 미래 사회의 불확실성을 없애는 게 중요하다는 얘기다. 불확실성을 없애 예측 가능성을 높이면 공공복리는 물론이고 민간의 사업 기회까지 넓힐 것으로 기대된다. 구체적으로 매킨지는 빅데이터를 이용한 미국 원격 의료(헬스케어) 시장의 잠재적 매출이 300조 원에 이를 것으로 보았다.

빅데이터를 활용한 유럽연합(EU) 공공 부문의 잠재적 매출도 380조 원에 달할 것으로 예측됐다. 빅데이터에 관심을 기울이는 기업이 늘어나고, 공공 부문 정보를 더 많이 공개하라는 요구가 분출하는 이유다. 데이터가 곧 경제 자산인 시대가 눈앞에 다가왔다.

제3절 빅데이터의 발전방안

1. 기업을 살리는 빅데이터

학자들은 빅데이터를 21세기의 원유라고 부른다. 원유를 효율적으로 정제하면 휘발유 같은 고부가가치 원료를 만들 수 있는 것처럼 수많은 데이터들 중에서 가치 있는 정보를 발굴하면 엄청난 이익을 얻을 수 있다. 빅데이터는 일반 기업 내에서도 다양한 문제를 해결하는데 사용될 수 있다. 빅데이터를 분석하면 회사를 운영하고 관리하는데 큰 도움이 된다.

빅데이터 활용으로 가장 주목받는 기업은 구글이다. 구글은 '일하기 좋은 100대 기업'에 6년 연속 1위를 차지했다. 세계 최고 수준의 연봉, 직원 복지가 우수하고 자유롭고 수평적인 조직 문화로 '신의 직장'이라고 불린다.

2. 분석의 고도화 능력이 필요

GS홈쇼핑은 "현재 추천엔진을 도입한 지 4년여 세월이 흘렀다. 고객 데이터에 대한 관심은 여전히 많다. 고객이 원하는 바를 파악해 새로운 인사이트를 찾는 노력이 필요하다. 빅데이터는 기존 정형화된 데이터외에도 하둡기반 비정형 데이터, 그리고 트랜젝션 데이터를 통합해 분석하고 있다"고 말했다.

회사의 인사이트를 정의하고, 이를 데이터화해서 가치를 창출하는 방법을 정의할 필요가 있다. 그는 "쇼핑업의 경우는 개인화 추천엔진을 주로 활용한다. 트랜젝션 데이터와 빅데이터, 로그 데이터를 확보해 이를 비즈니스에 응용하고 있다. 이에는 고객에 대한 일관된 인사이트를 확보하는 것이 중요하다. 고객을 아는 것이 중요한 만큼 판매 스킬을 강화할 필요가 있다"고 설명했다.

하지만 이런 노력들이 고객을 알아가는 기본적인 과정이 될 수 있겠지만, 더 높은 가치를 얻기 위해서는 분석에 있어서 고도화가 필요하다고 지적한다. 김준식 상무는 사람에게 각인된 고객 경험정보를 컴퓨터가 인지하고, 분석해 실행하기에는 아직까지 한계가 있다는 것이다. 단순히 무작위 데이터를 쌓는 것이 아니라, 이를 직질하세 활용하기 위해서는 고급 분석 능력이 필요하다.

일반적으로 유통 분야에서는 아마존의 '추천 알고리즘(고객이 선호하는 상품을 추천하는 것)'을 활용하고 있지만, 이것은 보편적인 수준의 마케팅 방법론이다. 현재 데이터를 다루는 데이터 분석가의 수준은 커버리지는 넓지만, 깊이는 얕은 수준이어서, 분석의 수준과 행동방식에 대한 완성도를 높일 필요가 있다.

BGF리테일 송지택 상무는 "빅데이터의 출현이 하둡을 껴안으면서 프로세스 성능 면에서는 과거와 달리 많은 발전을 보이고 있지만, 고객 분석과 실행에 있어서는 별반 다를 것이 없다"고 말했다. 진지하게 CRM에 대해 고민하는 흔적이 보이지 않는다는 것. 다양한 세미나와 신문기사를 보더라도 고객 인사이트 확보를 위한 분석에 대해서는 여전히 정체된 상태이고, 소셜과 인메모리와 같은 시스템 이야기만 난무하고 있는 경향이 있다는 것이다.

하지만 기술의 발전이 새로운 분석 방법에 대한 가능성을 주는 것은 사실이다. 그는 "작게라도 보안적인 요소를 피할 수 있는 테마라면, 실행해볼 가치가 있다. GE와 같이 로(Raw) 데이터를 기반으로 이상 징후를 파악해 메인터넌스에 활용할 수 있다. 지금은 빠르게 분석할 수 있는 기반이 되어 있어서 필요한 패턴을 손쉽게 찾아낼 수 있을 것"이라고 말했다. 이런 견해는 '사람'이 배제된 '기기'에 한해서이다. 사람이 개입된 고급분석을 위해서는 기술적인 발전 외에도 다양한 분석 모델이 실제 성공사례로 공유되고 활용돼야 할 것으로 보인다.

3. 데이터를 공유해서 활용도 넓혀야 한다

신한카드는 "IT 기술도 필요하지만, 어떤 데이터가 필요한지 이를 파악할 필요가 있다. 내부 데이터 분석으로는 한계가 있기 때문에 외부데이터에 대한 연계가 필요하다. 공공 데이터 개방이 이뤄지면서 통계 데이터를 적극 활용하려는 의지를 보이고 있다"고 말했다. 데이터는 외부와 연계했을 때 다양한 분석 가능성 및 활용도를 높일 수 있는 만큼 되도록 많은 부분이 서로 공유돼야 한다는 것이다. 이와 함께 과거에는 이미 확보된 데이터로 분석하려는 경향이 컸지만 이제는 거꾸로, 무엇을 하기 위해서는 '어떤 데이터가 필요한가'라는 접근 방법이 예전과는 달라진 경향이라고 설명했다.

과거에는 존재해 있는 데이터로 분석을 했지만, 이제는 목적에 의해 필요한 데이터를 취합해 가는 방법이 효과적일 수 있다. 목적이 분명하기 때문에 필요한 데이터를 모을 수 있다면 이에 대한 결과물은 어떤 형태로든 나올 수 있다. 그는 이런 역발상을 통해 데이터 활용을 활성화할 필요가 있다는 지적이다. 처음에는 소셜 데이터 분석이 빅데이터인 것으로 생각했지만, 실제 사용할 수 있는 것이 적다는 점을 감안해 목적에 의해 필요한 데이터를 취합하는 방법으로 데이터 접근 방법이 바뀌고 있는 것이다. 결국 빅데이터의 가치는 인프라 보다는 '데이터를 통해 무엇을 할 건지'에 대한 방향이 잡혀 있느냐가 관건이 되고 있다.

보험사의 경우는 빅데이터 가치에 대해 데이터 공유를 통한 '서비스의 개선'에 관심을 갖고 있다. 동양생명에서는 "보통 외국계 회사의 경우, 보험심사를 위해 외부 데이터를 활용하는데 심사처리 시간이 몇 분 안에 이뤄지고 있다"고 말했다. 이런 신속한 처리는 시스템에 있지는 않다. 비교적 환자 병력에 대한 공유가 잘 이뤄져 신속한 분석과 판단이 가능해지는 것이다. 고객이 약을 사용한 이력 정보가 공유되어 비교적 빠르게 심사결과를 낼 수 있다.

국내의 경우는 주로 고객이 기입한 내용 위주로 심사가 이뤄져 정보가 부족해 시간 측면에서 더디게 진행되는 경향이 있다는 것. 많은 부분에 있어서 규제가 없어진다면, 빅데이터의 활용 가능성은 높아질 수 있다는 지적이다. 개방의 편의성은 향후 보험업계에 새로운 서비스에 대한 가능성을 높일 수 있다. 예를 들어, 스마트워치를 착용한 고객의 운동량 데이터가 네트워크를 통해 유입되면, 개인별 보험료에 대한 적절한 산정이 가능해진다.

보험사는 "흡연을 하는 고객의 경우도, 흡연양이나 흡연 유무를 체크해 보험요율을 산정할 수 있다. 운동량을 비롯해 매일의 혈압수치 데이터를 받을 수 있다면 저정한 보험료 산출과 함께 최근 사회적으로 물의를 빚고 있는 보험사기 방지에도 많은 도움을 줄 수 있다"고 말했다. 이외에도 다양한 고객 상태정보를 취득할 수 있다면, 이런 데이터를 조합해 고객에게 최적화된 상품을 추천할 수도 있다.

4. 디지털 데이터가 비즈니스를 견인한다

여러 가지 어려움에도 불구하고, 업계에서는 빅데이터가 분명히 가치가 있다는 점은 누구도 공감하고 있다. 디지털 시대에 있어서 예전에는 없었던 데이터가 현재 기하급수적으로 늘어나고 있기 때문이다. 따라서 데이터 분석능력에 따라 비즈니스의 기회를 얻느냐, 얻지 못하느냐가 좌우될 수 있다.

기업들은 빅데이터가 활성화하기 위해서는 시스템적인 처리속도와 데이터 취합 같은 기술적인 측면보다는 목적이 분명한 인사이트의 도출, 분석 능력에 대한 고도화, 데이터 개방성이라는 3박자가 갖춰져야 할 것이라고 입을 모으고 있다. 시대의 변화에 따라 이런 개방성과 분석의 노하우가 어느 정도 가시적인 성과를 보인다면, 데이터를 활용한 비즈니스 기회와 성과는 앞으로 점차 늘어날 것으로 전망된다.

5. 고객을 알고, 파악하는 과정이 필요

BGF리테일은 현재 IT와 현업이 포함된 트렌드분석팀을 조직한 바 있다. 빅데이터 연구조직으로, 이 조직 내에서는 점포에서 판매되는 상품의 패턴을 찾아내고 있다. 결과에 따라 잘 팔리는 상품을 우선으로 진열한다. 주로 10~20대 연령층을 중심으로 전국 8,600개가 넘는 점포를 대상으로 판매 데이터에 대한 분석이 이뤄진다.

분석은 지역별, 나이별, 성별에 따른 제품 분석이 이뤄지지만, 정확하게 나

이를 판별해 내기는 어렵다. 맴버십을 통해 정확한 데이터를 산출하고 보정하고 있다. 오프라인에서는 보통 10~20개의 점포를 관리하고 있는 스토어컨설턴트를 통해 애로사항을 듣고, 최신 트렌드를 알려주며, 신규 발주를 권유하고 있다.

유사 지역의 진열상태에 따른 판매상황 데이터에 대한 패턴을 분석해 매장에 새로운 진열과 판매를 권유하는 것이다. 주로 프론트단에서 진행되는 이런 노력은 '클로즈루프(선순환)' 형태로 이뤄진다. 패턴에 따라 매장을 진열하고, 결과를 분석후 재보정하고 반영하는 구조이다. 편의점은 속성상 고객 체류시간이 적기 때문에 진열에 큰 신경을 쓰고 있다. 목적 구매가 분명하기 때문에 크로스 셀링과 업셀링을 실행할 기회는 적다. 고객의 눈을 순간적으로 끌어야 하는 만큼, 진열과 판촉 및 판매문구는 핵심적인 요소다. 또한 분석도 심층적인 것보다 빠른 분석이 요구된다. 판매 타이밍을 위해 빠른 분석과 실행, 그리고 제휴 마케팅을 실행하고 있다.

GS홈쇼핑은 고객 유도를 위해 상품추천엔진과 검색엔진을 주로 활용하고 있다. 직접적인 고객푸시는 캠페인과 메일서비스, SMS, NMS, PC웹, 앱을 통해 이뤄지고 있다. 외부 캠페인의 경우 네이버나 다음카카오과 같은 파트너사와 제휴를 통해 실행하고 있다. 앞으로는 분석과 물류 최적화를 위해 소프트웨어 엔지니어링 방법을 개발시켜 나갈 계획이다. 시장 상황을 참작해 데이터 분석에 대한 정교화 작업도 진행해 나갈 계획이다. 향후 과제이긴 하지만, 데이터 사이언티스트 확보를 통해 데이터 분석 능력을 고도화하고, 정교화해 나가는 방법에 대해서도 고민하고 있다.

동양생명은 온라인 보험, 즉 비대면 채널에 대한 활용성을 강화해 나갈 계획이다. 기존의 전통적인 대면 채널 외에 콜센터, 웹과 앱으로 가입하는 시대가 곧 올 것으로 내다보고 있다. 현재 콘텐츠가 모바일 환경으로 변화하고 있는 상황에서 웹이나 앱을 통해 상품 내용을 쉽게 설명하는 UI 및 프로세스가 필요하다는 생각이다. 현재 일부 대형 보험사를 중심으로 인터넷과 모바일을 중심으로 한 비대면 비즈니스가 강화되고 있는 만큼 이의 변화를 예의주시하고 있다. 하지만 현재 시점에서 웹을 통한 청약은 시기상조라는 생각이다. 현재 청약 서비스는 보험설계사와 전화를 통해 이뤄지고 있지만, 보험금 청구의 경우, 모바일앱으로 가능한 방법을 찾고 있다. 고객들이 보다 쉽게 모바일로 보험 서비스를 가입하는 시대에 대비해 가능한 서비스 방법론을 모색하고 있다.

신한카드는 3가지 관점에서 빅데이터 사업을 진행하고 있다. 고객 성향을 분석하는 것과 공공시장과 협업을 통한 데이터 서비스, 내부적인 사업에 대한 준비 등이다. 이 밖에 고객의 불만사항을 분석해 효율적인 방법론을 도출해 낼 수 있도록 텍스트마이닝 분석도 모색하고 있다. 신한카드는 고객의 행동 데이터가 중요하다고 보고, 이 데이터를 근간으로 고객의 선호도를 파악해 필요한 서비스를 권유하는 타깃 마케팅을 검토 중이다. 보다 정교화 과정을 통해 고객 선호가 적중된다면 그만큼 매출에 큰 도움이 될 수 있을 것으로 보고 있다.

6. 미국 빅데이터 독점을 위협하는 중국

아마존, 구글, 페이스북, 넷플릭스, 마이크로소프 등 미국 소프트웨어 기업들이 주도하는 빅데이터 분야의 가장 강력한 도전자는 중국이다. 그 선두에는 'BAT'라고 하는 중국 3대 IT 기업 바이두, 알리바바, 텐센트가 있다. 이들은 7억 명이 넘는 중국 내 스마트폰과 인터넷 사용자들이 쏟아내는 빅데이터를 수집해 활용하면서 급성장하고 있다. 중국 내 데이터센터 투자는 매년 30%씩 늘고 있고, 기업가치가 1조 원이 넘는 빅데이터 관련 스타트업들도 많이 나오고 있다. 정보화진흥원 연구위원은 '중국은 세계 최고의 슈퍼컴퓨터 경쟁력과 풍부한 인재 덕분에 미국과 격차를 빠르게 좁혀가고 있다'고 말했다.

빅데이터 기업들의 가치는 천정부지로 치솟고 있다. 현재 전 세계 시가총액 1-5위는 미국 IT기업인 애플, 구글, 마이크로소프트, 아마존, 페이스북이 차지하고 있고 이들의 시가총액 합계는 3조 달러(약 3343조 원)로, 세계 5위 경제대국인 영국의 국내 총생산(GPD)보다 많다. 중국 알리바바와 텐센트의 기업 가치도 2017년 2분기 세계 최대 석유기업 엑손모빌을 추월했다. 빅데이터 기업들이 빅데이터를 분석해 고객에게 맞춤형 정보를 제공하고 이를 통해 더 많은 고객을 끌어들이며 막강한 독점역을 갖게 되었다는 것이다.

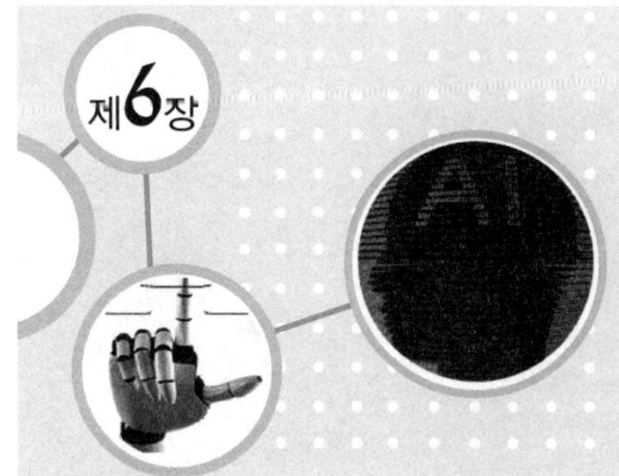

4차 산업혁명과 관련된 사물인터넷 기술의 동향과 경제적 전망

제1절 사물인터넷 정의

사물인터넷이란 사람과 사물 그리고 공간이 인터넷에 연결되는 것을 말한다. 각종 사물에 센서와 통신 기능을 내장하여 인터넷에 연결하는 기술로 주변 사물들이 유무선 네트워크로 연결되어 유기적으로 정보를 수집 및 공유를 통해 상호 연동하여 작동되는 지능형 네트워킹 기술 및 환경을 의미하며, 현실 세계의 사물들과 가상 세계를 네트워크로 상호 연결하여 사람과 사물, 사물과 사물을 언제 어디서나 서로 소통할 수 있게 하는 미래 인터넷 기술이다.

국제표준기구(ITU-T)에서는 "정보통신기술을 기반으로 다양한 물리적(physical) 또는 가상(virtual)의 사물들을 연결하여 언제 어디서나 상황에 맞는 최적의 서비스를 제공하기 위한 글로벌 서비스 인프라"로 정의하며, 사물인터넷을 연결하여, 사물과 사물, 서비스 세 가지 분산된 환경 요소에 대해 인간의 명시적 개입 없이 상호간 협력적으로 센싱, 네트워킹, 정보 처리 등 지능적 관계를 형성하는 사물 공간 연결망으로 볼 수 있다.

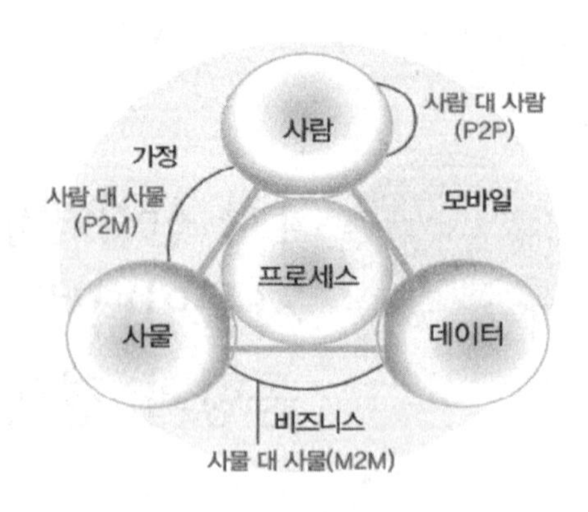

[그림 6-1] 사물인터넷의 개념

또한, 사물인터넷은 Big Data, Cloud, AI 등과 상호 작용을 통해 다양한 서비스로 발전할 수 있으며, 사물은 유무선 네트워크에서의 end-device뿐만 아니라, 인간, 차량, 교량, 각종 전자장비, 문화재, 자연 환경을 구성하는 물리적 사물 등이 포함하고 이동통신망을 이용하여 사람과 사물, 사물과 사물 간 지능통신을 할 수 있는 M2M의 개념을 인터넷으로 확장하여 사물은 물론, 현실과 가상 세계의 모든 정보와 상호작용하는 개념으로 진화하고 있다.

제2절 사물인터넷 기술 동향

[그림 6-2] 사물인터넷 3대 요소 및 4차 산업과의 상호 연관성

사물인터넷은 센싱 기술, 인터페이스 기술, 서비스 인터페이스 기술이 필수적이며, 적용 방법 및 환경 등에 따라 4차 사업의 대표적 기술인 Big Data, AI, Cloud 기술과 결합하여 새로운 서비스로 발전할 수 있다.

1. 센싱 기술

전통적인 온도/습도/열/가스/조도/초음파 센서 등에서부터 원격 감지, SAR, 레이더, 위치, 모션, 영상 센서 등 유형 사물과 주위 환경으로부터 정보를 얻을 수 있는 물리적 센서를 포함하며, 물리적인 센서는 응용 특성을 좋게 하기 위해 표준화된 인터페이스와 정보 처리 능력을 내장한 스마트 센서로 발전하고 있다.

2. 유무선 통신 및 네트워크 인프라 기술

유무선 통신 및 네트워크 장치로는 기존의 WPAN(Wireless Personal Area Networks), WiFi, 3G/4G/LTE, Bluetooth, Ethernet, BcN, 위성통신, Microware, 시리얼 통신, PLC 등, 인간과 사물, 서비스를 연결시킬 수 있는 모든 유·무선 네트워크를 의미하며, 통신사들에 의해 지속적으로 발전하고 있다.

3. 서비스 인터페이스 기술

응용서비스와 연동하는 역할로 서비스 인터페이스는 네트워크 인터페이스의 개념이 아니라, 정보를 센싱, 가공/추출/처리, 저장, 판단, 인식, 보안/프라이버시, 인증/인가, 온톨러지 기반의 시맨틱, 위치확인, 프로세스 관리, 데이터마이닝, 서비스 등 서비스 제공을 위해 인터페이스 역할을 수행한다. 현재 많은 소프트웨어 업체가 인터페이스 개발에 많은 투자를 하고 있다.

제3절 사물인터넷 시장 동향

사물인터넷을 구성하는 생태계는 칩벤더, 모듈/단말업체, 플랫폼/솔루션업체, 네트워크/서비스업체 등 4가지로 크게 구성되며, 이외에도 사물인터넷 관련 Value Chain이 형성되고 있다. 자세한 유형 및 전문업체는 아래 〈표 6-1〉과 같다. 사물인터넷은 연평균 20% 이상의 고성장이 예상되며, 세계 시장 규모는 2015년 약 3천억 달러에서 2020년 1조 달러로 연평균 28.8% 성장이 전망되고 있다.

〈표 6-1〉 사물인터넷 가치사슬 유형 및 전문업체(2016년 기준)

가치 사슬	유형	주요 전문업체
칩 벤더	무선 송수신칩, 센서, 마이크로컨트롤러 등을 생산하는 제조업체	(해외) Qualcomm, Texas Instruments, Infineon, ARM
모듈/단말업체	IoT 모듈(무선송수신칩+마이크로컨트롤러), 다양한 IoT단말 등을 생산하는 제조업체	(해외) Sierra Wireless, E-device, Telular, Cinterion, Telit, SIMCOM
플랫폼/솔루션업체	IoT 플랫폼 소프트웨어나 IoT 종합 관리 솔루션을 개발하여 제공하는 업체	(해외) Jasper Wirelss, Aeris Wirelss, Qualcomm, datasmart, Inilex, Omnilink
		(국내) 멜퍼, 페타리, 브레인넷, 엔티모아, 인사이드 M2M
네트워크/서비스업체	기본적인 유무선 네트워크를 제공하고, 보다 전문적인 M2M 서비스를 제공하는 업체	(해외) AT&T, Sprint, Vodafone, T-Mobile, Verizon, BT
		(국내) SKT, KT, LGU+

또한 국내 시장 규모도 동기간 3.3조 원에서 17.1억 원으로 연평균 32.8% 성장이 전망되고 있다.

(단위 : 십억 달러)

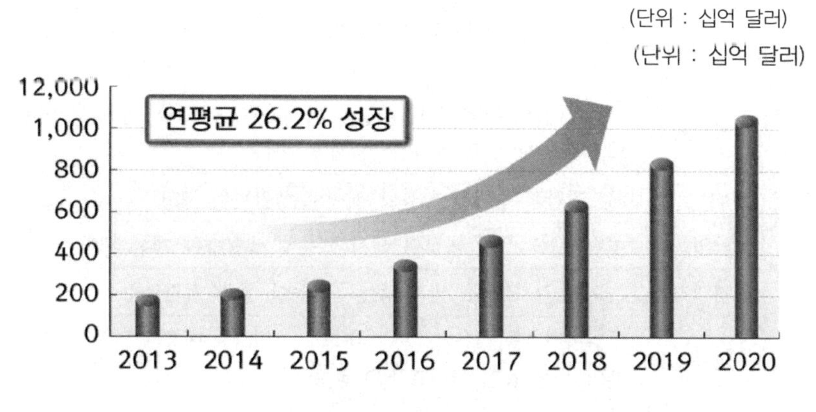

[그림 6-3] 사물인터넷 시장 규모 및 전망

전 세계 IT업체뿐만 아니라 비IT업체에서도 많은 투자와 개발을 이어가고 있으며, 초기에는 단말 비중이 높았으나(93%), 2022년에는 전 세계 사물인터넷 시장 매출의 60%가 플랫폼 및 서비스 부문에서 발생할 것으로 전망된다.

〈표 6-2〉 사물인터넷 기술 및 영향력 보유 기업 순위(2015년 기준)

순위	1위	2위	3위	4위	5위	6위	7위	8위	9위
기업명	Intel	IBM	MS	Google	Cisco	HP	Apple	SAP	삼성

〈표 6-3〉 분야별 사물인터넷 활용 사례

구분		서비스 내용
금융	간편결제	블루투스 기반의 비콘(Beacon)을 이용하여 서비스 범위 내에 있는 사용자의 앱과 결제 장치의 통신을 통해 간편 결제
	부정결제탐지	결제 단말기에서 전송하는 위치정보 값과 인근에 근접한 기지국의 위치값을 비교하여 부정거래 발생 여부 판별
	통행료지불	달리는 차안에서 무선 또는 적외선 통신을 이용하여 자동으로 요금을 결제
	보험	차량에 설치된 OBD(On-Board Diagnostics) 장치를 이용하여 운전자 운행 습관에 따른 보험료 차등 적용, 자전거 도난방지 솔루션을 이용한 도난 보험상품 연계

	담보대출관리	이동성이 있는 담보물건(자동차, 공장설비 등)에 대해 무선통신 및 GPS 센서가 탑재된 IoT 단말을 부착하여 안정적인 담보물건 관리
개인	스마트카	자동차에 네트워크 연결기능을 탑재하여, 인포테인먼트 등 이용자 편의, 차량 제어 및 관리 기능 제공
	스마트 홈	ICT 기반의 주거환경 통합 제어로 생활편의 제고
	생활밀착	칫솔, 포크 등에 내장된 센서를 통해 생활습관 개선 제안
	원격관리	사회적 약자(아동, 환자 등), 애완동물 등의 원격관리
산업	물류	무인비행기를 이용한 택배서비스로 소비자의 이용 편리성 제고 및 원격 제어 등을 통한 관리효율 향상
	스마트 공장	생산, 가공, 유통공정에 ICT 기술 접목으로 생산성 향상 도모
공공	원격관제	CCTV, 노약자 위치정보 등의 정보 제공으로 사전적 사고 예방
	스마트 클린	대기 질, 쓰레기양의 정보 제공으로 환경오염 최소화 유지
	스마트 시티	교통정보, 냉난방 시스템 등 사회 전반적인 기능을 통합 관리하여 에너지 효율, 편의성 증대

사물인터넷은 다양한 산업분야에서 활용되고 있으며, 금융권의 결제, 보험뿐만 아니라 다양하게 활용되고 있으며, 초기에는 단순히 정보를 단방향으로 전달하는 역할을 하였으나, 기기 제어 등 서비스와 연계함에 따라 양방향 통신으로 변화하고 있다.

제4절 사물인터넷 정책 동향

주요 국가들은 사물인터넷을 미래 사회와 산업을 혁신시킬 새로운 동력으로 선정하고 국가 차원의 최우선 순위하에 정책지원과 산업육성에 집중하고 있다. 이와 더불어 4차 산업의 새로운 기술과 연계하여 공공/민간 분야 주도로 투자를 실시하고 있으며, 산학 연계를 통해 R&D 강화 및 산업을 강화해 나아가고 있다.

1. 한국

정부에서 관계부처 합동으로 사물인터넷에 대한 기본계획을 수립하고 2020년까지 생태계 참여자 간 협업 강화, 오픈 이노베이션 추진, 글로벌 시장을 겨냥한 서비스 개발 및 확산, 기업 · 스타트업별 맞춤형 전략 수립 등의 계획을 세우고 초연결 디지털 혁명의 선도국가 실현이라는 비전을 실행하고 있다.

정부는 지난해 12월, 'K-ICT 사물인터넷 확산전략' 발표를 통해 실증사업을 통한 비즈니스 모델발굴 및 IoT 활용 · 확산 촉진과 IoT 산업 경쟁력을 강화하여 추진키로 하였다. 성장성과 국내경쟁력을 바탕으로 IoT 활용이 유망한 분야를 선정, 비즈니스 모델 개발을 집중 지원하여 IoT 활용 성공모델을 창출하고, 향후 IoT 활용이 유망하다고 예측되는 홈, 자동차, 제조, 의료, 에너지 등 우선 집중 지원할 분야를 선정하였다. 또한, IoT 산업 경쟁력 강화추진을 위해 IoT 산업의 공통 기반이 되는 센서, 네트워크, 플랫폼, 보안 등에 대한 국내 경쟁력을 강화하고, 제품 · 서비스 개발 기간 및 비용 단축을 추진하고, 국내 대기업이 보유하고 있는 자체 플랫폼 공개 API 제공, 국제 사실 표준 기반의 공통 플랫폼 확대를 통해 개발 비용 감소를 추진하기로 했다.

〈표 6-3〉 한국 사물인터넷 관련 주요 정책 동향

주관기관	발표일	주요 내용
방송통신위원회	2009. 10	사물지능통신 기반구축 기본계획
	2010. 05	'10대 방송통신 미래서비스' 중 IoT 포함
	2011. 10	'7대 스마트 신산업육성 전략' 중 IoT 포함
미래창조과학부	2013. 06	'인터넷 신사업 육성방안' 중 IoT 포함
	2014. 05	'2014년 정보통신 및 방송기술 진흥 시행계획' 중 IoT 포함
	2015. 06	사물인터넷(IoT) 정보보호 로드맵 수립 - IoT 공통 보안 7대원칙 발표(IoT 공통 보안원칙 v1.0)
	2015. 12	K-ICT 사물인터넷 확산 전략 수립
	2016. 09	'IoT 공통 보안 가이드라인' 발표

2. 미국

'사물인터넷 국가전략 결의안' 발의('15년)를 통해 2025년을 목표로 6대 혁신적 파괴기술로 사물인터넷을 목표로 설정하고 기술개발 로드맵을 수립하여 산/학/연 클러스트화 및 민간 기업의 대규모 투자를 이끌어내고 있으며, 전략 수립으로 공공 민간에 적절한 지침을 제시해 스마트시티, 스마트인프라 등 지속적인 혁신기술 개발 및 세계를 주도하는 역할 추구한다. 또한, 사물인터넷 활용에 따른 경제성장뿐만 아니라 농업, 교육, 에너지, 헬스케어, 공공안전, 보안 및 교통 등 일상생활에서의 소비자 권한 강화를 강조하고 있다.

3. 영국

'사물인터넷 비전 및 행동 권고안'을 2014년에 발표하여 사물인터넷으로 창의적인 상품 생산, 더 효과적인 서비스 전달, 희소자원을 더욱 절약해 사용할 수 있도록 하는 비전을 설정하고, 목표와 비전 달성을 위해 구체적인 행동이 필요한 8가지 분야(commissioning, spectrum & networks, standards, skills & research, data, regulation & legislation, trust, coordination)를 제시하였다.

4. 일본

일본은 '일본 재흥전략(日本再興戰略)'을 2015년에 개정 발표하여 사물인터넷, 빅데이터 등을 활용해 산업 경쟁력 강화, 인구감소, 고령화 등 사회의 다양한 문제 해결에 대처하는 전략을 세우고, 자동운전을 도입한 차세대 교통시스템, 전력데이터 활용을 통한 효율적인 에너지 시스템, 진료 데이터를 빅데이터로 활용한 의료 고도화 등을 추진하고 있다. 주로 정부의 투자와 함께 민간 기업의 적극적인 활성화 정책에 따라 투자되고 있다.

5. 중국

중국은 빅데이터, 클라우드, IoT 기술 등을 기존산업과 접목하여 산업구조 전환 및 업그레이드를 도모하는 '인터넷 플러스 행동계획'을 2015년 3월에 제시하였고, 창업 · 혁신, 제조, 농업, 에너지, 금융, 민생, 물류, 전자상거래, 교통, 생태환경, 인공지능 등 새로운 산업모델 창출이 가능한 11개 중점분야 선정 및 구체적 행동계획을 발표했다. 사물인터넷 분야는 정부 주도로 투자되고 있으며, 민간 기업은 유사분야의 개발 및 투자를 통해 참여하고 있다.

제5절 사물인터넷의 보안 및 표준화

1. 사물인터넷(IoT) 보안

임베디드 리눅스 기반의 사물인터넷 기기들의 상당수는 보안을 고려하지 않고 설계했거나 제작자 편의의 백도어 기능을 포함한 경우가 있다. 많은 제조사들이 보안을 고려하지 않고 사물인터넷 제품을 만들고 있다. 일부 인터넷 공유기와 IP 카메라는 텔넷(telnet) 포트를 열어두어 외부에서 쉽게 접속할 수 있다.

또한 접속을 위해서는 아이디와 암호가 필요한데 많은 사용자가 고정된 공장 초기 암호를 그대로 사용하고 있어 공격자의 접속이 가능하다. 이런 기기에는 보통 비지박스(BusyBox)라는 리눅스 명령을 실행해 주는 프로그램이 내장되어 있는데, 이 중 wget명령을 지원하면 손쉽게 다른 악성코드를 다운로드해 실행할 수도 있다.

여러 기기에서 종종 외부에서 접속할 수 있는 백도어가 발견되고 있다. 개발자가 디버깅 목적 등으로 만들어 두는 경우도 있지만 제작사에서 의도적으로 만들어둔 경우도 있다. 외부에서 접근 가능한 문제는 심각하지만 일반인이

기기에 내장된 백도어 기능을 찾기는 어렵다. 일부 제조사에서 의도적으로 정보를 유출하거나 악의적인 행위를 하는 제품을 만들 수 있다. 따라서 신뢰할 수 없는 회사에서 만든 제품은 가급적 사용하지 않는 것이 좋다.

카메라 내장 제품을 악용해 사생활을 몰래 훔쳐보는 사생활 침해가 발생하고 있다. 미국에서는 IP 카메라(아기 모니터 등으로도 불림)를 해킹해 집안을 훔쳐보거나 심지어 말을 건네는 일도 발생했다. 매장에서 IP 카메라를 사용할 경우에는 몰래 접속해 매장에 사람이 있는지 확인하는 용도로 이용되기도 한다. 이 경우 IP 카메라로 직원이 잠시 자리를 비웠을 때 물건을 훔칠 수도 있다.

2. 표준화에 따른 문제점

사물인터넷이 최근 다시 주목받게 된 이유는 다분히 스마트폰으로 대표되는 모바일산업 발달의 힘이 크다. 지금은 어디서든 가지고 다니며 통신을 하기 위한 스마트폰과 태블릿이 대중화를 넘어 치열한 가격경쟁까지 벌어지는 일상재가 되었다. 그동안 내부에 들어가는 하드웨어로서 네트워크 칩이 발달해서 작고 가벼워졌으며 배터리를 적게 소모하게 되었다. 또한 규모의 경제로 인한 효과가 발휘되어 칩의 생산단가가 매우 저렴해졌다. 이제는 전등이나 소파, 컵에 넣어도 그다지 단가부담을 덜 느끼게 될 정도다.

또한 통신기술의 발달로 인해 신호 전달범위와 데이터 전송량 같은 기술적인 문제도 해결이 되어가는 추세다. 애플의 아이비콘에서 보듯 비교적 저렴한 비콘을 설치하면 간단하게 위치를 비록한 각종 데이터를 파악할 수도 있다. 모바일에서 발달한 하드웨어기술은 컴퓨터의 소형화도 촉진시켰다. 인텔의 에디슨 플랫폼을 비롯해 겨우 동전만 한 크기로 모든 컴퓨터 기능이 가능한 저전력 부품이 나와 있다. 결국 하드웨어적인 어려움은 거의 해소된 셈이다. 아직까지 남아 있는 몇 가지 하드웨어적인 부족함도 약간의 시간이 지나면 해결될 것으로 전망된다. 문제는 하드웨어가 아닌 다른 문제가 여전히 해결되지 않은 채로 남아 있다는 점이다.

개발자나 공급자의 입상이 아닌 순수한 소비자 입장에서 생각해보자. 스스로가 선뜻 구입하고 싶은 사물인터넷이란 어떤 요소를 갖춘 제품인가를 연상해보면 문제와 해결책이 드러난다. 새로 이사를 가게 되어 가전제품과 가구를 구입하게 되었다. 그런데 보통 소비자는 일괄되게 한 가지 브랜드나 한 회사 제품만으로 통일해서 구입하지 않는다. 제품별로 개인이 선호하는 브랜드가 있고 기업 사이의 제품 품질 차이도 있으며 주머니 사정도 고려해야 한다.

따라서 예를 들면 소니의 플레이스테이션 게임기와 LG의 에어컨, 삼성의 텔레비전, 필립스의 커피포트와 다른 중소기업에서 나온 도어락을 리스트에 올려놓고 검토하게 된다. 여기에 홈킷이 작동하는 최신 운영체제가 깔린 애플의 아이폰이 있다고 할 때 각각의 제품이 사물인터넷이 지원된다면 결국 이들이 유기적으로 연결되어 사물인터넷을 구현되어야만 관련 제품을 구입하고 싶은 생각이 들 것이다.

하지만 지금은 기업을 뛰어넘는 최소한의 표준규격이 없다. 따라서 소비자는 사물인터넷을 이용할 수 없으며 오히려 사물인터넷 기능이 들어갔다고 광고하며 비싸게 파는 제품을 외면하게 된다. 현실에서 이용할 수 없기 때문이다. 설령 소비자가 특정 기업의제품을 열렬하게 좋아해서 삼성 같은 기업의 가전제품으로만 골랐다고 해도 문제가 생긴다. 브랜드나 제품 카테고리에 따라 사물인터넷이 지원되지 않거나 호환성이 떨어지는 상태로 나오기 때문이다. 현실적으로 세계 어떤 가전업체도 기업 내 표준규격을 가지고 사물인터넷을 체계적으로 탑재해서 제품을 내놓는 곳이 없다.

제6절 사물인터넷의 경제적 전망

사물인터넷은 2020년엔 208억 개 정도 연결되어 700조 원의 시장이 열린다. 2017년 7월 일본의 통신기업 소프트뱅크가 영국의 ARM이라는 한 반도체회사를 미래의 큰 시장으로 떠오르는 사물인터넷 분야를 강화하기 위한 투자로 약 35조 원에 인수하였다. ARM이 사물인터넷에 쓰이는 온갖 기기의 반도체를 설계해주면서 엄청난 돈을 벌어다 줄 것이라고 하였다.

인터넷에 연결된 사물 개수는 2014년 38억 개에서 2020년에는 208억 개로 크게 늘어날 것으로 예상되며 사람과 사물, 서비스 등 모든 것이 연결된 초연결사회(Hyper connected Society)가 구현될 것이며 이게 바로 '사물인터넷혁명'이다. 사물인터넷은 다양한 산업의 혁신을 이끌어낼 수 있다.

앞으로 사물인터넷을 활용한 사업들이 많이 나올 것이며, 사물인터넷을 통해 글로벌기업과 산업에서 창출할 수 있는 잠재적인 미래 경제적 가치는 14조 달러(약 1경 5680조 원)로 추정된다(2017년 8월 22일, 경제교실, B11면).

[그림 6-4] 스마트 홈-LG Home Chat

사물인터넷은 공공안전 및 지역 보안, 지능형 교통산업, 건물 및 교량 등의 국가 사회 인프라를 활용한 다양한 분야에 새로운 서비스 시장이 성장할 것으로 전망된다. 개인화 서비스와 공공분야의 사물인터넷 적용이 점차 늘어날 것으로 전망되는 등 사물인터넷 시장이 향후 유망한 투자 분야임은 틀림없다. 이러한 사물인터넷 시장을 활성화하기 위해서 우리나라도 새로운 서비스 모델 발굴을 위한 지속적인 노력을 기울여야 할 것이다.

사물인터넷 서비스 시장의 성장을 위해서는 중소업체 및 스타트업 기업들의 서비스 개발이 활성화되어야 하고, 중소업체들은 플랫폼-네트워크-제품기기-서비스의 전 분야를 포괄할 역량이 부족하기 때문에 이를 보완하기 위해서는 타 업체들과의 협력이 필수적으로 요구되므로 사물인터넷 중소기업 간 또는 중소기업 및 대기업 간 협업 환경 조성이 필요하다고 생각된다. 특히, 대기업들이 갖고 있는 강점을 중소기업의 서비스와 연계하도록 하는 환경조성이 필요하다. 또한, 4차 산업 발전을 위해 네거티브 규제를 도입하고 적극적인 투자를 할 수 있도록 규제 완화를 통해 발전을 도모해야 하며, 4차 산업에 대한 개별적인 법령 또는 기준을 마련하고 정부 또는 산학 기관의 가이드라인 제시를 통해 발전할 수 있도록 해야 한다.

또한, 사물인터넷을 통해 발생되는 일상생활의 침해를 대비하기 위해 보안적 요소를 개발 초기 단계부터 고려해야 하며, 중요한 사회 기반 시설(교통, 산업, 금융 등) 분야에 대한 정부의 정보보호에 대한 가이드라인 제시와 함께 주기적인 모니터링을 통해 위험을 사전에 예방해야 한다.

2016년 1월 16일 미국 라스베이거스에서는 'CES(Consumer Electronics Show)'가 개최되었는데, 스마드홈 관련 제품이 많았고 삼성전자는 '슬립센스(SleepSense)'를 선보였다. 이 제품은 침대 매트리스 밑에 깔아놓으면 얼마나 잠을 깊이 자는지, 잠자는 사이에 몸 상태는 어떤지 등을 손쉽게 알 수 있는 사물인터넷 기기다. 삼성전자는 2017년까지 제품의 90%에 사물인터넷 기능을 적용할 것이고 2020년에는 100% 적용할 계획이다. 또한 LG전자는 일반 가전제품을 스마트 가전제품으로 바꾸어주는 신기술을 선보였다. 이제 4차 산업혁명시대의 가전제품들은 사물인터넷으로 우리의 일상생활은 편리해진다.

2017년 9월 독일 베를린에서 유럽 최대의 정보기술전시회 'IFA 2017'의 IT쇼를 개최하였다. 사물인터넷과 인공지능이 가전시장의 주류로 떠오르면서 삼성전자와 LG전자를 비롯해 파나소닉, 하이얼 등 글로벌 가전업체들은 집안의 가전제품을 연결하는 스마트홈 시연공간을 마련하고 경쟁을 펼치며 스마트폰과 스마트워치 등 IT 신제품을 대거 공개하였다.

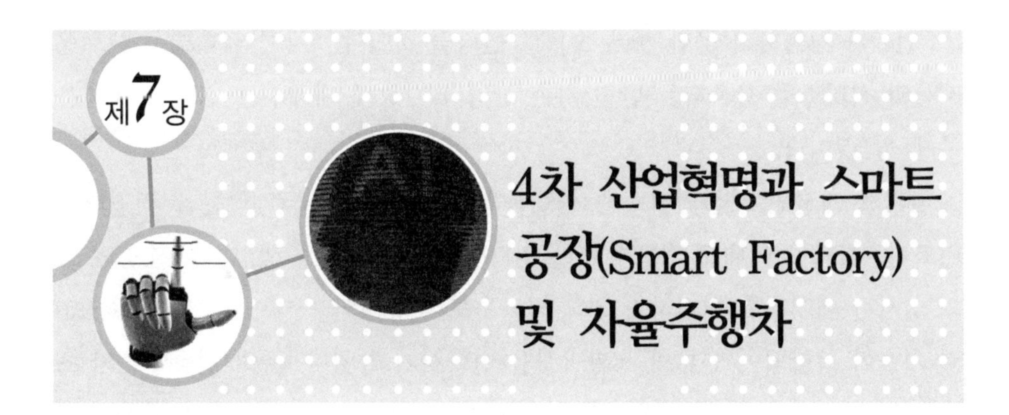

제1절 스마트 공장(Smart Factory)과 자율주행차의 현황

1. 4차 산업혁명의 진행과정

'산업혁명'이라는 용어가 일반화된 것은 영국의 A. 토인비가 경제발전을 설명하는 과정에서 처음 사용되었다. '4차 산업혁명'은 제조기술뿐만 아니라 데이터, 현대 사회 전반의 자동화 등을 총칭하는 것으로서 사이버 시스템과 IoT, 인터넷 서비스 등의 모든 개념을 포괄하는 의미로 정의하고 있다.

이러한 4차 산업혁명은 다른 산업혁명과 달리 초지능의 혁명으로도 불린다. 기존의 산업혁명이 기계(1차), 전기(2차), IT기술(3차)을 기반으로 진행되어 왔다면 4차 산업혁명은 인공지능이 그 중심을 이루고 있기 때문이다. 이러한 특성으로 인해 4차 산업혁명은 다른 산업혁명, 특히 3차 산업혁명에 비해 속도나 범위, 영향도에 있어 완전히 다른 양상을 나타내게 될 것으로 전망된다.

초연결과 초지능은 全산업분야에서의 프로세스 재구성을 야기하게 될 것이고, 인류가 경험하지 못한 빠른 속도로 변화될 것이다. 4차 산업혁명은 새로운 제품과 서비스를 창출하는 반면 기존 산업과 시장에 대해서는 엄청난 영향을 주게 될 것이다.

디지털 기술인 사물인터넷은 플랫폼을 기반으로 사물과 인간을 연결하는 비즈니스를 만들어내고 있으며, 사물인터넷 통신환경에서 생성되는 엄청난 양의 실시간 데이터를 처리하기 위해 클라우드 컴퓨팅과 빅데이터, 인공지능(AI)의 기술이 복합되어 인류의 생활방식을 변화시키고 있다. 특히 인공지능의 초기 단계인 기계 학습을 통해 자율자동차, 드론, 로봇 등 서비스도 함께 빠르게 진화되고 있다.

2. 4차 산업혁명의 적용

인공지능(AI), 사물인터넷(IoT), 클라우딩 컴퓨팅, 빅데이터, 모바일 등 지능정보기술이 기존 산업과 서비스에 융합되거나 3D 프린팅, 로봇공학, 생명공학, 나노기술 등 여러 분야의 신기술과 결합되어 실세계 모든 제품/서비스를 네트워크로 연결하고 사물을 지능화한다. 제4차 산업혁명은 초연결과 초지능을 특징으로 하기 때문에 기존 산업혁명에 비해 더 넓은 범위에 더 빠른 속도로 크게 영향을 끼치고 있다.

1) 스페인 바르셀로나 '스마트 워터그리드'

스페인은 기후변화로 인한 물 부족 현상에 시달리고 있는 대표적인 지역이다. 스페인 언론사 엘 파이(El País)의 플라네타 푸투로(Planeta Futuro) 보고서에 따르면, 2015년 용수량(토양이 흡수해 유지할 수 있는 물의 최대량)이 1995년 대비 20% 줄어든 것으로 나타났다. 이러한 현상이 지속될 시 2021년에는 용수량이 1995년 대비 25% 감소할 것으로 내다봤다.

물 부족 해결을 위해 바르셀로나의 경우 '스마트 워터그리드' 기술을 도입했다. 스마트 워터그리드는 기존 수자원 관리 인프라에 ICBM 기술을 적용한 서비스로 특히 바르셀로나 시 정부는 스마트 워터그리드 기술을 공원에 활용하고 있다.

공원에 적용된 스마트 워터그리드 운용 방식은 다음과 같다. 일단 용수 현황을 측정하는 스마트 미터, 온도 센서, 습도 센서가 물 관리에 필요한 정보를 수집해 클라우드로 전송한다.

이후 빅데이터 분석 결과가 모바일, 태블릿 PC 화면을 통해 관리자에게 제공되며 시스템 스스로 물 사용량을 자동관리한다. 이는 물 자원관리를 효율적으로 만들어줄 뿐만 아니라 비용과 수자원을 절약할 수 있게 해줬다. 2016년 2월 하버드대는 바르셀로나의 스마트 워터그리드 효과성 측정에 나섰다. 연구에 따르면 바르셀로나는 스마트 워터그리드를 전체 공원의 68%에 적용했으며 이에 따라 용수 보존율이 25% 상승했다. 이로 인해 연간 약 6억 원의 비용이 절감되는 효과가 발생한 것으로 조사됐다.

2) 맥아피 'Global Threat Intelligence'

맥아피(McAfee)는 인텔이 소유한 보안 전문 회사이다. 맥아피는 수많은 악성 공격 유형에 효과적으로 대응하기 위해서 GTI(Global Threat Intelligence)를 구축했다. GTI는 맥아피 고객사에서 탐지하거나 발생한 악성공격 정보들을 클라우드에 수집해 빅데이터로 분석, 고객사에 유용한 정보를 제공하는 통합 플랫폼이다.

맥아피는 탐지된 모든 악성정보들을 기업들이 서로 공유할 수 있게 함으로써 악성공격 대응력을 높였다. 기존에는 악성공격 정보들이 서로 공유되지 않았기 때문에 해커는 유사한 공격방식으로 여러 기업들에 공격을 가할 수 있었다. 그러나 GTI를 통해 악성공격 유형이 서로 공유됨에 따라 해커는 더는 유사한 방식으로 여러 기업을 공격할 수 없게 됐다.

이는 악성공격 대응력을 높이는 효과를 가져왔다. 뿐만 아니라 맥아피 GTI는 악성공격 유형을 분석해서 패턴화했다. 단일 기업에서 수집한 정보보다는 복수의 기업에서 수집한 데이터들을 패턴화했을 때 훨씬 더 정확한 정보를 얻을 수 있다. 여러 기업들에서 수집한 악성공격 DB를 보유한 GTI는 이 때문에 정확하게 악성공격을 탐지할 수 있다.

제2절 스마트 공장(Smart Factory)

1. 스마트 공장의 개념

스마트 팩토리가 구축되면 운영 효율성과 생산성을 향상시킬 수 있다. 주요 선진국들은 스마트 팩토리를 국가 경쟁력 향상의 핵심 요소로 판단하고 있고, 우리나라 또한 스마트 팩토리를 위해 제조업 혁신 3.0을 추진 중이다.

스마트는 생각에 기반한 결정을 자동화하고 합리화하는 것이라고 정의할 수 있으며, 이는 곧 데이터를 기반으로 한 생각이라고 할 수 있다.

그래서 자동화의 완성인 스마트 팩토리는 각 모듈이 독립적인 동작 제어와 판단 알고리즘이 필요하다. 모든 시스템의 시작은 현재 상황에 대한 파악, 즉 정확하고 방대한 데이터를 취합하고 이를 무선 통신 네트워크로 전달한다.

스마트 팩토리는 설비와 물류자동화를 기반으로 공정자동화, 공장자동화, 공장에너지관리, 제품개발, 협업형 정보경영 체제인 공급사슬관리(SCM)와 기업자원관리(ERP) 등이 ICT를 이용하여 구현되는 공장을 말한다. 스마트 팩토리의 궁긍적인 목표는 생산시스템을 지능화, 유연화, 최적화, 효율화하여 생산성을 증대하고 비용을 절감하는데 있으며, 빠르게 변화하는 환경 속에서 고객의 요구를 능동적으로 대처하는데 있다.

한국정보화진흥원에서는 주요 과제로 표준화, 복잡한 시스템 관리, 통신 인프라 정비, 안전과 시큐리티 등의 4개 과제를 선정하였다.

1) 표준화: 제조공장의 설비를 내외의 다양한 물건이나 서비스와 연결해야 하는 문제로 통신수단이나 데이터 형식 등 많은 사물의 표준화가 중요하다.

2) 복잡한 시스템 관리: 생산계 시스템과 이 외의 시스템이 융합되면서 시스템 전체가 복잡하고 어려워진다.
3) 통신 인프라 정비: 산업용으로 견딜 수 있는 신뢰성(SLA) 높은 통신 인프라 정비가 필수이다.
4) 안전과 보안: 외부 네트워크와 접속하면 악성SW 침입 등 사이버 공격의 위험성이 높아지게 되어 안전이나 보안 확보가 급선무이다.

2. 스마트 공장의 기반산업

1) 드론 기반의 '스마트농업'

美 펜실베이니아대 비제이 쿠마르(Vijay Kumar) 교수는 과수원을 관리하는 드론을 테드 강연에서 시연했다. 드론에는 적외선, 온도감지, 일반 카메라 등이 설치돼 있었는데 과수원 주위를 비행하면서 모든 나무를 3차원으로 그려내 나무에 달린 과일 수를 셌고 수확량을 정확하게 측정한다. 또 온도뿐만 아니라 나무 잎사귀 양과 분포를 측정하고 조도를 계산해 나무들의 광합성 정도까지 집계한다. 드론에 장착한 적외선 카메라들은 식생지수, 병충해 분포도를 정확하게 짚어내기도 한다.

측정한 정보들은 클라우드 기반의 중앙센터로 전송된다. 중앙센터에서는 빅데이터 기술로 드론에서 수집한 정보들을 분석해 과수원에 맞는 최적의 환경요건을 찾아낸다. 이후 드론은 중앙 서버에서 분석정보를 바탕으로 자동적으로 농작물을 감시하고 관리하게 된다. 참고로 이러한 분석은 일회성으로 끝나는 것이 아니다. 드론은 계속해서 중앙서버에 정보를 보내고 서버는 정보들을 계속해서 분석해 나감으로써 농장에 맞는 최적의 관리 상태를 향해가게 되는 것이다. 백신은 '알려지지 않은 보안취약점'을 활용한 제로 데이(zero-day)공격에 취약한 것은 사실이나, 피해 확산 및 2차 피해 방지에는 효과가 좋아 기본적으로 구축하는 방어 기법이다.

2) 글래스고 '글래스고 시티 에너지'

글래스고는 스코틀랜드에 위치했으며 영국에서 4번째로 큰 규모의 도시다. 영국 산업혁명 때 중추적인 역할을 했지만 지금은 산업 변화로 침체하고 병든 도시로 유명하다. 2014년 BBC 뉴스에서는 글래스고 거주자의 평균 수명을 65세로 측정했는데 영국 시민의 평균 수명이 85세인 것을 감안하면 매우 낮았다. 그러나 최근에 '스마트시티' 사업을 중점적으로 추진하면서 글래스고 도시 경제에 다시 활기가 감돌고 있다.

스마트시티 사업의 가장 대표적인 과제가 바로 '글래스고 시티 에너지'다. 글래스고 도시 내 건물에 전력사용을 측정하는 센서를 설치해서 전력 사용량을 측정하고 클라우드에 정보를 모은다. 그런 다음 전력 사용량 정보를 빅데이터로 비교 분석해서 사용자들에게 모바일로 실시간 정보를 제공하는 서비스다.

사용자는 인터넷으로 언제, 어디서든지 실시간으로 본인이 사용하는 건물의 전력사용 분석정보를 확인할 수 있다. 서비스를 제공하는 목적은 사용자들이 전력 사용량 정보를 알고 스스로 절감하도록 유도하는 데 있다. 실제로 서비스를 제공한 29개 학교를 대상으로 전력절감 성과를 조사한 결과 전년 대비 약 33만 파운드(한화로 약 4억 9000만 원)의 에너지 절감효과를 본 것으로 나타났다.

결론적으로 2016년부터 4차 산업혁명이 등장하면서 회자되고 있으며, 관련 기술과 적용범위가 광범위하게 확장되고 있다. 대표적인 인공지능, IoT, 모바일, 클라우드 등이 급속도로 증가하고 있다. 전 세계적으로 위 기술들을 적용하여 스마트 팩토리를 구현하기 위해 노력하고 있는데, 우리나라 또한 아직까지 수많은 시행착오를 겪으며 발전시켜야 할 단계에 있으며, 완벽한 스마트 팩토리를 구현하기 위해서는 고도의 기술이 요구되는바 국가 차원의 지원과 대기업의 적극적인 연구 · 적용이 필요하다.

3. 스마트 공장(Factory) 현황

1) 스마트 팩토리 제조업

설계 · 개발, 제조 및 유통 · 물류 등 생산 과정에 디지털 자동화 솔루션이 결합된 정보통신기술(ICT)을 적용하여 생산성, 품질, 고객만족도를 향상시키는 지능형 생산공장, 공장 내 설비와 기계에 사물인터넷(IoT)이 설치되어 공정 데이터가 실시간으로 수집되고 데이터에 기반한 의사결정이 이루어짐으로써 생산성을 극대화할 수 있는 4차 산업의 산물이다.

[그림 7-1] 스마트 팩토리 구축 공장(Siemens)

2) 국내/외 정책

ICT와 제조업의 결합이 부각되고 있다. 세계 최대 제조업 국가의 위상을 중국에 넘겨준 미국, 전통적인 제조업 강국인 독일과 일본, 그리고 세계의 공장 역할을 더욱 강화하려는 중국 등의 국가들은 각각 스마트매뉴팩처링, 인더스트리 4.0, 이노베이션 25 이니셔티브, 인텔리전트 메뉴팩처링이라는 테마를 가지고 국가 신성장동력으로써 제조업의 새로운 도약 또는 부흥을 모색하고 있다.

〈표 7-1〉 주요 국가별 스마트 팩토리 정책

구분	정의
한국	제조업 패러다임 변화에 따른 전략 '제조업 3.0' 발표 - IT 융합, 스마트 생산방식 확산, 제조업 소프트 파워 강화 등
독일	제조업의 주도권을 이어가기 위해 'Industry 4.0'을 발표 - ICT와 제조업의 융합, 국가 간 표준화를 통한 스마트 팩토리 등 추진
미국	첨단제조파트너십(AMP), 첨단제조업을 위한 국가 전략 수립 - 첨단 제조혁신을 통해 국가경쟁력 강화 및 일자리 창출, 경제 활성화
중국	혁신형 고부가 산업으로의 재편을 위해 '제조업 2025'를 발표 - 30년 후 제조업 선도국가 지위 확립 목표

(1) 한국

정부는 제조혁신 3.0 전략을 발표하고 개인맞춤형 생산을 스마트 팩토리 고도화와 융합 신제품 생산에 필요한 8대 스마트 제조기술 개발을 추진하고 있으며, 8대 스마트 제조기술 간 유기적 연계와 전략적 투자를 촉진하기 위한 스마트 제조 R&D 중장기 로드맵을 수립하고 그간 산발적으로 투입되어 온 정부 R&D 자금을 전략적/효율적으로 투자할 예정이다.

또한 정부에서는 스마트 팩토리 보급/확산이 위기의 한국 제조업을 살리고, 국내 중소기업이 글로벌 제조 경쟁력을 확보하는 핵심 솔루션이라는 판단하에 2015년 6월, 스마트 팩토리 1만 개 구축을 목표로 각 지역 창조경제혁신센터를 중심으로 현재까지 2,000여 개 공장을 구축 지원하고 있으며, 이를 통해 약 25%의 생산성 향상 효과를 거둔 것으로 나타났다.

(2) 독일

국가 하이테크 비전 2020의 액션플랜에 Industrie 4.0을 2012년에 편입하고 2.5억 유로를 투입하여 사물인터넷과 스마트 팩토리 등을 통해 제품 개발, 생산제조, 유통, 서비스 등의 제조업의 모든 공정을 최적화하여 산업 생산성 30% 향상을 목표로 하고 있다. 초기의 형태는 다양한 사업 협회가 중심이 되어 연

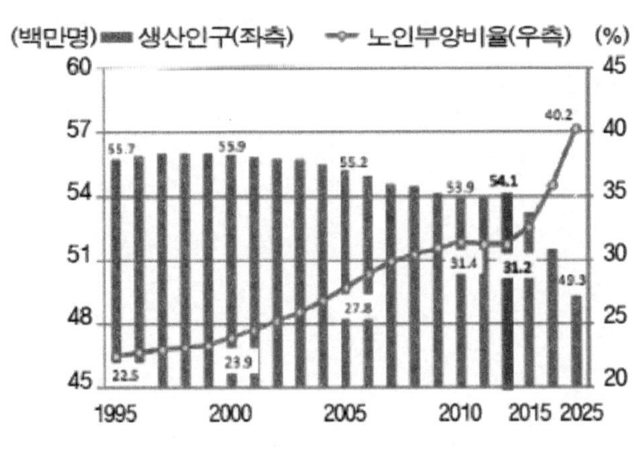

[그림 7-2] 독일인의 생산인구와 노인부양 비율

구 주제 중심으로 활동했으나, 2015년 4월부터 경제에너지부와 교육연구부가 주도하는 Platform Industire 4.0을 주창, 정부기관 책임하에 산업, 노조, 연구기관이 함께 참여하는 정부 핵심 5대 추진 분야인 레퍼런스 아키텍처와 표준, 연구와 혁신, 연결시스템 보안, 법적/정책적 조건, 인력 육성 및 교육에 대해 활용 가능한 결과물을 제시하고 있다.

(3) 미국

글로벌 금융위기 이후 첨단 제조업을 국가 경쟁력의 근간으로 인식하고 인력양성, R&D 투자 확대 등의 정책을 추진하고 있으며, 2009년부터 Remaking America를 슬로건으로 국가 첨단 제조방식 전략 계획 등 제조업 부흥정책을 강력 추진하였고, 대통령 과학 기술자문위원회의 권고로 첨단 제조파트너십 프로그램을 발족했다. 또한, 오바마 대통령은 2012년 9월에 범국가 차원의 제조혁신 연구 네트워크를 제안했고, 2013년에 스마트제조선도 기업연합이 청정에너지 제조혁신 계약을 체결하고 스마트 제조 연구 프로젝트를 착수하는 등 발 빠른 움직임을 보이고 있다.

한편, 새로운 산업 플랫폼 형성을 위한 대학의 기초 연구 강화 및 기업 연구개발 투자장려 정책과 세계 최고 수준의 IT, SW 기술을 바탕으로 제조업의 국내 복귀 및 경쟁력 제고를 통한 제조업 르네상스 운동을 전개하면서 제조업 경쟁력을 강화하고 있다.

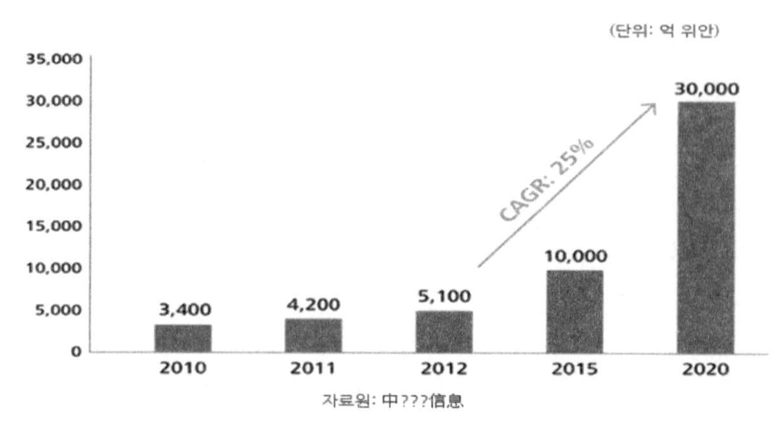

[그림 7-3] 중국 스마트설비 제조업가치

(4) 중국

제조업의 특정분야가 아닌 제조업 전체를 아우르고, 5년 단위로 수립된 과거의 계획들과 달리 10년 앞을 내다본 중국제조 2025 계획을 제정했다. 본 계획에서 앞으로 10년 안에 전 세계 제조업 2부 리그에 들어가고, 그 다음 10년에는 1부 리그 진입 뒤, 세 번째 10년 기간에 1부 리그의 선두로 발돋움하겠다는 전략을 제시하고, 제조업 전반에 대해 톱다운 방식의 전략적 대응과 상황변화에 유연한 대응을 할 수 있는 전략과 함께 차세대 IT 기술, 첨단 CNS 공작기계 및 로봇 등의 10대 육성 전략을 세우고 있다.

4. 스마트 공장(Factory) 발전전망

스마트 양적 성장의 한계에 봉착한 우리나라 제조업은 4차 산업혁명시대에 대응하여 고부가가치 기술중심 스마트 공장을 통한 제조업 체질개선이 필요하며, 다양한 부품이 모여 하나의 제품이 만들어지는 제조업의 경우 공정부터 공급망까지 밀접한 연계가 중요하며, 이를 극대화하기 위한 대기업과 중소기업간 협업체계 구축이 중요하다. 기존 기술의 단순한 응용을 넘어, 생산 효율성과 안전성을 높이고 기능 확장, 기존 서비스(애플리케이션)와의 연동을 고려한 시스템 설계 및 연동 인터페이스 구축 등 기술 간 융합이 필요하다.

마지막으로 전 세계 모두 제조업에 대한 Re-Making에 따라 제조산업에 대한 정부차원의 많은 투자가 있을 것으로 파악되며, 이를 통해 정부, 산업 간의 긴밀한 협력을 통해 기존과 다른 산업 형태로 발전할 것으로 전망하며 유관한 관련 산업이 발전되고 이에 따른 경기 부양 효과가 발생할 것으로 전망한다.

제3절 자율주행차

1. 자율주행차의 전망

자율주행자동차 2021년부터 완전자율자동차가 상용화된다. 2016년 9월 12일부터 14일까지 개최된 '테크크런치 디스럽트 2016'에서 인공지능과 더불어 자율주행차가 주목을 받았다. 포드자동차는 과거의 영광을 재현하기 위해 지난 10년간 자율주행차를 개발해 왔고, 현대자동차는 한국에서 자율주행차 임시운행 제1호차로 허가를 받고 2016년 3월부터 도로주행 실험을 진행하고 있다.

2025년까지는 거의 모든 미국의 대도시에서 자율주행차를 운행할 계획이다. 자율주행차가 주행하며 사고가 나지 않도록 하려면 강력하고 안정적인 전자두뇌가 필요하다. 포드자동차와 우버뿐만 아니라 구글, 애플, BMW, 현대자동차, 도요타자동차 등 글로벌 기업이 자율주행차 시장을 두고 경쟁하면서 자동차산업은 정보기술기업과 완성차 기업의 생존경쟁으로 치닫고 있다.

이처럼 자율주행차 기술이 빠르게 발전하면서 택시기사와 트럭운전사 등 운송분야에 종사하는 많은 사람들이 걱정하고 있다. 현재 미국의 트럭운전사는 350만 명이나 되는데, 자율주행차가 상용화되면 이들 중 상당수가 일자리를 잃을 것이다. 그러나 기존 일자리가 사라지는 대신 새로운 일자리가 생겨날 것이다. 지금부터 10년간 미국정부는 자율주행차에 40억 달라를 투자할 것이라고 한다. 자율주행자동차는 자동차 스스로 주변 환경을 인지하여 위험을 판단하고 주행 경로를 계획하는 등 운전자의 주행 조작을 최소화하며 스스로 안전주행이 가능한 자동차를 말한다.

[그림 7-4] 자율주행자동차의 3대 요소

'UN 도로교통에 관한 비엔나 협약'상의 '운전자는 항상 차량을 제어하고 있어야 한다'는 조항이 그동안 회원국의 자율주행자동차 상용화의 문제점이었으나, 'UN 도로교통에 관한 비엔나 협약' 개정안이 제출되어 2016년 3월부터 효력이 발생했다. 주요 수정 내용은 '운전자는 항상 차량을 제어하고 있어야 한다'는 조항에서 '운전자가 제어할 수 있는 한'으로 바뀌어 자율주행이 가능하도록 하였다.

이에 미국, EU, 한국 등 비엔나 협약 가입국(73개국)의 대부분은 자율주행자동차 시험주행 및 상용화가 원칙적으로 가능해졌으며, 이 수정내용은 운전자가 탑승하는 것을 명시하고 있어 부분적 자율주행차의 시험 및 주행을 가능하게 했다. 또한 미국 도로교통안전국에서 자동차의 자동화 시스템 수준에 따라 레벨 0부터 레벨 4까지 총 5단계 분류되는 자율주행자동차에 대한 분류체계를 제시해, 전 세계 정부/업체가 이를 표준으로 삼아 개발하고 있다.

〈표 7-2〉 미국 도로교통안전국이 제시한 자율주행기술 단계 기술 로드맵

수준	정의	내용
Level 4	Full Self-Driving Automation	[자율주행] 주행경로만 입력하면 모든 기능 스스로 제어, 운전자 개입 없음
Level 3	Limited Self-Driving Automation	[조건부자동화] 고속도로와 같은 일정조건하에서 운전자의 조작 없이 스스로 주행가능, 돌발상황 시 운전자개입 필요
Level 2	Combined Function Automation	[부분자동화] 두 가지 이상의 자동제어기술 적용, 차선유지+적응형 크루즈기능 등
Level 1	Function Specific Automation	[운전자보조] 자동브레이크와 같이 운전자를 도와주는 특정한 자동제어기술(긴급제동, 차선유지 등)
Level 0	No Automation	[개입 없음] 운전자가 항상 수동으로 조작, 현재 생산되는 대다수의 자동차

2. 국/내외 정책 동향

1) 한국

제22차 경제관계장관회의에서 '미래성장동력 실행계획(안)'을 확정('14.6.)하며, 2020년까지 우리나라 경제성장을 이끌어갈 13대 미래성장동력과 실행 계

획을 수립한다.

자율주행자동차의 경우, 글로벌 스마트 자동차 산업 3대 강국 실현을 목표, 미래부-산업부-국토부가 협력, 자동차-도로-ICT 인프라를 연결한 스마트 자동차 생태계를 조성할 계획으로 미래부(현 과학기술정보통신부)는 ICT 기반 교통서비스 개발을 위한 공통 플랫폼 마련, 산업부 자율 주행을 위한 핵심부품 R&D, 국토부 자동차 안전기준에 관한 규칙 개정 등 법 · 제도 개선 담당한다.

이후, 미래부의 '미래성장동력 종합실천계획' 스마트 자동차 분야 추진 로드맵 발표('15.4)에 따라 기술 개발, 인프라, 법/제도의 목표를 설정하고 완성차 및 부품업체, ICT는 민간 주도로 하며, 법, 제도, 국제협력은 정부 주도하에 산업계와 협력하는 방식으로 결정한다.

〈표 7-3〉 한국의 미래성장 동력 실행 계획

구분	내용
9대 전략	① 스마트자동차 ② 5G 이동통신 ③ 심해저 해양플랜트 ④ 맞춤형 웰니스케어 ⑤ 착용형 스마트 기기 ⑥ 지능형 로봇 ⑦ 재난 안전관리 스마트시스템 ⑧ 실감형 콘텐츠 ⑨ 신재생에너지 하이브리드시스템
4대 기반산업	1. 지능형 반도체 2. 빅데이터 3. 융복합 소재 4. 지능형 사물인터넷

국토교통부는 2016.8.10일 K-City 구축을 포함한 '자율주행자동차 안전성평가기술 및 테스트베드 개발' R&D 사업의 착수보고회를 개최해 국토교통부, 국토교통과학기술진흥원 및 교통안전공단, 현대모비스, 미국 버지니아大, 서울大

등 연구에 참여하는 공동 및 위탁연구기관 10개 기관 참여해 미국의 스마트 시티를 모델로 삼아 실험도시를 만들고 있으며, 이에 대한 연구 결과를 토대로 국토교통부는 연구결과를 토대로 UN 자동차기준 국제조화포럼에서 논의 중인 자율주행차 국제기준 제정과정에 적극 참여하여 국내 교통환경을 토대로 개발된 기술들이 국제기준에 반영되도록 적극 노력하고 2020년 Lv. 3 자율주행차의 상용화 목표에 맞게 정비 예정이다.

우리나라 자동차관리법은 '운전자 또는 승객의 조작 없이 자동차 스스로 운행이 가능한 자동차'를 자율주행자동차로 정의하고 있으며, 국토교통부는 지난해 5월 자율주행자동차 상용화 지원 방안을 발표했으며, 오는 2020년에 부분자율주행자동차를 상용화할 계획이다.

또한, 자율주행자동차 임시운행 허가를 위한 자동차관리법 개정안을 통해 일정의 신청절차를 거치면 실제 도로에서 시험운행을 할 수 있게 되었으며, 시험구간으로 지정한 6개 구간(고속도로 1개 구간 41km 및 국도 5개 구간, 총 319km)에서 자율주행자동차 시험운행이 가능하며, '자동차 및 자동차부품의 성능과 기준에 관한 규칙'을 일부 개정해 자율주행자동차 임시운행에 대해서는 자동명령기능이 작동하는 차에 적용되는 시속 10km의 최고속도 제한을 받지 않게 한다.

〈표 7-4〉 2차 과학기술전략회의에서 선정한 9대 국가전략 프로젝트('16.8월)

구분	내용
9대 전략	① 자율주행자동차 ② 포스트 철강 경량소재 ③ 스마트 시티 ④ 인공지능 ⑤ 가상/증강현실 ⑥ 정밀 의료및 바이오의약 ⑦ 탄소 자원화 ⑧ (초)미세먼지 ⑨ 신재생에너지 하이브리드시스템

〈표 7-5〉 한국의 자율주행자동차 상용화 지원방안

수준	2015년	2018년	2020년
목표	범 정부 지원체계 구축	평창올림픽 시범운행	일부 상용화
정부 지원	시험운행 - 자율주행차 법규정 반영 - 자율장치 장착 허용 - 보험상품 개발 등	인프라 구축 - 시험노선 정밀화 - 차량간 주파수 배분 - 해킹/보안 기준 반영 등	상용화 지원 - 자동차 검사 제도 - 차선/도로 정보 제공 - 실험도시 구축
이벤트	고속도로 주행지원 시스템	셔틀버스 제공	자율주행 생산/판매

2) 미국

미국은 정부 차원의 투자를 실시하고 있다. 국방부 연구기관 및 도로교통안전국 등을 통해 투자를 실시하고 있으며, 각 주별 자율주행차의 정의를 달리하고 있다. 이는 각 주의 산업과 밀접한 관계를 맺으며, 라스베이거스가 있는 네바다주는 적극적인 투자를 통해 산업의 한 분야로 성장시키려 하고 있다. 현재 13개주, 워싱턴 DC에서 자율주행자 관련 법안이 통과되어 있다.

〈표 7-6〉 미국의 각 주별 자율주행자동차 정의

구분	정의
네바다	- 자율주행 기술이 탑재된 자동차 - '자율주행 기술'이란 자동차에 설치되는 기술을 의미 - 인간 사용자의 능동적인 조종이나 감시 없이 운전할 수 있는 능력을 가진 것
캘리포니아	- 자율주행 기술이 탑재된 모든 자동차
플로리다	- 자율주행 기술이 탑재된 모든 자동차 - '자율주행 기술'은 인간 사용자의 능동적인 조종이나 감시 없이 탑재된 기술만으로 자동차를 운전할 수 있는 능력을 갖춘 자동차에 탑재된 기술
미시간	- 자율주행 기술의 생산자에 의해 자율주행 기술이 탑재된 자동차 또는 - 인간 사용자의 조종이나 감시 없이 작동될 수 있도록 하는 장비가 탑재된 자동차

2015.10월 'Strategy for American Innovation'을 발표, 해당전략의 9개 중점 육성 분야에는 첨단 자동차의 상용화를 위한 적극적인 지원 내용이 포함됐으며, 2016.1월 오바마 정부는 자율주행자동 상용화를 위해 향후 10년 동안 40억 달러의 예산을 투자할 것을 발표했다.

〈표 7-7〉 미국 정부의 자율주행차 산업지원 방법

미국 정부의 자율주행차 산업지원 방법
○ 기술 경진대회를 통해 민간의 자율주행차 개발을 촉진 ○ 발 빠른 법, 제도 개정을 통한 민간의 자율주행차 시험 및 상용화 지원 ○ 전문 자율주행차 시험테스트를 위한 인프라 구축 지원 ○ 대규모 예산투입을 통한 자율주행차 상용화 기술개발 지원

미국 국방부 연구기관 DARPA(국방고등연구계획국)는 자율주행자동차 개발에 많은 예산을 투자하고 1~2년 주기로 자율주행자동차 대회 개최를 실시하고 있다. 또한, 전문 시험테스트를 위한 인프라 구축 지원을 위해 미국 미시간주에 M-city라는 최초의 자율주행차 실험도시를 2015년 구축했다. 이외에도 미국은 NHTSA는 자율주행자동차와 관련한 가이드라인 및 국가규제모델 제정 예정이며, 자율주행자동차 협의체가 민간 중심으로 만들어졌으며 정부도 협의체와 함께 법·제도 및 규제 개선 등을 적극 논의 중이다.

3) EU

EU는 2014년 'UN 도로교통에 관한 비엔나 협약서'를 개정하며 운전자의 제어가 가능한 상황에서 자율주행을 허용해 운전자 탑승 조건으로 차량 운행이 가능하토록 했으며, 독일과 프랑스, 이탈리아 등 유럽연합 대다수 국가와 러시아 등 7개국에서 자율주행차 시험주행과 상용화가 가능하게 되었다.

〈표 7-8〉 EPoSS 자율주행자동차 기술개발 마일스톤

Milestone	대상 도로	교통상황	인식대상	시나리오
2020년	주차장, 자동차 전용도로	저속주행, 덜 복잡한 주행환경	-	차선변경
2022년				-
2025년	자동차 전용도로	중/고속 주행	-	운전자 자유도 제공
			동물	동물 충돌 회피
2030년	도심	복잡한 교통환경	교통신호, 보행자, 이륜차 등	자율주행기술 요구사양 상이

또한, 2016년 4월 자율주행 기술개발 로드맵 보고서 발표(EPoSS: European Technology Platform on Smart Systems Integration)를 통해 28개 EU회원국 교통부장관 참여, 회원국 내에서 자율주행 차량 주행이 가능토록 조치했다.

(1) 네덜란드

2014년 말 자국 내에서 자율주행차가 다닐 수 있는 지역과 도로를 확정하고 2015년 초 자율주행차의 도로주행을 허용하는 법안 통과, 2019년 자율주행 트럭의 도로주행 허용 예정으로 정부는 여러 대의 트럭이 일정한 간격으로 자동 군집주행할 수 있는 플래투닝(Platooning) 기술 상용화를 목표로 '유럽 트럭 플래투닝챌린지 2016'이란 이름의 트럭 집단주행 경연을 개최한다.

사회기반시설 및 환경부 장관은 자율주행자동차 상용화를 위한 도로주행 테스트의 규정 조항 개정을 위하여 유럽교통위원회 의제에 자율주행자동차를 상정할 예정이다(비엔나 도로교통협약이 개정되었음에도 운전 중 반드시 운전자의 손이 운전대 위에 올라가야 한다는 조항을 개선하여 진정한 자율주행자동차 테스트 인프라를 마련하는 것에 초점).

사회기반시설 및 환경부, 도로수자원청, 도로교통청은 2015년 7월부터 자율주행자동차가 공공도로에서 대규모 테스트를 할 수 있도록 규정을 개정할 예정이다. 네덜란드는 지속적으로 딱딱하고 오래된 규제에서 탈피해 새로운 변

화를 적극적으로 수용하는 법규를 만들고, 다른 나라들과 함께 국제 기준에 맞추어 규정을 개정하기 위해 적극적인 노력을 수행 중이다.

(2) **프랑스**

프랑스는 2016년, 미래를 이끌어갈 9대 유망산업 중 자율주행자동차를 선정하였으며, 이에 대한 집중육성 계획을 발표하고 국가차원의 기술개발을 적극 추진 중이며, 기존 34개의 핵심산업을 보다 명확한 미래산업 형태로 재정립하기 위해서 9개 미래산업으로 솔루션을 새롭게 제시, 자율주행자동차의 경우 르노-닛산 회장이 책임자로 국가적 차원에서 기술 개발하고 있다.

(3) **영국**

영국 정부는 2013년 7월 자율주행자동차 시험운행을 승인하며 관련 R&D 활동을 본격화, 2014년 12월 기술전략위원회(Technology Strategy Board)의 주도로 각종 자율자동차 실증사업 프로젝트를 시작했다. 2015년 7월 교통부, 기술혁신기술부 공동으로 자율주행차 연구센터 설립, 자율주행자동차와 도로 간 정보수집, 도시정보, 새로운 음석 인식 서비스 등 자율주행에 관련된 8개 프로젝트를 지원하기 위해 2,000만 파운드를 투자했으며, 2015년 2월부터 4개 도시에서 시험운전 시행 중이며 2020년 자율주행차 상용화를 목표로 공공도로 시험운행을 확정하는 정책을 2016년 10월에 발표했다.

4) **일본**

일본 자동차산업은 무역흑자액의 50% 이상을 차지하는 국가기간산업으로서 정부는 국가 경쟁력을 유지하기 위해 자율주행자동차 기술 강화에 적극적 투자 목표로 일본 경제산업성 · 국토교통성 · 자동차공업협회 등이 중심이 되어 '자율주행사업화검토회'를 2015년 2월 출범하여 자율주행차 시대에 대한 대응방안을 발표했다. 또한 국토교통성, 경제산업성 등 관계부처와 자동차회사, 대학, 연구기관으로 구성된 자율주행 시스템 추진위원회가 자율주행 해킹 대책을 마련하고 안전강화 기술 개발을 추진하고 있다.

총리실산하 IT종합전략본부에서 '세계최첨단IT국가창조선언'을 발표, 자율주행을 포함한 지능형 교통시스템 추진 및 로드맵을 포함해 2020년 도쿄올림픽 개최시기에 맞춰 자율주행자동차를 상용화하고 올림픽에서 선수, 관중, 관광객 등의 이동수단에 이를 활용하여 기술력을 입증할 계획이다. 정부는 자율주행자동차 시장 선점을 위해 2016년 'All Japan' 체제를 가동하였으며, 자율주행자동차 개발 촉진을 위한 테스트베드 건설을 확정하며, 경제산업성은 일본자동차연구소 부지 안에 전용규모 15만㎡ 의 테스트 주행도로를 설치하며 이를 위해 34억 엔 예산을 상정하고 2017년부터 본격 운용에 돌입 예정"이다.

3. 자율주행자동차 무사고 목표와 발전전망

1) 무사고 목표

매년 세계적으로 125만 명 이상이 교통사고로 사망한다. 이 숫자는 지난 7년간 변동이 없다. 그러므로 자율주행자동차는 안전에 목표를 두었다. 무사고 운전은 거대한 네트워크 속에서 자동차가 서로 정보를 주고받으면서 충돌을 막고, 도로와의 정보교환으로 교통사고를 없앤다. 자율주행차에 장착된 수많은 카메라와 센서는 주변 상황을 실시간으로 체크하면서 혹시 발생할 돌발상황을 방지하고, 차안의 고장을 미리 체크하여 불안한 점을 차단한다.

일본 머스크테슬라 최고 경영자(CEO)는 2016년 7월 자신의 블로그에서 인간의 운전보다 10배 안전한 자율주행차 기술을 개발하겠다고 하였다. 매킨지는 자율주행차가 활성화되면 교통사고는 90% 이상 감소할 것이라 분석하고, 경제적 효과는 1,900억 달러(215조 40억 원)에 이를 것으로 전망했다.

2) 발전전망

자율주행자동차 관련 R&D 활성화를 위해서 국가적인 차원에서 추진해야 하며, 자율주행자동차 산업은 특성상 ICT 기술의 의존도가 타 산업 대비 높은 편이며, 글로벌 ICT 기업을 상당수 보유한 국가가 R&D와 법/제도 및 규제 전반에 설쳐서 시장을 선도하고 있다. 또한 민간기업과 정부가 함께 자율주행자동차의 기술완성 가속화를 위해 노력 중이며, 실제도로 주행 테스트를 위해 각국은 능동적인 자세로 정책을 추진하고 있어 기초과학에서 응용기술까지 적극적인 투자와 를 통해 발전이 필요하다.

자율주행차는 IT기술은 물론 통신 네트워크와 교통관제 시스템 등 여러 인프라가 총체적으로 집약되는 종합집합체이다. 운전자의 판단 없이 자동차가 편리하고 안전하게 주행하기 위해서는 다른 자동차 및 인프라와 실시간으로 정보를 주고받아야 하는데, 그러기 위해서는 필연적으로 IT기술의 도움을 받아야하기 때문에 IT산업 관련 일자리도 꾸준히 증가할 것이다. 또한 자율주행차가 안전하게 주행하기 위해서는 초당 1기가바이트(GB) 이상의 데이터를 분석하고 의사결정을 수행할 수 있는 컴퓨팅 능력이 요구된다.

또한 차량공유 시장이 커질 것이다. 최근에는 자동차를 구매하는 대신 렌트하는 사람들이 늘고 있는데, 앞으로는 자동차를 공유하는 문화가 확산될 것이다. 또한 2018년부터 자율주행 택시가 서비스를 시작할 것이며, 2021년부터 완전자율주행차가 상용화되면 자동차사고가 대폭 줄어들 것이다.

한국 정부는 2017년까지 정밀 수치지형도 등 자율주행차 운행에 필요한 인프라를 구축할 것이고, 2018년 평창 동계올림픽 기간에는 자율주행차를 대규모로 시범운행할 계획이며, 2020년에는 자율주행차가 상용화될 것이다. 이에 따라 자동차, IT, 통신 등 관련 산업 일자리가 크게 늘고, 2025년에는 고속도로 사망률이 50% 정도 감소하고 운전자들은 하루 평균 50분 정도 여유시간이 생기며, 자동차사고 비용이 5천억 원 정도 감소할 것이다.

4. 한국은 2020년 인공지능도로 구축

2020년이면 고속도로 5000km가 구축되어 국민의 96%가 30분 내에 고속도로에 접근할 수 있는 것은 물론, 통행권이 필요 없는 스마트톨링이 전면 도입되고 모든 고속도로 휴게소에 전기차 충전소가 설치된다. 국토교통부는 '제1차 국가도로종합계획'을 토대로 단계적으로 추진할 계획이며, 2020년까지 실행계획과 더불어 자율주행, 인공지능, 에너지 등 미래이슈에 선제적으로 대응하는 미래도로 정책방향을 제시하고 있다.

전국고속도로에 지능형교통체계(C-ITS) 시험사업을 추진해 2017년까지 세종-대전 간 도로에 설치하고, 2018년부터 경부선 등 주요 노선부터 단계적으로 구축하여 2020년까지 전국 모든 고속도로에 C-ITS 구축을 추진할 계획이다. 지능형교통체계 확대 기반을 마련하기 위해 차량과 도로 간에 정보를 주고받을 수 있는 단말기 보급 방안을 마련해 시행한다.

또한 하이패스 영상인식 기술을 활용하여 대규모 요금소 설치나 통행권 발급이 필요 없는 '스마트톨링' 시스템을 2020년에 전면 시행할 계획이다. 그리고 주유소와 주차장 이용 요금을 하이패스로 바로 결제할 수 있는 '하이패스 Pay'를 도입하고 교통 빅데이터를 활용해 하이패스 주차장, 도심 주요 시설 실시간 교통정보 제공 등 다양한 서비스가 제공될 것이다.

제 2 부

4차 산업혁명의 국내외 지원정책과 기대효과

인공지능 기술발전 지원정책

제1절 인공지능 기술

인공지능(AI, Artificial Intelligentce)이란 컴퓨터를 이용한 문제 해결에 경험적인 지식을 어떻게 잘 이용할 수 있을까 하는 방법을 연구하는 분야라고 할 수 있다. 즉 인공지능에서 가장 중요한 핵심적인 요소는 지식을 이용한다는 점이다. 컴퓨터가 지능을 가지고 있다는 것은 무엇인가? 우선 실시간으로 수행하여 예상치 못한 상황의 입력에도 적응할 수 있고, 주위 환경에서 새로운 지식을 배워 시간이 지나감에 따라 발전이 있어야 한다.

그러므로 인공지능 기술이 잘 적용될 수 있는 분야는 기존의 시스템에 지능을 부여하는 분야이다. 또 다른 인공지능의 특징은 문제의 성격상 인간만이 해결할 수 있는 분야, 혹은 문제를 해결할 수 있는 알고리즘이 존재한다 할지라도 기존의 기계로는 기억장치의 부족이나 수행시간이 너무 오래 소요되기 때문에 해결할 수 없는 분야를 해결해 보려는 것이다. 이를 위하여 인간의 경험적인 지식을 이용하려는 것이고 최선의 해결책을 찾으려 하기보다는 받아

들여질 수 있는 대안을 찾으려는 시도이다.

1. 인공지능의 학습

인공지능의 3대 주요 기술인 '학습'을 이해하기 위해 먼저 인간의 뇌를 이해하는 것이 중요하다. 인간의 뇌를 단순화하여 구현한 것이 신경회로망이며, 이것이 업그레이드된 기술이 최근의 딥 러닝 분야이다.

신경회로망은 연결성 모델, PDP, 또는 뉴로모픽 시스템이라 불리는 것으로 기본 단위는 뉴런이 된다. 신경회로망 모델은 모두 단순한 계산소자의 연결을 통해 좋은 성능을 나타낸다는 것을 기본 가정으로 하고 있다. Rumelhart와 McClelland는 신경회로망의 기본 구성 요소를 처리기, 활성화 상태, 각 처리기에 대한 출력 함수, 각 처리기간의 연결 패턴, 전파 규칙, 활성화 규칙, 학습 규칙, 환경 등의 여덟 가지로 제시하였다.

신경회로망에서 학습 개념은 매우 중요한데, 한 처리기의 지식 변화는 인접된 다른 처리기에도 변형을 주며, 기존 연결의 강도수정으로 이루어진다. 이러한 연결 강도는 경험적으로 변형되며, 연결강도의 변화를 학습 규칙이라 한다. 대표적인 것은 Hebb의 학습규칙(Hebbian Learning rule)이다.

신경회로망에서 학습하려면 어떤 기준이 필요하며, 그 평가 기준에 의해 평가한 결과를 피드백하여 처리 기간의 가중치를 조절한다. 평가 방식은 교사 학습과 무교사 학습의 두 가지 방법이 있다. 외부에서 교사 신호로써 입력 신호에 대한 정답 출력을 주는 방식의 학습 방법을 교사 학습이라 하고, 평가 기준은 있으나 일일이 교사 신호를 주지 않은 학습 방법을 무교사 학습이라 한다.

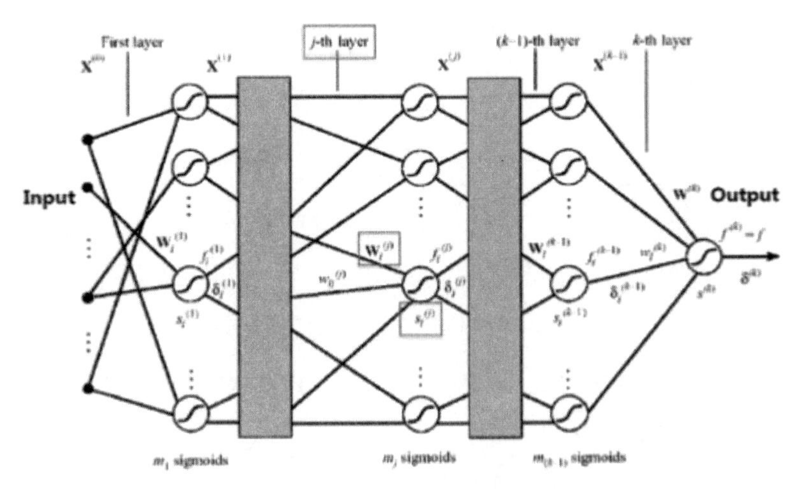

(a) 다층 신경회로망 구조

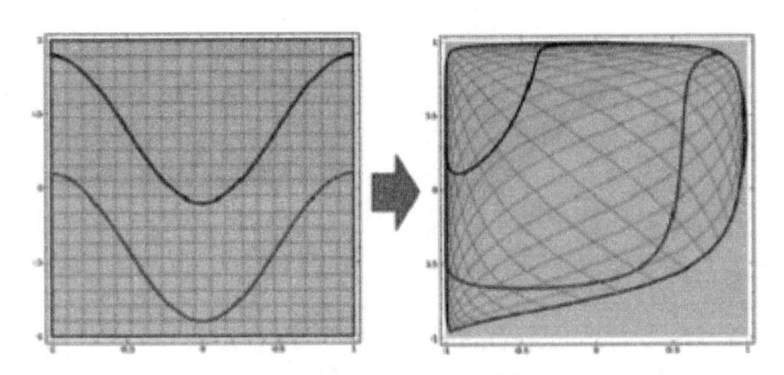

(b) 딥 러닝 패턴 분류방법

출처: http://colah.github.io/posts/2014-03-NN-Manifolds-Topology/

[그림 8-1] 다층 신경회로망과 딥 러닝의 패턴 분류방법

가장 일반적인 신경회로망은 [그림 8-1(a)]와 같은 다층 신경회로망으로 출력값은 교사신호 값에 의해 반복적으로 에러(출력값과 교사신호의 차)를 교정하면서 학습을 진행하는 알고리즘이다. [그림 8-1(b)]를 보면, 기존의 다층 신경회로망에서는 빨간색과 파란색의 두 패턴을 단일 선으로 분류하기 어려웠으며, 딥 러닝에서는 데이터 공간을 구부리고 휘고 회전시키는 방법을 사용하기 때문에 공간상 두 개의 패턴이 단일 선으로도 충분히 분류될 수 있는 특징을

갖는다. 여기서 '분류'한다는 의미는 '학습'한다는 것과 동일한 의미로 볼 수 있다.

2. 인공지능의 추론

추론방법이 여러 가지 있지만 가장 기본적이며 많이 사용하는 것은 Max - Min CRI 방법으로 Mamdani 가 제안한 최소 연산법칙을 사용하며, 합성 기호로 Max, Min 연산을 이용하는 방식이다. Max-Min CRI 방법은 직접법 또는 Wadeh의 추론 방법이라고도 한다.

Max-Min CRI 방법은 규칙 베이스에 규칙이 IF X is A THEN Y is B 형태로 있어서 규칙 베이스의 모든 규칙들은 πx, πy 형태의 가능성 분포로 표현될 경우, 입력 사실에 A`에 대한 추론 결과 B`를 구하기 위한 추론 방법이다.

$$IF\ X is\ A\ \ THEN\ \ Y is\ B \Rightarrow IF\ \ \Pi_X = \mu_A\ \ THEN\, \Pi_Y = \mu_B$$

$$B' = A' \circ (A \rightarrow B)$$

$$A' \circ R$$

이 식은 한 규칙에서 추론 결과 B`를 생성하는 의미를 가진 표현이지만 동시에 퍼지추론 방법의 전체적 개요를 보여주는 식이기도 하다. R은 Zadeh가 제안한 행렬 형태로 나타내기도 하며 대부분 행렬 형태가 아닌 경우로서 다음의 과정에 의해 결정된다. 이 식의 A→B 연산을 위해 몇 개의 단계를 거친 후 비퍼지화 과정에 의해 수치화된 비퍼지값을 산출한다.

신경회로망과 퍼지이론은 융합구조에 따라 뉴로 퍼지시스템으로 융합되며, 뉴로 퍼지시스템 모델의 기본 구조를 신경회로망을 기본 틀로 볼 것이냐 퍼지이론을 기본 틀로 볼 것이냐에 따라 분류할 수 있다.

3. 인공지능의 인식

인식은 학습을 바탕으로 새로운 자료나 불확실한 자료가 주어졌을 때 추론을 통해 알아차리는 과정이며 그 결과를 표출하는 과정까지 포함한다. 인공지능에서는 다양한 기술들이 있으며, 기본적으로 인식을 위한 단위를 패턴이라고 하고, 하나의 패턴은 하나의 유니트나 개념을 표현한다. 대표적인 패턴으로 글자인식, 영상인식, 음성인식, 개인성향인식, 상황인식, 위치인식 등이며 미래예측, 결과예측 등과 같은 패턴도 인식의 범위에 포함시킬 수 있다. 학습과 추론을 바탕으로 불확실한 패턴을 인식하여 표현한다. 인식의 한 예로 구글에서 사용자의 성향을 파악하여 서비스의 차별화를 시도하는 것은 이미 잘 알려진 바와 같다.

제2절 ICBMS 발달에 따른 인공지능의 새로운 기술

2016년 1월 20일부터 스위스에서 열린 다보스 포럼에서 4차 산업혁명 사회는 모든 것이 연결되고 보다 지능적인 사회이며, IoT와 인공지능을 기반으로 사이버와 현실세계가 네트워크로 연결된 통합 시스템으로 지능형 CPS (cyber-physical system)를 구축한다는 것을 강조하였다. 또한, 인공지능은 빅데이터를 기반으로 언어와 이미지를 처리하여 복잡한 의사결정까지 할 수 있다는 것을 강조하였다.

이미 우리나라의 국가 정보화를 총괄하는 미래창조과학부(현, 과학기술정보통신부)는 정보화의 방향을 2~3년 전부터 ICBMS(Internet of Things, Colud, Bigdata, Movile, Security) 초연결사회에 맞추고 국가 정보화 예산을 매년 투입하고 있다. ICT 신기술 적용사업은 194개, 6,227억 원으로 전년대비 83.7% 증가하였고, 예산도 클라우드 컴퓨팅, 빅데이터, 사물인터넷 순으로 투자할 예정이다. 정보화 주요 사업의 예산은 매년 증가 추세이다. ICBMS 기반 초연결사회는 인공지능을 국가 정보화에 적용하려는 첨단 국가 정보화 전략이다.

ICBMS에 관한 몇 가지 전망을 살펴보면, 먼저 가트너는 IoT의 2020년 시장규모를 2,628억 달러로 예상하고 있고, IDC는 30,457억 달러로, Machina Research는 10,350억 달러, 연평균 증가율도 30%대로 예상하고 있다. 또한, 마켓앤드마켓은 영상처리 분야 시장규모를 2015년 765억 달러에서 2017년 1,130억 달러로 전망하였다. IoT 산업은 제품 및 서비스가 융합된 산업으로 인식되면서 기존 전통산업을 제품중심이 아닌 서비스 산업으로 탈바꿈시킬 것이며, 센서, 액추에이터, 인공지능 기술 등을 기반으로 자동화, 실시간성, 데이터기반 서비스로 더욱 고도화될 것으로 전망된다.

가트너의 하이퍼사이클에서 보면 IoT가 안정적인 사이클로 진입하는데 약 5~10년 정도가 될 것으로 전망되는 등 성공적 사례가 조만간 보여질 것으로 예상된다. IBM은 2011년 이미 버지니아 로메티 당시 최고경영자에 의해 클라우드, 애널리틱스, 모바일, 소셜, 보안기술 부문을 전략적으로 긴요한 분야라고 통칭하고 40억 달러를 투자한 바 있다. 특히, 로메티는 온라인 서비스인 클라우드를 강조했으며, 이들 사업의 매출이 2014년에는 250억 달러로 전체의 27%에 불과했지만 2018년에는 전체의 40%에 이를 것이라고 내다봤기 때문이다.

또한, 2012년 IBM은 인공지능 '왓슨'에 무려 10억 달러는 투자하였고, 이러한 결과로 이제는 본격적으로 상업화 단계에 들어가고 있다. 빅데이터는 인공지능을 화려하게 부활하게 만든 결정적인 분야이다. 왜냐하면 인공지능은 컴퓨터에 의해 인간과 같은 지능을 실현하기 위한 기술들이었기 때문이며, 인공지능의 다양한 분석방법과 기술 등이 빅데이터와 만나면서 인간의 추론능력, 지각능력, 이해능력 등을 본격적으로 실현시키고 있기 때문이다. 따라서 빅데이터, 인공지능, 인터넷은 서로 별개로 존재하는 것이 아니라 하나로 결합되어 진화하고 있으며, 데이터는 인터넷 사용 과정에서 축적되고 인공지능 기술은 주로 클라우드를 통해 활용될 것이므로 인터넷 자체가 보다 지능화되어 수많은 비즈니스의 도구로 변화될 것이다. 미국은 국가적 차원에서 R&D 정책을 추진 중이며, 2013년 2월 발표한 브레인 이니셔티브(Brain Research through Advancing Innovative Neurotechnologies Initiative, BRAIN Initiative)가 대표적이다.

미국 국방고등연구계획국(Defense Advanced Research Projects Agency : DARPA)은 인공지능 기술을 이용한 무인 항공기 개발에 주력 중이며, 인공지능에 관한 소프트웨어 개발에 더해 인간의 뇌 구조와 유사한 형태를 지닌 데이터 처리 칩셋인 뉴로모픽 칩(neuromorphic chip) 등 하드웨어 개발도 진행 중이다. 또한, 미국은 정부와 기업에서 '정부 AQUAINT AQ 프로젝트, 구글 지식 그래프' 등 대규모 인공지능 프로젝트를 진행시키고 있다. 미국의 BCG 리서치는 2014년 5월, 인공지능에 의해 자율적으로 구동되는 전 세계 스마트 머신 시장규모가 매년 약 20%의 성장을 거쳐 2019년 153억 달러로 전망하였으며, 이 중 자율형 로봇의 성장세는 다른 분야보다 훨씬 높을 것이고, 음성 인식 분야는 2015년 840억 달러에서 2017년 1,130억 달러로 성장할 것으로 전망하였다. 미국의 벤처캐피탈 전문 조사업체인 CB 인사이트는 2010년 인공지능 관련 스타트업 벤처 캐피탈의 투자규모가 1,490만 달러에서 2014년 3억 900만 달러로 증가하였으며, 투자 건수도 40건 이상에 이른다고 발표하였다.

또한, 인지 컴퓨팅 관련 시냅스 프로그램에 2억 6,800만 달러를 투자하기도 하였다. 한편, EU는 25개국 135개 기관이 참여하는 휴먼 브레인 프로젝트를 착수하였으며, 이는 인간 지능 연구에 중점을 둔 연구로 향후 10년간 11억 9,000만 유로(약 1조 8,000억)가 투입될 예정이다. 일본은 2021년까지 슈퍼 컴퓨터를 활용하여 동경대 입시에 합격 가능한 인공지능 프로젝트를 지난 2011년부터 가동하고 있다. 중국 역시 바이두, 알리바바 등 ICT 기업들이 투자 여건이 형성되어 경쟁력을 한층 강화하고 있다.

인공지능에서 기술 수준을 비교하면, 하드웨어와 소프트웨어는 현재 미국과 EU 등이 주도적으로 추진중으로 성장기에 있는 반면 한국은 아직 도입기에 있다. 또한, 2013년 기준으로 우리나라의 인공지능 기술 수준은 미국에 비해

73%를 차지하고 있으며, 대규모 4차원의 실용화보다는 소자연구가 대부분이다. 현재 우리나라는 네이버와 클디, 솔리드웨어 등 일부 벤처기업이 인공지능에 투자하고 있으며, 미래창조과학부(현, 과학기술정보통신부)에서는 ETRI, 포스텍, KAIST 등 26개 연구기관이 참여하여 총 1,070억 원을 투입(정부 800억, 민간 270억)하는 엑소브레인 프로젝트를 추진 중이고, 1단계 종료시점인 2017년에 자연어 처리에서 IBM의 왓슨 수준에 도달할 것으로 전망하고, 2단계 2023년까지 전문지식을 갖추어 법률, 의료, 금융 등 각 분야 전문가와 의사소통 가능한 프로그램 개발을 목표로 하고 있다.

이 밖에도 실시간 대규모 영상데이터 이해 및 예측을 목표로 하는 딥뷰 기계학습연구센터 및 센서 기반 자율지능 인지 에이전트 기술 개발을 추진하는 SW 스타 랩 등을 과기정통부가 중심이 되어 추진 중이다.

제3절 Deep Learning의 등장과 이슈

딥 러닝은 캐나다 토론토대학의 G. Hinton 교수에 의해 개발된 분야로, 기존의 신경회로망보다 고도화된 학습 알고리즘을 적용하여 보다 빠르고 감성적이며 인간과 유사하게 행동하는 컴퓨터 프로그램을 구현한 학습방법이다. 딥 러닝은 새로운 분야라기보다는 기계학습의 한 분야였으나 최근에는 기계학습보다는 딥 러닝으로 많이 불리고 있다. 앞서 설명한 바와 같이 ICBMS 등의 발전으로 인해 2016년 인공지능 분야는 더욱더 발전하여 2016년 예상되는 인공지능의 6대 트렌드 중 첫 번째가 딥 러닝이고, 인간의 감정을 이해하는 인공지능의 고도화, IoT의 확장, 일자리 대체, 윤리적 논쟁, 활용 서비스 등이 뒤를 잇고 있다.

한국전자통신연구원은 미래 기술지도를 기술 매력도와 생존력을 복합적으로 고려하여 미래 핵심기술을 제시했다. 딥 러닝은 기술혁신 및 난제해결 관점에서 보면, 생존력과 기술 매력도가 아주 높은 레벨3에 해당되는 분야로 2014년보다 2015년에 한 발짝 더 다가갔으며 기술적 빅뱅시기는 5~10년 후로 예측되었다. 딥 러닝은 새로운 이론이라기보다는 앞서 설명한 인공지능의 학습 알고리즘 중의 하나로 복잡한 환경, 다양한 빅데이터, 다양한 예측 및 분석 등이 필요한 스마트한 환경에 적합한 알고리즘이다.

딥 러닝은 기존의 신경회로망 학습 알고리즘보다 효율적이며, 기존의 다층 형태의 학습 알고리즘은 노이즈가 발생하여 전방향과 역방향의 무한한 반복 학습이 필요한데 반해 딥 러닝에서는 무교사 학습 알고리즘으로 전처리 과정 상에서 클러스터링하는 방식으로 노이즈를 없앤 이후 튜닝하기 때문이다. 또한, 데이터나 패턴 공간을 자유롭게 구부리고 휘고 조절하는 알고리즘을 사용함으로써 보다 빠르고 효율적으로 패턴이 분류될 수 있고 예측될 수 있는 장점이 있다.

딥 러닝 알고리즘은 크게 무교사 학습방법을 기반으로 한 방법, 컨볼루셔널 뉴럴 네트워크를 위한 리커런트 뉴럴 네트워크와 게이트 유닛들로 구분된다. 여기서 시계열 데이터란 시간의 흐름에 따라 변하는 데이터를 의미하는 것으로 주가나 사람의 움직임, 시간, 영상 등을 말한다. 이렇게 복잡하고 다이나믹한 환경일수록 딥 러닝은 더욱 효율적으로 동작한다. 딥 러닝의 등장으로 기존의 기계학습이나 인공지능이 새로운 전기를 맞이한 것은 분명하다.

이렇듯 딥 러닝이 각광받는 이유는 새로운 학습 알고리즘의 개발, 컴퓨팅 파워의 기술향상, 빅데이터 때문이다. 그러나 딥 러닝은 대용량 빅데이터, 대용량 컴퓨팅 자원 등이 필요하므로 핸드폰이나 웨어러블 디바이스 같은 소형 디바이스에 사용하기에는 한계가 있으나 이것도 ICBMS의 무한한 기술이 개발되어 접목된다면 가능할 수도 있을 것이다.

제4절 국외 인공지능(AI) 정책 동향

1. 미국의 AI 정책 동향

범정부차원의 브레인 이니셔티브 정책을 2013년 2월에 수립하여 원천기술 확보를 진행하고 있다.

1) 과학기술정책국(OSTP : Office of Science and Technology Policy)은 10년 동안 총 30억 달러 규모의 투자를 진행하고 있으며, 주요 연구 내용은 인간의 뇌 지도 작성을 비롯해 지각, 행동, 의식 등이 이루어질 때 발생하는 뇌의 활동에 대한 연구와 같은 기초 연구에 집중적으로 투자하고 있다.
   이외에도 뉴로모픽칩(IBM), 뇌 스캔 이미지 촬영 및 분석(Inscopix), 슈퍼컴퓨팅을 활용한 뇌시뮬레이션(Google) 등 응용 연구도 병행 수행하고 있다.
2) 인공지능 기술의 활성화를 위해 강력한 내수시장을 바탕으로 군사 목적용 R&D를 상용화에 적극적으로 이용하는 형태의 전략을 취하고 있으며, 인공지능을 응용한 기술 중 군에서 활용하기 미흡하거나 어려운 기술의 경우 적극적으로 민간으로 이전시켜 상용화가 가능하게끔 하도록 유도하고 있다.
   특히 인공지능을 통한 개인비서를 가상화시켜 전투상황에서 임무수행에 도움을 주도록 개발하였으나 실제 전시에서 사용하기에 기술성숙도가 미흡하여 애플社로 이전된 사례 등이 있다.

2. 일본의 AI 정책 동향

인공지능을 활용한 로봇 등 응용 연구 위주의 정책을 펼쳤으나, 최근 인공지능 전반에 대한 연구개발 체계가 언급되고 있다. 특히 2014년 9월 로봇혁명 실현회의 결과를 발표하였고, 2015년 1월 '로봇 신전략'을 발표하였으며, 주요 내용은 다음과 같다.

〈표 8-1〉 일본의 인공지능 연구개발 체계

주요 영역: 인프라, 의료, 에너지, 정보통신, 제조업, 교육, 농림어업 등		
총무성	문부과학성	경제산업성
주요 내용 • 뇌(腦) 정보통신 • 사회 정보 해석 • 혁신적 네트워크 • 음성인식, 다언어번역	주요 내용 • 기초연구 • 혁신적 과학기술성과 창출 • 차세대 기반기술 창출 • 기반환경 조성	주요 내용 • 응용연구, 실용화 • 평가방법 표준화 등 공통기반 기술정비 • 표준화 연구
주요 추진조직 ⇒ 정보통신연구기구(NICT)	주요 추진조직 ⇒ 이화학연구소(RIKEN) AIP 센터(설립예정) ⇒ 과학기술진흥기구(JST) 인공지능프로젝트(설립예정)	주요 추진조직 ⇒ 산업기술총합연구소(AIST) 인공지능연구센터 ⇒ 신에너지 산업기술종합개발 기구(NEDO)-AI프로젝트

일본을 세계 로봇 이노베이션 거점으로 하는 '로봇 창출력을 근본적으로 강화'하고 사물인터넷(IoT) 시대에 빅데이터, IT와 융합, 네트워크, 인공지능을 구사하는 로봇으로 세계를 주도하는 '로봇혁명'을 추진한다. 각 부처별로는 총무성, 문부과학성, 경제산업성이 각각의 축을 가지고 최근 인공지능에 관한 총체적인 R&D 개발을 위한 계획(안)을 점차 확보하고 있는 중으로 나타났다.

인공지능 기술의 상용화 및 제품화를 위해 기존에 잘 구축되어 있는 로봇산업에 인공지능 기술을 접목하는 정책을 적극적으로 활용할 계획을 수립하였으며, 제조, 서비스, 인프라 재난대응 건설, 농림수산업 식품산업 등 분야에 대한 집중적 정책지원을 2020년까지 실시하고 있다.

2020년까지 5년간 제도 환경 정비, 다양한 정책적 지원을 통해 로봇개발에 대한 민간투자를 확대하여 1,000억 엔 규모의 로봇 프로젝트를 추진하고, 이를 통해 5년간 관련 시장 규모를 현재의 4배인 2조 4,000억 엔으로 확대한다는 게 일본 정부의 계획이다.

현재 일본에서 상용화가 가시화되고 있는 인공지능 적용 제품은 크게 휴머노이드(서비스용 로봇) 및 자율주행차, 그리고 산업용 로봇으로 나타나고 있다.

3. 중국의 AI 정책 동향

2015년 3월 열린 중국의 최대 정치 행사인 양회(兩會)에서 '차이나 브레인' 중국 최대 검색업체 바이두(百度)의 리옌훙(李彦宏) 최고경영자(CEO)에 의해 제안된 '차이나 브레인'은 인간 · 기기 간 상호작용, 무인자동차, 군사 · 민간용 드론 등의 모든 분야에 인공지능 기술을 적용하려는 개발 프로젝트'라는 것을 제안하였으며, 주요 내용은 인간의 뇌 지도 작성을 비롯해 지각, 행동, 의식 등이 이루어질 때 발생하는 뇌의 활동에 대한 연구로써 대부분 기초연구에 속한다.

2016년부터 시행되는 중국 "13.5개년 계획"에서 제시한 100대 국가전략 프로젝트 목록 중 뇌과학과 뇌관련 연구는 4위, 인공지능 산업은 34위에 포함되어 있다. 이와 같은 연구를 통해 인공지능 핵심기술을 확보하고, 스마트 가전, 자동차, 로봇 등 영역에서의 인공지능 기술 보급을 추진하며, 인공지능 선두 기업을 육성하려는 목표를 제시하고 있다.

제5절 국내 인공지능(AI) 정책 동향

1. 주요 연구 분야

인공지능 관련 기술 분야에 대한 국내 정책은 크게 로봇, 자율주행자동차, 빅데이터, 사물인터넷에 집중하고 있다.

1) 로봇: 1970년대부터 민간분야(자동차 제조부문)에서 주도하여 자동차 용접

로봇을 국내 최초로 도입하는 등 산학 자체적으로 로봇 R&D를 진행하였으며 2000년대 들어 정부 주도로 로봇 R&D에 대한 계획 및 지원을 실시하고 있다.

2) 자율주행자동차: 2015년 국토부(국토교통부) 주관하에 자율주행자동차 상용화 지원방안을 마련함으로써 제도적 측면에서 자율주행자동차가 보다 빠르게 정착될 수 있도록 하고 있다.
3) 빅데이터: 2013년 행정자치부 주관(관계부처 합동) 빅데이터 마스터플랜을 마련 크게 '사회안전', '국민복지', '국가경제', '국가인프라', '산업지원', '과학기술'로 나누어 세부과제를 진행하고 있다.
4) 사물인터넷: 2014년 미래부(현 과기정통부) 주관(관계부처 합동) 사물인터넷 기본계획을 발표하였다.

2. 부처별 지원 계획

인공지능 기술 발전을 위해 과기정통부와 산자부가 주축이 돼서 인공지능에 관한 총체적인 R&D 개발을 위한 지원방안을 계획 중이다.

1) 과학기술정보통신부: 인공지능기술을 위한 지능정보사회 마스터플랜을 기획하여, 인공지능을 기반 SW 및 컴퓨팅은 클라우드, 빅데이터, 스마트컴퓨팅으로 구성되어 있으며, 인공지능 구현을 위해 기반 SW 및 컴퓨팅 자체가 인공지능 구현을 위한 기반기술로 보고 컴퓨팅 분야의 스마트컴퓨팅 내에 위치시켜 연구개발을 진행하고 있다.
   인공지능과 별도로 기술사업화 지원사업은 전체 ICT를 대상으로 진행되며 예산규모는 2015년 512.83억 원에서 10.2% 감소한 '16년 460.45억 원으로 책정되었다.
2) 산자부: 기존의 로봇, 자율주행차 드론분야에서 지원해온 연간 130억 원 규모의 투자자금을 200억 원 이상으로 추가적인 지원을 계획하여, 스마트 공

장, 보안서비스, 의료지원서비스 등 여타 응용 분야까지 확대하여 지원할 예정이다.
세부적으로는 각 분야별 인공지능 적용가능 품목, 기술 발굴 및 사업화 지원, 인공지능 제품화에 필수적인 반도체, 센서 등 연관산업 연계기술개발, 인공지능 응용화 관련 기업애로 발굴 및 기술규제 개선에 힘쓸 계획이다.

3. 인적자원 양성 계획

인공지능 전문인력 확보를 위해 산자부와 과학기술정보통신부를 중심으로 인공지능 전문인력 양성을 위한 인적 투자 및 계획(안)을 진행하고 있다.

1) 산자부: 인공지능 응용분야 석박사급 전문인력양성을 중심으로 한 투자계획이 존재하며 전국 주요 대학의 우수 연구팀을 선발하여 사업화 원천기술 개발 자금을 최대 50억 원 규모로 책정하였다.(5~10년 동안 연간 5억 원 규모). 산업전문인력 역량강화 사업과 기업 연계형 연구개발 인력 양성도 추진할 예정으로 주로 대학-중소/중견기업 컨소시엄을 구축하고 기업 프로젝트에 참여시킴으로써 인력을 양성하고 채용까지 연계하는 방안을 진행 중이다(2016년 40억).
2) 과학기술정보통신부: 2016년 연구개발종합시행계획에 따르면 인력양성을 위한 예산은 2015년 1,037억 원에서 26.8% 감소한 758억 원 규모로 전반적인 인력양성 투자는 감소한 것으로 나타났다. 감소하는 투자예산 내에서 추가적으로 인력양성을 위한 비용을 만들어내기 위해 추경예산편성에 반영하는 정도에서 실질적인 투자예산이 발생할 것으로 예상된다.

4. 주요국의 인공지능 관련 정책 및 지원방안

미국, 유럽은 주로 기초/기반에 관련된 인공지능 기술에 공공기관이 적극적으로 개입하여 연구개발을 진행하며, 응용 분야의 경우 산학연, 민간 연구 협력체 등이 주도로 투자계획이 나타났다. 일본은 로봇산업에 지능을 추가하는 정도로 인공지능을 바라보다 최근 여러 기관을 신설함으로써 미국, 유럽 등에 대응하는 전략을 펼치고 있는 중이며, 중국은 기술 선진국은 아니나 거대한 수요층과 제조업 국가로 다양한 테스트가 가능한 상황으로 인공지능 정책이 탄력을 받아 진행될 것으로 예상된다.

5. 우리나라 인공지능 관련 정책 및 지원방안

엑소브레인 프로젝트를 시작으로 부처별 인공지능에 대한 중요성을 인지하고 기술개발 정책을 실행 중에 있으며 로봇, 자율주행자동차, 빅데이터, 사물인터넷을 중심으로 R&D가 이루어지고 있으나, 정부기관들의 계획(안)은 다소 산발적인 형태로 진행되고 있으므로 플래그십 프로젝트 도입을 통한 부처 간 협력체계 구축 및 거버넌스 협력체계 확보가 필요해 보인다. 해외 주요국에 비해 국내의 경우 예산 집행력부분에서 어려움이 있으므로 장기적 관점에서 과감한 R&D 투자와 함께 관련 인프라 구축을 위한 노력이 필요하다(국가별로 비교해 보면 2014~15년까지 미국은 3억 달러 규모, 일본은 1.7억(2016년) 달러, 유럽은 2억 달러 규모이나 한국은 고작 3천만 달러 내외로 나타남에 따라 실행력 자체에 문제가 있을 것으로 우려된다).

인공지능관련 인력 확보를 위해 석박사급 전문인력양성을 위한 적극적 투자와 관련 스타트업의 인수를 통한 전문인력의 흡수 등의 인력확보 방안이 필요할 것으로 전망된다.

2016년 1월 20일부터 스위스에서 열린 '다보스 포럼'에서 4차 산업혁명 사회는 "모든 것이 연결되고 보다 지능적인 사회"이며, IoT와 인공지능을 기반으로 사이버와 현실세계가 네트워크로 연결된 통합 시스템으로 지능형 CPS를 추구한다는 것을 강조하였다. 또한, 인공지능은 빅데이터를 기반으로 언어와 이미지를 처리하여 복잡한 의사결정까지 할 수 있다는 것을 강조하였다.

이미 우리나라의 국가 정보화를 총괄하는 과학기술정보통신부는 정보화의 방향을 2~3년 전부터 ICBMS(Internet of Things, Cloud, Bigdata, Movile, Security) 초연결사회에 맞추고 국가 정보화 예산을 매년 투입하고 있다. 아래 [그림 8-2]와 같이 ICT 신기술 적용사업은 19개, 6,229억 원으로 전년대비 83.7% 증가하였고, 예산도 클라우드 컴퓨팅, 빅데이터, 사물인터넷 순으로 투자할 예정이다.

유영민 과학기술정보통신부 장관은 2018년 신년사에서 4차 산업혁명의 핵심인 데이터(Data)의 구축과 활용을 촉진하고 세계 최초 5G 상용화 등 초연결 네트워크(Network)를 구축하는 한편, 인공지능(AI)과 같은 지능화 기술의 글로벌 경쟁력을 확보하겠다고 하였다. 2018년 4차 산업혁명 예산은 1조 1756억원이 책정되었으며, '초연결' 생태계 구성을 위한 SW기반 지능형 융합서비스 사업이 추진될 예정이다.

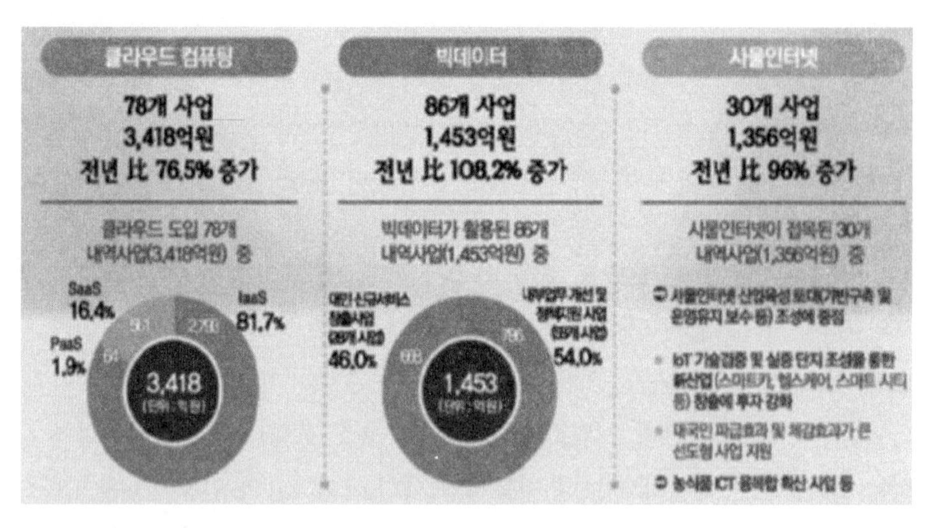

출처: 2016년도 국가정보화 주요 정책

[그림 8-2] 2016년 국가정보화 4차 산업 계획

산업은 제품 및 서비스가 융합된 산업으로 인식되면서 기존 전통산업을 제품중심이 아닌 서비스 산업으로 발바꿈시킬 것이며, 센서, 액추에이터, 인공지능 기술 등을 기반으로 자동화, 실시간성, 데이터기반 서비스로 더욱 고도화될 것으로 전망된다. 가트너의 하이퍼사이클에서 보면 안정적인 사이클로 진입하는데 약 5~10년 정도가 될 것으로 전망되는 등 성공적 사례가 조만간 보일 것으로 예상된다.

현재 우리나라는 네이버와 클디, 솔리드웨어 등 일부 벤처기업이 인공지능에 투자하고 있으며, 미래창조과학부(현, 과학기술정보통신부)에서는 ETRI, 포스텍, KAIST 등 26개 연구기관이 참여하는 총 1,070억 원을 투입(정부 800억 원, 민간 270억 원)하는 엑소브레인 프로젝트를 추진 중이고 1단계 종료시점인 2017년에 자연어 처리에서 IBM의 왓슨 수준에 도달할 것으로 전망하고, 2단계 2023년까지 전문지식을 갖추어 법률, 의료, 금융 등 각 분야 전문가와 의사소통 가능한 프로그램 개발을 목표로 하고 있다.

이 밖에도 실시간 대규모 영상데이터 이해 및 예측을 목표로 하는 딥뷰, 기계학습연규센터 및 센서 기반 자율지능 인지 에이전트 기술 개발을 추진하는 SW 스타 랩 등을 과학기술정보통신부가 중심이 되어 추진 중이다.

6. 결론 및 향후 발전 방향

인공지능은 인간의 뇌를 컴퓨터로 모델링하자는 데서부터 출발한 학문으로, 우리의 뇌의 기능이 다양한 만큼 인공지능의 응용영역도 무한하고 다양하다. 그동안 인공지능은 침체기와 발전기를 거듭하면서 진화하였으며, 최근에는 다시 발전기에 접어든 것으로 보인다. 현대사회가 복잡해지고 다양화되어 ICT 기술과 하드웨어, 소프트웨어의 비약적인 발전과 더불어 인간의 욕구가 어우러져서 '편리한 세상'을 꿈꾸고 실현하는데 인공지능만큼 매력적인 분야는 없다고 본다.

인공지능은 학습, 추론, 인식이라는 3대 주요 기술이 어우러져야 진정한 '지능형 시스템'이 탄생하는 것이다. 현재 딥 러닝은 3대 주요 기술 중 학습 알고리즘에 초점이 맞춰진 새로운 돌파구로 등장하였으나 앞으로 추론, 인식 분야의 새로운 개념의 등장을 통한 융복합 및 ICBMS과의 환상적인 결합은 '진정한 인간을 모방하는 지능형 시스템'을 기대하기에 충분하다고 본다.

과연 인간의 지능을 능가하는 컴퓨터가 나타날 것인가? 인공지능은 어디까지 진화할 것인가?에 대한 수많은 질문과 논쟁이 있었으나 궁극적으로는 가능하지 않을까 생각해본다. 물론 지능 외에 감성과 얽히고설킨 미묘한 상관관계를 어떻게 해결하느냐가 여전히 남는 숙제일 것이다.

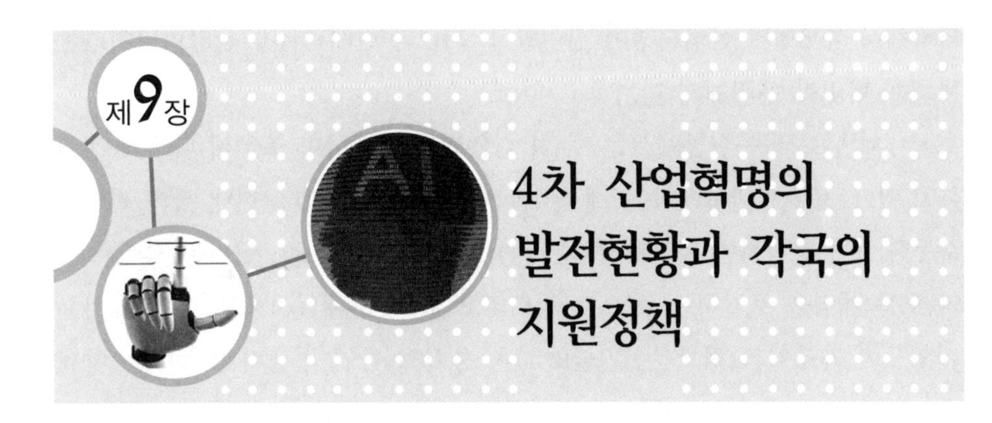

4차 산업혁명의 발전현황과 각국의 지원정책

제1절 산업혁명 발전현황

2016년 바둑대회가 개최되기 전 대부분의 사람들은 이세돌의 승리로 예측했다. 바둑을 둘 수 있는 경우의 수는 무한에 가까워 그 경우의 수를 계산하는 알고리즘을 만드는 자체가 불가능하다고 생각했으나, 사람들의 예상과는 다르게 1:4로 알파고가 승리하였고 전 세계 사람들은 충격을 받았다. 알파고와 같은 인공지능이 우리 삶의 대부분에 활용되는 변화를 '4차 산업혁명'이라고 한다. '4차 산업혁명'은 '3차 산업혁명'을 기반으로 디지털적, 물리적, 생물학적 경계가 없어지고 융합되는 기술 혁명이다.

4차 산업혁명은 제조업, 교육, 바이오 등 우리 삶의 전 영역에 많은 영향을 미칠 것이다. 이를 대비하여 4차 산업혁명의 정의 및 특징, 우리나라와 해외국가의 4차 산업 추진정책, 추진사례, 사회/경제적 변화에 대하여 이야기하고자 한다. 새로운 기술의 등장은 단순히 기술적 변화에 그치지 않고, 전 세계의 사회 및 경제구조에 큰 변화를 일으키는 것을 우리 '산업혁명'이라고 한다. 인류

역사에서 총 3번의 산업혁명이 일어났고, 2017년 현재 제4차 산업혁명이라는 새로운 혁명이 우리에게 다가오고 있다.

국내외 다수의 문헌들에서는 제4차 산업혁명에 대하여 조금씩 다르게 정의하고 있다. 위키피디아에서는 '제조기술뿐만 아니라 데이터, 현대 사회 전반의 자동화 등을 총칭하는 것으로서 Cyber-Physical System과 IoT, 인터넷 서비스 등의 모든 개념을 포괄하는 것'으로 정의하고 있으며, 매일경제용어사전에서는 '기업들이 제조업과 정보통신기술(ICT)을 융합해 작업 경쟁력을 높이는 차세대 산업혁명을 의미하는 것'으로 정의하고 있다. 하지만 일괄적으로 ICT에 기반을 둔 새로운 사업혁신 시대의 도래라는 것에 동의하고 있다.

제4차 산업혁명의 정의로 가장 많이 언급되는 것은 2016년 01월 20일 스위스 다보스에서 열린 '세계 경제 포럼(WEF; World Economic Forum)'에서 정의한 내용이다. WEF는 제4차 산업혁명을 '디지털 혁명(제3차 산업혁명)을 기반으로 하여 물리적 공간, 디지털적 공간 및 생물학적 공간의 경계가 없어지는 기술융합의 시대'라고 정의하면서, 특히 속도, 범위, 시스템에 미치는 영향 등의 측면에서 3차 산업혁명과 차별화되고, 인류가 한 번도 경험하지 못한 새로운 시대를 접하게 될 것임을 강조했다.

〈표 9-1〉 4차 산업혁명이 속도, 범위, 시스템에 미치는 영향

속도(Velocity)	인류가 전혀 경험하지 못한 빠른 속도의 획기적 기술 진보
범위(Scope)	각국 전 산업 분야에서 파괴적 기술(Disruptive Technology)에 의해 대대적으로 재편
시스템에 미치는 영향(System Impact)	생산, 관리, 지배구조 등을 포함하여 전체적으로 시스템의 큰 변화가 예상

또한 사이버물리 시스템(CPS; Cyber-Physical System)[6]에 기반한 제4차 산업

6) 사이버물리시스템(CPS) : 통신 기능과 연결성이 증대된 메카트로닉 장비에서 진화하여 컴퓨터 기반의 알고리즘에 의해 서로 소통하고 자동적, 지능적으로 제어되고 모니터링 되는 다양한 물리적 개체(센 서, 제조장비 등)들로 구성된 시스템

혁명은 전 세계의 산업구조 및 시장경제 모델에 커다란 영향을 미칠 것으로 전망하고 있다.

제2절 산업혁명의 주요 기술

세계경제포럼(WEF)은 4차 산업혁명을 주도하는 혁신기술로 인공지능, 메카트로닉스[7], 사물인터넷(IoT), 3D 프린팅, 나노기술, 바이오기술, 신소재기술, 에너지저장기술, 퀀텀컴퓨팅 등을 지목했다.

〈표 9-2〉 4차 산업혁명의 주요 기술

기술	내용
사물인터넷(IoT: Internet of Things)	- 사물에 센서를 부착하여 실시간으로 데이터를 네트워크 등으로 주고받는 기술 - 인간의 개입 없이 사물 상호 간 정보를 직접 교환하며 필요에 따라 정보를 분석하고 스스로 작동하는 자동화 기술
로봇공학	- 로봇공학에 생물학적 구조를 적용함에 따라 더욱 뛰어난 적응성과 유연성을 갖추고 정밀농업에서 간호까지 다양한 분야의 광범위한 업무를 처리할 만큼 활용도가 향상
3D 프린팅(Additive manufacturing)	- 입체적으로 형성된 3D 디지털 설계도나 모델에 원료를 층층이 겹쳐 쌓아 유형의 물체를 만드는 기술로 소형 의료 임플란트에서 대형 풍력발전기까지 광범위하게 활용
빅데이터(Big Data)	- 디지털 환경에서 생성되는 다양한 형태의 방대한 데이터를 바탕으로 인간의 행동패턴 등을 분석 및 예측 - 산업현장 등에서 활용하면 시스템의 최적화 및 효율화 도모 가능
인공지능(AI)	- 컴퓨터가 사고, 학습, 자기계발 등 인간 특유의 지능적인 행동을 모방할 수 있도록 하는 컴퓨터공학 및 정보기술 - 다양한 분야와 연결하여 인간의 업무를 대체하고 그보다 높은 효율성을 가져올 것으로 예상

---

7) 기계공학 · 전기공학 · 전자공학을 복합적으로 적용하는 새로운 개념의 공학이다. 오늘날의 자동차 · 항공기, 기계와 생산가공, 시험 및 계측을 비롯한 대부분의 기계와 공정들은 전기와 기계적 본질이 어우러진 복합체로, 기계 · 전자 · 시스템 등 한 어느 분야만으로 이루어지는 경우는 거의 없다. 메카트로닉스는 공학의 여러 분야가 복합된 학문을 말한다(네이버 지식백과, 메카트로닉스(mechatronics); 두산백과).

국(5위), 일본(12위), 독일(13위) 등이 상위권에 있으며, 한국과 중국은 각각 25위, 28위를 기록하였다. 즉 한국은 주요 선진국인 미국, 일본, 독일 등에 비해 대응 준비 정도가 크게 떨어지는 것이다. 특히 노동시장 유연성, 법적 보호 등에서 매우 취약한 것으로 평가되고 있다. 높은 점수를 받은 미국, 독일, 일본과 우리와 비슷한 수준의 중국이 4차 산업혁명 대응정책과 우리나라의 대응정책을 논의하려고 한다.

미국, 독일, 일본 등은 자국의 산업경쟁력 강화라는 목표로 체계적이고 종합적인 정책 수립, 인프라 구축, 혁신기업지원 등을 통해 4차 산업혁명을 준비하고 있다. 미국은 첨단제조업파트너십(AMP) 프로그램과 첨단제조업 국가전략 수립, 독일은 'Industry 4.0, 스마트 공장', 일본은 산업부흥전략, 중국은 '중국제조 2025'를 발표하고 약점 극복, 강점 활용 개념의 국가별 여건에 맞는 대응전략을 구사하고 있다.

1. 미국의 발전정책

미국의 발전정책은 첨단제조파트너십(Advanced Manufacturing Partnership)과 새로운 미국 혁신전략(New Strategy for American Innovation)을 들 수 있다. 첨단제조파트너십은 미국 제조업의 해외유출(Off-shoring)을 다시 되돌리기(Re-shoring) 위한 정책으로 추진되었다. 기존의 제조업에서는 인력과 생산규모 등을 중심으로 효율화가 가능했으므로, 비교우위상 저렴한 인력과 동일가격에 넓은 생산규모를 건설할 수 있는 개발도상국으로의 제조시설 이탈이 매우 자연스러운 현상이었다. 이를 극복하기 위해서는 높은 수준의 자동화나 고급인력중심의 생산시설을 갖춘, 즉 개발도상국 대비 비교우위를 가지는 생산수단을 중심으로 생산시설이 재편될 필요가 있다.

따라서 미국은 R&D 투자와 인프라 확충을 위해 해당 정책을 추진하였고 산업 내 기술이슈 해결에 도움이 될 수 있는 제조업혁신센터(Manufacturing Innovation Institute)를 미국 전역에 확대하는 국가제조업혁신네트워크(National

Network for Manufacturing Innovation)를 발족시켰다. 특히, 2014년에는 유망 제조인력의 혁신과 보다 구체화된 전략을 포함한 첨단제조파트너십 2.0을 보완 및 추진하고 있다.

새로운 미국 혁신전략은 2009년의 1차 미국 혁신전략과 2011년의 2차 미국 혁신전략에 이어 2015년부터 시작된 정책이다. 4차 산업혁명과 관련된 기술 중심의 9대 전략기회 분야를 선정하고 정부중심으로 향후 민간이 주도할 혁신 환경을 조성하는 것을 목표로 하고 있다. 9대 전략기회분야는 첨단제조, 정밀의료, 두뇌, 첨단자동차, 스마트시티, 청정에너지, 교육기술, 우주, 고성능컴퓨팅을 포함하고 있다.

정부보다는 민간주도의 산업발전을 추구하고 있는 미국의 혁신정책은 대부분 민간이 활동할 수 있는 영역의 인프라를 구축하는 형태로 진행되고 있다. 따라서 향후 몇 년 안에 위와 같은 전략분야에서 유수의 스타트업과 중견기업들의 신제품/신서비스가 개발되게 될 것이다.

2. 독일의 발전정책

4차 산업혁명 관련 독일의 혁신정책은 인더스트리 4.0(Industry 4.0)과 플랫폼인더스트리 4.0(Platform Industry 4.0)을 들 수 있다. 먼저, 인더스트리 4.0은 독일에서 4년마다 갱신하고 있는 '하이테크전략 2020(2010년)'의 10대 프로젝트 중 하나로 정보통신기술을 활용하여 스마트공장을 구현하는 것을 목표로 하고 있다.

독일에서는 인더스트리 4.0의 추진을 위해 2억 유로의 자금을 확보, 주요 R&D에 투자하였는데 클라우드 컴퓨팅, 사물인터넷 표준, 스마트 그리드, 지능로봇, 임베디드 시스템 국가로드맵, 커뮤니케이션 인프라, 위성통신 및 관련분야 전문 인력 양성을 포함하고 있다. 인더스트리 4.0은 2012년부터 약 3년 여간 추진되었으며 성과로는 4차 산업혁명을 위한 주요 연구개발의 수행을 들 수 있다.

하는 전략이다. 동 정책에서 정부는 기업이 제조업 혁신을 주도할 수 있도록 환경 조성에 주력하며 융합형 신제조업 창출, 주력산업 핵심역량 강화, 제조혁신기반 고도화 등 3대 전략 6대 과제를 중심으로 추진 중이다.

또한 관계부처 합동으로 지능정보사회 도래에 따른 기술-산업-사회 변화에 대응하기 위한 '제4차 산업혁명에 대응한 지능정보사회 중장기 종합대책'을 발표했다. 미래 산업의 메가트렌트, 우리의 강점, 민간의 투자계획 등을 고려한 12대 신사업을 '제4차 산업혁명시대 신산업 창출을 위한 정책과제'를 통해 발표하였다. 이뿐만 아니라 노동부, 교육부 등에서도 4차 산업혁명 발전을 위한 다양한 정책을 수립 및 공표하고 있다.

이와 같이 4차 산업혁명이 국가 전략의 주요 정책으로 위상이 높아지고 있으므로, 신성장 동력으로 이어질 수 있도록 구체적 실행 방안 및 전반적인 사회체계 변화에 대비한 대응책 마련이 필요하다.

제4절 4차 산업혁명이 국가 경제와 사회에 미치는 영향

4차 산업혁명은 기술의 발전에 따른 생산성 향상, 새로운 형태의 일자리 창출 등의 긍정적인 변화뿐만 아니라, 일자리 감소 등의 부정적인 변화 등 전반적인 사회체계에 큰 영향을 줄 것이다.

1. On Demand 경제 부상

'고객이 왕'이라는 말을 많이 들어보았지만, 현재 실질적인 왕은 공급자였다. 기업은 고객에 대해서 잘 알지 못했기 때문에 대량으로 제품을 만들어놓고, 고객은 기업이 만들어놓은 제품에 대해서 선택을 하였을 뿐이다. 하지만 4차 산업혁명으로 인하여 더 이상 생산자가 아닌 고객이 중심이 되는 서비스

체제가 부상하게 될 것이다. 인공지능이 공장 기계들을 통제하게 된다면, 부품 하나까지 고객이 원하는 대로 생산이 가능해지게 될 것이며, 3D 프린터의 발달을 통해 대규모 공장이 필요 없이 즉시 물건 생산이 가능해짐으로써 저렴한 가격으로 1인 맞춤 생산이 가능해질 것이다.

[그림 9-1] 주요국의 4차 산업혁명 대응전략 비교

구분	미국	독일	일본	중국
민간과 정부역할	• 민간 주도, 정부지원	• 민간 주도, 민관 공동	• 민관 공동 주도, 공동 실행	• 정부 주도, 민간 실행
거버넌스	• 민간 컨소시엄 민관 파트너십	• Platform Industry 4.0(정부 · 기업 · 학계)	• 4차 산업혁명 관민회의(정부 · 기업 · 학계)	• 정부
핵심전략	• AMP 2.0 (2013.9월)	• Industry 4.0 (2011.4월)	• 4차 산업혁명 선도전략 (2016.4월)	• 중국 제조 2025 (2015.5월)
특징	• 기술과 자금을 보유한 기업 주도 • 제조업 중심	• 제조업과 ICT 융합 • 프라운호퍼 연구	• 기술, 인재육성, 금융, 고용, 지역 경제 등 종합대응	• 제조업 발전을 통한 경쟁력 제고 • 규모의 경제가 가능한 내수시장
한계	• 일자리, 소득분배 등 다양한 파급영향에 대한 종합적 대응	• 제조업 중심에서 경제전반으로 기술발전의 시너지 제고 필요	• 사회구조적 과제 해결이 쉽지 않고 재정여력 악화 등 정부지원 지속의 한계	• 기술향상뿐만 아니라 사회 전반 시스템을 동시에 해결해야 하는 상황

출처: 제4차 산업혁명 – 주요국의 대응현황을 중심으로('16.08.18), 한국은행, 수정인용

2. 공유 경제(Sharing Economic)의 부상

공유 경제는 디지털 플랫폼이라는 거래중개인을 바탕으로, 거래 당사자들이 제품과 서비스를 소유하지 않고 이용할 수 있다. 디지털 플랫폼은 자동차의 빈 자리, 집의 남는 방, 거래 중개자, 배달이나 집수리를 위한 기술 등과 같이 충분히 활용되지 못한 자산들을 효율적으로 사용하도록 만들어, 서비스를

여 기대 수명이 늘어날 것이며, 사람이 투입되기 위험한 환경에 무인시스템 도입 및 빅데이터 활용을 통해 범죄예측 모델 활용 등으로 국방과 치안 서비스가 강화될 것이다.

8. 결론

4차 산업혁명은 더 이상 먼 미래의 이야기가 아니며, 조금씩 우리의 삶에 스며들고 있다. 이러한 변화의 속도는 점점 가속화될 것이다. 4차 산업혁명은 우리의 삶의 질을 향상시키는 긍정적인 결과도 가져오겠지만, 인간 소외, 노동의 양극화 등의 부정적인 결과도 가져올 수 있다. 이러한 변화에 대비하여 구체적인 전략을 도출하여야 하며, 주도적으로 4차 산업혁명을 이끌어 새로운 도약의 기회로 삼아야 할 것이다.

4차 산업혁명의 선두주자는 미국이며, 미국 IT 대기업인 구글, 아마존, 페이스북, 애플 등 4개 기업의 시가총액은 1조 달러 이상이다. 이러한 거대기업들이 앞으로 4차 산업혁명을 이끌어가며 새로운 시대에는 소기업들에게도 기회가 생길 것이다. 독일은 4차 산업혁명에 잘 대비하고 있는 국가이며, 중국도 4차 산업혁명에 잘 대비하고 있다. 중국정부는 독일의 인더스트리 4.0을 교훈삼아 '중국제조 2025 행동세계화'를 실시하기로 했다.

4차 산업혁명 관련 산업인 가상현실, 자율주행차, 로봇 등의 분야에 진출한 여러 기업들이 이미 이익을 내고 있다. 아마존은 로봇 시스템을 판매하고 있고 최근 30분 내에 상품배달을 하는 드론도 개발했다. 일본 소프트뱅크(SoftBank)가 개발한 페퍼(Pepper)는 인간과 대화할 수 있고, 가족사진을 촬영하거나 스마트폰과 연동해 메시지를 보내는 로봇이며, 2015년 8월 29일에 페퍼를 판매하기 시작했는데 판매 개시 1분 만에 초판물량 1천 대가 모두 팔릴 정도로 4차 산업 제품은 인기를 끌어 미래가 밝다.

제1절 4차 산업혁명의 파급효과

골디락스(Goldilocks)와 금융위기 이후 세계경제는 3%대 성장이 지속되는 뉴노멀(The New Normal) 시대에 봉착해 있다. 선진국 경제는 2%대, 신흥국 경제는 4%대 전후의 저성장 기조가 유지될 전망이다. 노동과 기술수준, 투자와 근로자 수 등을 종합한 글로벌 총소요생산성(TFP) 증가율 하락이 저성장 기조의 주요 원인으로 2010년 1.9%를 기록한 이후 2014년에 -0.2%로 하락세를 지속하고 있으며, 동기간 신흥국과 선진국의 총소요생산성(TFP)도 각각 2.1%, 1.5%에서 -0.2%, -0.7%로 하락하는 등 성장 동력 약화로 저성장세가 지속되고 있다.

〈표 10-2〉 2015-2020년 직업별 순고용 증감 현황

순고용 감소		순고용 증가	
사무/행정	-4,759	사업/재정 운영	492
제조/생산	-1,609	경영	416
건설/채굴	-497	컴퓨터/수학	405
디자인/스포츠/미디어	-151	건축/엔지니어링	339
법률	-109	영업/관련직	303
시설/정비	-40	교육/훈련	66

출처: World Economic Forum

이와 같은 4차 산업혁명의 도래에 있어 스위스 최대 은행 UBS는 세계경제포럼(WEF)에서 노동시장의 유연성, 기술수준, 교육수준, 인프라 수준, 법적 보호 등 5개 요소로 4차 산업혁명에 가장 적응할 수 있는 국가들을 평가하였다.

노동시장, 교육, 인프라, 법률체제 등의 측면에서 비교적 유연한 선진국이 높은 평가를 받았으며, 신흥국은 저숙련 노동자 중심의 일자리 구조, 기술 인프라 부족에 따른 고용창출 한계 등의 이유로 낮은 결과를 보였다.

국가별로는 스위스, 미국, 일본, 독일 등이 상위권을 보였으나, 한국은 세계 25위에 불과한 것으로 평가되었다.

〈표 10-3〉 4차 산업혁명을 준비하기 위한 5대 요소별 국가순위

순위	국가	노동시장 유연성	기술수준	교육시스템	SOC수준	법적 보호	전체
1	스위스	1	4	1	4.0	6.75	3.4
5	미국	4	6	4	14.0	23.00	10.2
12	일본	21	21	5	12.0	18.00	15.4
13	독일	28	17	6	9.5	18.75	15.9
25	한국	83	23	19	20.0	62.25	41.5
28	중국	37	68	31	56.5	64.25	55.6

출처: UBS

결론적으로, 4차 산업혁명 혜택을 최대화하기 위해서는 선진국의 경우 노동시장의 유연성이, 개발도상국은 법과 제도적 문제 등을 개선해야 하는 것이 핵심이다.

2. 노동시장 변화에 대한 대비

'4차 산업혁명' 등장으로 새로운 기술을 적용한 미래 산업구조 및 노동시장 변화에 대한 대비가 다음과 같이 필요할 것으로 보인다.

첫째, 중장기적 비전이나 전략 수립 시 4차 산업혁명을 고려한 미래 변화 예측 노력이 필요하다.

둘째로, 사물인터넷, 인공지능 등 4차 산업혁명을 주도할 기술 시장 선점을 위한 선제적 대응체계가 필요하다.

셋째는, 4차 산업혁명에 따른 미래고용 전반과 필요한 직무역량의 변화에 대해 개인 및 기업, 정부의 선제적 대응책 마련이 필요하다.

넷째로, 기업들은 공유경제 및 온디맨드 경제 등의 기술 기반 플랫폼 사업에 대해 포괄적 시각과 장기적인 관점에서의 전력 마련이 필요하다.

마지막으로, 기업경쟁력 강화를 위해서 정부가 우선적으로 규제 및 세제 등의 측면에서 기업 친화적 방식으로 전환하여 투자 효율성을 향상시켜야 한다.

제2절 4차 산업혁명의 미래사회

1. 서론

인공지능(AI), 로봇공학, 빅데이터, 사물 컴퓨터, 융합생물학, 초연결성 시스템 등의 기술과 과학발전으로 전개될 제4차 산업은 인간이 지금까지 경험하지 못한 미지의 세계로 인도할 것이다. 먼저 제4차 산업의 기술 발달과 차별성을 제1, 2, 3차 산업과 비교하여 설명하였다. 또 제4차 산업의 핵심기술인 물리학 기술(무인운송수단, 3D 프린팅, 첨단 로봇공학, 신소재)과 디지털 기술, 생물학 기술을 고찰하였다.

나아가 제4차 산업혁명이 가져올 산업경제 사회의 밝은 면과 어두운 면을 고찰하였다. 제4차 산업혁명도 앞선 1, 2, 3차 산업혁명과 마찬가지로 기술발전의 결실로 편리하고 풍요로운 경제성장을 이룩하여 인류 삶의 질을 향상시킬 것이지만, 기술 수준에 따른 직업의 양극화 현상, 소득 수준의 격차로 인한 사회 불안정과 갈등 심화, 정보의 비대칭과 비인간화가 전개될 것이다. 이를 해소하고 진정한 휴머니즘을 실천하기 위해서는 감성(상황맥락, 정서, 영감, 신체)을 중시하고, 인간에 대한 신뢰와 협력을 회복하여 권력의 분권화와 교육제도 개선, 복지 정책이 수립되고 실천되어야 한다.

인간의 미래는 어떤 모습일까? 최신의 스마트폰이 3개월도 제대로 사용하지 못하고 신제품이 출시되며, 다양한 기능이 추가되어 사용법을 제대로 익히지 않으면 10%도 제대로 활용하지 못할 만큼 기술이 날로 급속하게 발전하고 있다. 기술과 도구의 발전은 단순히 삶의 생활변화뿐만 아니라 사회 전반적인 산업구조, 경제구조, 정치구조, 문화, 군사적 힘의 불균형과 외교안보 문제 등 모든 사회구조를 변혁시키고 있다.

그런 변화가 건설적인 혁신이든, 파괴적인 혁신이든 우리의 삶에 미치는 영향은 엄청나며 이런 점에서 사회변화의 속도는 천천히 변화는 진화가 아니라 급격하게 변화하는 혁명이다. 인공지능(AI), 로봇공학, 빅데이터, 클라우드, 사이버안보, 3D 프린터, 공유경제, 블록-클러스터 체제 등이 주요 산업의 기술인 4차 산업의 발전도 역사 이래 가장 급속하게 변화시키는 혁명의 과정이다. 역사는 과정이며 흐름이고 미완성이다.

인간은 원시사회부터 삶의 질을 향상시키기 위해 기술과 도구를 발전시켜왔다. 그 결과 획기적인 생산력과 삶의 질에 획기적인 변화를 가져와 1, 2, 3차 산업혁명을 거쳐 지금은 드디어 선진국들이 제4차 산업혁명이 상당히 진행되고 있으며, 중진국이나 후진국들도 4차 산업혁명의 태동과 진입을 맞이하고 있다. 이런 점에서 우리나라도 예외일 수는 없다. 우리의 일상생활이 알파고, 무인자동차, 드론, 빅데이터, 웨어러블(Wearable) 컴퓨팅, 주머니 속 컴퓨터 등이 실용화되어 일상화가 곧 도래될 미래일 것이다.

이런 점을 고려하여 본 보고서에서는 1, 2, 3차 산업혁명과 4차 산업혁명의 차이점과 개념을 먼저 알아보고, 4차 산업혁명이 가져올 미래 산업사회의 구조를 고찰한다. 나아가 4차 산업혁명의 기술적인 사례와 기술이 우리 사회에 미칠 영향, 즉 산업혁명의 밝은 사회모습과 어두운 사회모습을 살펴보고, 그 극복방안은 무엇인지 살펴보고자 한다.

2. 산업혁명의 역사적 변천

이 장에서는 기술발전으로 우리 생활의 변화를 가져온 제1, 2, 3차 산업혁명을 간략하게 알아보고 제4차 산업혁명에 대하여 고찰하고자 한다. 우리는 깜작 놀랄 정도로 날로 발전하는 기술혁신의 시대에 살고 있다. 소프트웨어 기술에 바탕을 둔 초연결성 사회로 그 영향력의 규모와 변화의 속도, 깊이는 이전의 산업혁명과는 차원이 다른 양상을 가져오고 있다.

제1차 산업혁명은 18세기 후반에 시작되어 기계의 발명과 기술의 혁신에 의해 야기된 산업 모습의 큰 변화와 이에 따른 사회, 경제적 변화를 의미한다. 특히 제1차 산업혁명은 영국을 중심으로 일어나, 석탄과 철을 주원료로 삼고 면직물 공업과 제철 공업 분야의 혁신을 핵심적인 과제로 삼았다(이안태, NAVER백과, (주)신원문화사).

제2차 산업혁명은 1870년대 이후 유럽 및 미국에 걸쳐 일어나, 석유와 철강을 주원료로 삼고 화학공업과 전기공업 등 새로운 공업 분야를 중심으로 이루어져 20세기를 전후하여 산업의 중심이 경공업에서 중화학 공업으로 전환된 것이다. 산업구조가 소비재 산업인 경공업 중심에서 부가가치가 큰 생산재 산업인 중화학 공업으로 변화되었다.

더불어 자본주의 발전과 관료제의 발전, 효율성과 경제성을 검토하는 산업의 합리적 관리와 경영제도가 발전하였다. 그 결과 제2차 산업혁명은 자본주의를 고도로 발달시켜 독점 자본주의를 가져왔으며, 제2차 세계대전을 거치면서 군사기술, 전자합성 화학공업 등이 현저하게 발전하였다(이안태 · 이우평, NAVER백과, (주)신원문화사).

제3차 산업혁명은, 제러미 리프킨 교수의 주장에 의하면, 인터넷 기술의 발달과 새로운 에너지 체계(재생에너지)의 결합이 수평적 권력 기반을 가져왔다. 제러미 리프킨 교수는 재생에너지는 모든 사람들이 함께 누릴 수 있는 자원이며, 인터넷은 수많은 사람을 수평적으로 연결하기 때문에 3차 산업혁명은 소유를 중심으로 한 수직적 권력구조를 공유를 중심으로 한 수평적 권력구조로 재편한다고 주장한다. 그는 3차 산업혁명의 대표산업으로 사회적 기업을 언급하고, 주거형태는 주거지와 미니 발전소의 결합(빌딩의 발전소화), 협업경제, 분산 자본주의의 경제구조를 특징으로 삼고 있다(시사상식사전, NAVER백과, PMG 지식엔진연구소, 박문각).

제4차 산업혁명은 인공지능, 로봇기술, 생명과학이 주도하는 차세대 산업혁명을 말한다. 즉 제4차 산업혁명은 인터넷이 이끈 컴퓨터 정보화 및 자동화 생산시스템이 주도한 제3차 산업혁명에서 벗어나 인공지능(AI)이나 로봇을 통해 실재와 가상이 통합해 사물을 자동적, 지능적으로 제어할 수 있는 가상 물리 시스템 구축이 일상화되는 디지털 행성시대를 초래할 것이다(시사상식사전, NAVER백과, PMG 지식엔진연구소, 박문각; 미래사회, 하원규 · 최남희, 2016). 이러한 기술 인프라 생태계가 인간 삶의 질을 획기적으로 향상시킬 것으로 기대된다. 즉 제4차 산업혁명시대는 기존의 일하는 방식이나 소비 형태뿐만 아니라 생활방식 전반에 걸친 혁명적 변화가 가속화되는 시대가 도래할 것이다.

인공지능과 로봇, 빅데이터와 클라우딩, 3D 프린팅과 퀀텀 컴퓨팅, 나노 바이오기술 등이 미래 산업사회 전반에 걸쳐 모든 지식정보 분야에 걸친 놀라운 발전과 변화를 가져올 것이다(슈밥, 2016, 5쪽). 제4차 산업혁명시대는 유비쿼터스 모바일 인터넷, 더 저렴하고 강력해진 센서, 인공지능과 기계학습, 빅데이터를 이용한 의사결정 등이 산업의 특징으로 일상화될 것이다.

이상과 같이 간단히 살펴본 산업혁명의 역사적 과정을 알기 쉽게 도표화하면 다음과 같다.

〈표 10-4〉 산업혁명의 역사적 변천과 제4차 산업혁명

구분	제1차 산업혁명	제2차 산업혁명	제3차 산업혁명	제4차 산업혁명
시기	18세기	19-20세기 초	20세기 후반	2015년 — 미래
특징	증기기관 기반의 기계화 혁명	전기 에너지 기반의 대량 생산혁명	컴퓨터와 인터넷기반의 지식정보혁명—뇌 기능 확장	인공지능을 중심으로 한 디지털 혁명으로 만물 초지능혁명—오감과 브레인의 연계기능 확장
주요 변화	증기기관을 활용한 영국의 섬유공업의 거대산업화 — 동양에서 서양으로 패권이동	공장에 전력이 보급되어 벨트 컨베이어를 사용한 대량생산 보급 — 영국에서 미국으로 패권이동	인터넷과 스마트 혁명으로 미국 주도의 글로벌 IT기업 부상 —패권의 다원화, 연계화	사람, 사물, 공간을 초연결 — 초지능화하여 산업구조, 사회시스템 혁신—도전하고 전략적으로 리드하는 나라가 선도국가로
통신 수단 발달	토지+사람+주소에 따른 물리적 행성	대량생산과 산업화에 따른 물리적 행성	인터넷 발달로 가상공간에 기반을 둔 가상적 행성	사람+사물+공간+시스템의 초연결에 따른 디지털 행성

출처: 하원규, 최남희, 2016년 3월, 이화사회학회 발표문

결론적으로 4차 산업혁명의 시대는 물리적 행성이 인터넷 통신으로 가상공간의 인프라가 구축된 디지털 행성이 될 것이다. 디지털 행성은 원자와 비트의 최적 연계(물리적, 가상적 시스템의 초연결), 사람과 사물, 공간, 시스템의 초연결을 구축하고 물리적 인프라와 가상적 인프라의 초연결과 초지능화로 창조적인 사회구조(초연결화, 초지능화, 초생명화)가 생성될 것이다. 제1, 2, 3차 산업이 인간의 육체적 기능을 확장하였다면, 4차 산업은 인간의 지능을 확장하였다.

3. 4차 산업혁명의 구조

로봇, 인공지능(AI)과 만물인터넷(Internet of Everything) 등을 중심으로 산업을 발전시키는 제4차 산업혁명은 인간의 육체적 노동, 정보의 이동속도와 범위, 지적 노동과 능력의 본질에 혁명적인 변화를 가져오는 산업구조를 창출할 것이다. 이런 점을 중심으로 제4차 산업혁명의 산업구조를 살펴보고자 한다.

먼저 알파고로 대변되는 인공지능(AI)을 살펴보자. 인공지능(AI)은 인간의 지능을 구사하고 있는 것을 컴퓨터로 실현하는 기술이다. 이는 인간의 정보처리 시스템을 모델화한 딥 러닝 알고리즘을 적용한다. 인간의 뇌는 뉴런과 뉴런 간의 연결로 정보를 전달하는 시냅스로 구성되어 있다. 딥 러닝은 바로 이런 뉴런과 시냅스로 이루어진 뉴럴 네트워크를 모델화한 기술이다.

딥 러닝을 탑재한 컴퓨터는 인간의 조건, 특정 사물의 조건을 일일이 프로그램화하지 않아도 된다. 대량의 화상 등 데이터를 컴퓨터에 노출시키면, 그 데이터를 통해 인간과 사물의 조건을 컴퓨터 자신이 획득하여 문제를 처리한다.

인공지능(AI)에 의한 인지화 혁명은 인간의 지적 성장 모델, 즉 인지발달모델(Cognitive Development Model)을 탑재한 로봇이 산업현장과 일상생활에 큰 영향을 미칠 것이다. 이런 로봇은 인간과 같이 자율적으로 인지능력을 발달시켜 지식을 습득하고 그 능력을 축척해 인지능력, 운동능력, 언어, 의미 이해 능력의 향상을 통해 최적화해 나갈 것이다. 이런 인공지능 컴퓨터 산업 및 관련 산업의 범위는 무한할 것이며, 전반적인 산업 구조를 변혁시킬 것이다(하원규, "제4차 산업혁명이 밀려온다", 서울경제, 기획연재, 2016년 6월 7일).

인터넷의 발달로 시간과 공간의 제약을 초월하는 초연결형 사회, 즉 만물지능인터넷이 사회를 주도하는 디지털 행성(Digital Planet)이 탄생될 것이다. 인터넷 혁명 이전 인류의 삶의 원천은 물리적 행성에 한정되었다. 인터넷이 등장하면서 인류는 또 하나의 지구, 즉 사이버 행성을 갖게 되었다. 앞으로 인류는 만물지능인터넷을 통하여 초연결형 산업사회 속에서 삶의 질과 속도를 향상시키고, 물리적으로 존재하는 현실세계와 논리적으로 작동하는 사이버세계의 경계가 사라지는 복합시스템, 즉 산업 간의 물리적 벽을 허물게 될 것이다. 이것은 디지털 세계, 생물학적 영역, 물리적 영역 간 경계가 허물어지는 '기술융합'이 일어난다.

이런 기술융합은 사이버물리시스템(Cyber-Physical System)을 가져온다. 로봇, 의료기기, 산업장비 등의 제품을 뜻하는 물리적 세계와 인터넷 가상공간을 뜻하는 사이버 세계가 하나의 네트워크로 연결돼 직접된 데이터의 분석과 활용, 사물의 자동제어가 가능해질 것이다. 이렇게 되면 현실 세계의 사물은 지능을 갖춘 '사물인터넷'으로 진화하고, 사물이 제품과 서비스가 전자동으로 연결되는 시스템을 갖추게 될 것이다. 제4차 산업혁명의 시대는 사물지능컴퓨터 시대가 되기 때문에 연결성, 지능화, 자동화 시대를 꽃 피우게 된다.

미래 기술혁명은 효율성과 생산성을 향상시켜 '공급자 기적'을 만들어낼 것이다. 운송과 광고, 통신비용이 줄게 되고 물류와 글로벌 공급망이 효과적으로 재편되어 교역비용이 절감될 것이다. 제4차 산업혁명은 수요와 공급을 연결하는 기술기반의 플랫폼 발전으로 공유경제(sharing economic)가 부상하고, 기술기반의 플랫폼을 이용한 다양한 서비스 및 사업모델이 증가하며 창업을 쉽게 할 가능성이 높다.

그렇다면 제4차 산업혁명시대의 산업구조는 어떤 모습으로 다가올까? 제4차 산업혁명시대를 사정권에 넣은 산업구조의 기본형은 독일의 '인더스트리 4.0', 미국의 '산업인터넷', 일본의 '로봇신전략' 등 주요국의 신산업 혁신 플랫폼에서 그 공통속성을 찾을 수 있다. 특히 이들 차세대 산업 플랫폼에서는 견고한 IoT 구축, BD의 체계화, AI 기반 해석, 현실세계로의 피드백 등과 같은 구성요소 간의 선순환 강화모델이 작동함을 알 수 있다. 동시에 본원적으로 제품과 서비스의 융합, 하드웨어와 소프트웨어의 연계, 네트워크와 현실세계의 통합 등의 속성을 갖는다.

예를 들어 GE 등 미국의 거대기업들이 연합전선을 형성하고 있는 '산업인터넷' 플랫폼은 한마디로 클라우드서비스의 범위와 구조를 확대 재생산하는 모델이다. 인터넷상의 정보와 현실세계의 생산설비 · 부품 등에 관한 데이터를 수집하고, 클라우드서버에 데이터를 체계적으로 축적함과 동시에 이들 빅데이터를 인공지능으로 처리해 공장 등의 현장 관리자에게 적절한 조치를 취하도록 지시한다.

이 경우 공장의 생산설비는 클라우드로부터 지령을 받아서 실행하는 저렴한 디바이스가 된다. 인터넷 서비스 플랫폼의 강점을 지렛대로 신산업생태계를 선점하고 자율자동차, 자립형 로봇 등 모든 산업영역으로 확장해 가는 전략이다. 구글, 아마존의 사업확장 전략이 웅변하듯 네트워크에서 현실세계로 접근하는 클라우드 기반산업구조를 확대 재생산한다.

독일의 인더스트리 4.0은 세계 최강의 현장 데이터 기반 제조업 혁신 플랫폼을 구축 및 운용하면서 2020년대 초반에는 사실상의 글로벌 표준화를 도모하고 있다. 전국의 개별 공장 · 제품에서 창출되는 데이터를 기기 간, 기업 간, 공장 간에 공유하도록 하고, 이를 산업현장의 고성능 제조장치로 처리 가능하게 한다. 이 과정에서 전국의 공장이 마치 하나의 가상공장처럼 작동하는 궁극의 제조업 생태계를 지향한다. 제조대국인 독일의 강점인 고성능 설비의 가치를 극대화할 수 있는 산업현장 기반 신산업구조를 완성해가고 있다(하원규, 나라경제, KDI, 2016년 3월호, 31쪽).

제3절 4차 산업혁명의 발전사례

인공지능과 로봇, 빅데이터와 클라우딩, 3D 프린팅과 퀀텀 컴퓨팅, 나노-바이오기술 등 거의 모든 지식 정보 분야에 걸쳐 눈부신 속도의 발전으로 제4차 산업혁명이 일어날 것이다. 제4차 산업혁명의 모든 신기술은 하나의 공통된 특성이 있다. 이것은 디지털화와 정보통신기술을 광범위하게 활용한다는 점이다. 이런 메가트렌드를 염두에 두고, 물리적 기술과 디지털 기술, 생물학 기술을 중심으로 대표적인 사례들을 살펴보고자 한다.

1. 물리적 기술

1) 무인운송수단 : 자율주행자동차와 드론, 트럭, 항공기, 보트를 포함한 다양한 무인운송수단이 등장할 것이다. 이런 운송수단들은 센서와 인공지능의 발달로 빅데이터 분석을 축적하여 사고율을 줄이고 위험 지역의 배달을 활성하고, 다양한 분야에 응용될 수 있다. 무인자율운송수단은 안정성이 강화되고, 업무나 미디어 콘텐츠에 집중할 수 있는 시간의 증대, 환경에 긍정적 영향, 운전의 스트레스와 분노 감소, 노년층과 장애인들의 이동성 용이 등의 긍정적인 효과가 예상되지만, 일자리 감소, 도로 교통 위반의 세수 감소, 자동차 수요 감소, 해킹과 같은 사이버 공격 등의 부정적인 효과도 일어날 것이다.
2) 3D 프린팅 : 이 기술은 입체적으로 형성된 3D 디지털 설계도나 모델에 원료를 층층이 겹쳐 쌓아 유형의 물체를 만든다. 이 기술은 의료, 자동차, 항공우주 산업 등에 활용될 것이다. 앞으로 4D 프린팅도 개발될 것이다. 3D 프린터의 긍정적인 효과는 제품 발달이 가속화되고, 제품 디자인에서 제조까지 사이클이 단축되며, 복잡한 부품의 제조도 쉬워진다. 또 제품 디자인 수요가 증가하고, 교육기관의 학습 효과를 높일 수 있고, 제작, 제조의 권력 민주화가 촉진되고, 새로운 산업 분야가 등장하는 등 여러 가지 면에서 나타날 수 있지만, 부정적인 면은 쓰레기의 발생으로 환경 부담과 산업 일자리의 상실, 저작권 침해, 브랜드와 상품 품질 보장의 어려운 점 등이 거론된다.
3) 첨단 로봇공학과 신소재 : 인공지능과 빅데이터 분석의 발달로 첨단 로봇공학과 가볍고 강한 재생 가능한 신소재가 개발될 것이다. 신소재 개발에는 그래핀과 같은 최첨단 나노 소재 개발이 일어날 것이다. 로봇공학의 발달은 생산, 공급 체인과 물류 과정의 단축과 더 많은 여가선용, 안전한 생산 활동, 생산 '리쇼어링' 등이 발생할 수 있지만, 일자리 감소와 사고 시 책임과 의무

의 불명확성, 해킹과 사이버 사고의 위험성이 증가될 수 있다.

2. 디지털(Digital) 기술

인터넷의 발달로 '사물인터넷'은 상호 연결된 기술과 다양한 플랫폼을 기반으로 사물(제품, 서비스, 장소 등)과 인간관계를 맺고 있다. 이는 수많은 센서들이 내장되어 제조 공정뿐만 아니라, 집, 의류, 도시, 운송망과 에너지 네트워크 분야까지 활용될 것이다. 디지털 혁명은 개인과 기관의 참여와 협업 방식 등에도 영향을 미쳐 생산자와 소비자의 경제형태, 즉 주문형 경제(공유경제)를 변화시킬 것이다.

디지털 기술의 발전으로 정보통신과학이 발전하면 투명성이 증가하고, 개인 간, 그룹 간의 신속한 상호연결성이 늘어나며, 언론의 자유가 늘어난다. 또 정보의 보급과 교환이 빨라지고, 정부가 제공하는 서비스가 더 효율적으로 활용될 수 있는 긍정적인 면이 있지만, 부정적으로는 사생활 침해와 감시의 가능성, 신원 도용, 온라인 괴롭힘과 스토킹, 이익집단 내의 집단사고와 양극화가 증대되고, 부정확한 정보의 광범위하고 급속한 보급, 정부나 집단의 통제로 인한 개인 접근의 차단 등이 증대될 것이다.

3. 생물학(Biological) 기술

생물학, 특히 유전학 연구가 발전되어 인간게놈프로젝트의 완성을 넘어 합성생물학이 발전될 것이다. 이는 인간의 DNA 분석을 통하여 의학뿐만 아니라 농업과 바이오 에너지 생산에도 해결책을 제시할 것이다. 미래사회의 생물학의 발달은 질병치료와 장기 이식 등의 분야에서 탁월한 성과를 낼 것이지만, 윤리적인 문제도 동반되어 논쟁거리를 제공할 것이다. 미래 생물학의 발달은 새로운 농업 생산 기술 발달과 개인 맞춤형 치료요법, 정확하고 신속한 의료처방, 자연에 대한 인간의 영향력 감소, 유전적 질병의 개선과 고통 감소 등 긍정적인 효과를 가져올 수 있지만, 유전자 조작에 의한 동식물, 인간과 환경 간의 생태계 교란, 비싼 치료법으로 사회적 불평등, 사회적 반발과 윤리적 문제, 기업과 정부의 데이터 조작 및 오용 등의 부작용도 발생할 수 있다.

4. 4차 산업혁명이 사회에 미치는 영향

역사 이래로 산업과 사회 시스템이 합리적으로 발전됨에 따라 인간 삶의 질이 개선되고 있다. 제4차 산업혁명도 디지털적, 물리적, 생물학적 영역의 경계가 없어지면서 기술이 융합됨에 따라 인간이 지금껏 경험하지 못한 새로운 시대를 접하게 될 것이다. 제4차 산업혁명시대에 예상되는 미래사회의 밝은 모습과 어두운 모습을 살펴보고자 한다.

1) 밝은 모습

제4차 산업혁명은 앞으로 우리 사회의 경제적, 사회적 구조에 엄청난 변화를 가져올 것으로 예상되지만, 우선 밝은 모습에서는 신기술 개발에 따른 생산의 증가가 새로운 형태의 일자리를 창출할 것이고, 노동생산성의 향상으로 빠른 경제성장이 기대되고 삶의 질이 향상될 것이다.

이동 통신의 발달로 주문자 경제(on demand economy)가 활발히 성숙되어 고객이나 소비자가 원하는 서비스나 제품들은 세계 어디서든지 실시간으로 구매할 수 있어 생활의 질이 높아질 것이다. 또 제품의 질은 빅데이터를 활용하여 품질을 향상시킬 수 있다. 협력을 통한 기술 혁신과 융합 과학의 발달로 새로운 기업 경영 방식(인재주의, 고객중심, 플랫폼 전략, 생산-유통-소비 구조의 초연결성과 파괴적 혁신을 통한 다차원적인 기업 간 협력, 산업 융합 등)이 등장할 것이며 생산성이 향상될 것이다.

지금은 저성장 경제시대이지만, 신기술의 발달로 BT, NT, IT의 분야 중심의 과학자와 기술자 등의 새로운 직업군이 생겨날 것이고, 디지털 혁명이 일어나면 한계 생산 비용이 0에 가깝기 때문에 '한계체감의 법칙'이 적용되지 않는 놀라운 경제성장을 가져올 수 있다.

제4차 산업혁명의 합성생물학의 발달로 인류는 더욱 건강하고 오래, 보다 더 능동적인 삶을 살 수 있게 된다. 합성생물학은 게놈 정보의 분석으로 질병과 장기이식, 유전자 조작과 염기 서열의 변화를 통하여 우수한 인간을 생산하고 수명을 연장시킬 것이다.

디지털 혁명은 생산과 소비의 초연결성을 가져오고, 기업의 파괴적 혁신으로 민첩하고 혁신적인 역량을 갖춘 기업은 연구, 개발, 마케팅, 판매, 유통 부문에서 글로벌 디지털 플랫폼을 활용해 품질, 속도 그리고 가격 개선을 통해 그 어느 때보다 빠르게 거대 기업으로 성장할 가능성이 크다(예를 들면, 알리바바 그룹, 우버테크놀로지 등).

이런 일련의 제4차 산업혁명은 인류를 단순노동에서 해방시킴으로써, 좀 더 창의적이고, 새로운 서비스에 집중할 수 있는 기회를 제공할 것이다. 인류는 과거에는 해결하지 못한 문제점들을 인공지능 등에 맡기고, 미래지향적인 업무에 종사할 수 있을 것이다. 전체적으로 인류에게 고품질의 제품과 서비스를 제공함으로써, 많은 사람들에게 즐거움과 행복을 안겨줄 것이다.

2) 어두운 모습

양극화 현상, 승자가 전부 차지(부의 편중현상), 권력 관계, 새로운 교육제도 등 제4차 산업혁명이 지속된다면 고도의 과학기술을 요구하는 고급인력이 더 필요하지만, 중간 정도의 숙련을 가진 인력의 필요성은 감소할 것이다. 그리고 저급한 기술을 가진 육체적인 노동력의 수요를 필요로 하여, 노동시장의 양극화 현상이 일어날 것이다(슈밥, 2016 : 65-77쪽).

이런 면을 고려한다면 앞으로 사라질 직업군과 계속적으로 지속될 새로운 직업군의 현상이 나타날 것이다. 향후 인공지능이 대체할 수 없는 감성이 높은 직업군만이 살아남을 것이다. 그 결과 개인의 소득 격차는 점점 더 양극화될 수 있고, 사회적 불안, 대규모의 이주 현상, 폭력적 극단주의자들의 등장으로 국가 발전을 저해할 수 있다.

앞으로의 고용시장이 교육받은 숙련된 노동자를 필요로 함으로써 상대적으로 교육을 덜 받은 노동자들이 불이익을 받거나, 구조조정의 칼날 아래 놓일 확률이 높아질 것이다. 기계가 사람을 대체하면서 우려되는 노동시장의 붕괴, 기술격차 확대에 따른 계층 간, 국가 간, 지역 간의 불균형 초래 등 부정적 요소들도 존재한다.

예를 들어 로봇, 인공지능 등이 노동의 자동화를 이끌면서 '화이트컬러'의 일자리를 위협할 것이며, 2015년부터 2025년까지 로봇 · 인공지능 · 유전공학 등의 기술변화로 710만 개의 일자리가 사라지고, 200만 개의 일자리가 생기는 등 결과적으로 510만 개의 일자리가 사라지게 될 것이라 예측하고 있다. 더욱이 향후 노동시장은 '고기술 · 고임금'과 '낮은 기술 · 낮은 임금' 간의 격차가 커질 뿐만 아니라 일자리 양분으로 중산층의 지위가 축소될 가능성이 크다고 경고하고 있다. 이러한 노동시장과 사회계층 간의 양극화를 해소하기 위해서는 교육제도와 사회복지제도에 대한 새로운 대안들이 마련되어야 한다.

이런 점을 감안하여 우리 정부도 노동시장의 재편에 대비하여 노동시장의 유연성을 제고하고, 구조적 실업 해소를 위한 산업인력의 재교육 시스템을 새로이 구축하는 일이 중요하고도 시급한 과제가 아닐 수 없다. 차세대산업에 필요한 고급인력을 양성하기 위한 기초과학 육성 방안을 수립하고, 산학연 연계 인재양성 프로그램을 마련하는 일도 서둘러야 할 것이다. 마지막으로 제4차 산업혁명으로 인해 심화될 것으로 예견되는 계층 간, 지역 간의 빈부격차를 해소하고 사회적 불평등을 최소화할 수 있는 사회적 시스템을 보완하는 일에도 많은 노력을 기울여야 할 것이다.

따라서 제4차 산업혁명에 대응하기 위해선 노동시장의 유연성 개선, 법적 인프라 구축, 교육시스템 개선, 기초과학 육성 등의 노력과 지원정책이 필요하다. 첫째, 노동시장의 부족한 고숙련 일자리 수요 충족을 위해 기존 인력의 재교육 및 장기적으로 교육시스템의 유연성 개선, 산학연 합동 프로그램 등 인재양성 정책이 필요하다. 둘째, R&D 투자 효율성 확대를 통한 고부가가치화, 기술경쟁력 제고, 소재 및 부품산업 육성 등의 전략을 마련해야 한다. 마지막으로, 글로벌 산업 재편에 대응하기 위해 국가 차원의 신성장동력 산업 육성, 제조업과 서비스산업 융합, 해외 M&A 활성화 등의 전략이 필요하다.

또 새로운 디지털 미디어의 등장으로 사회 공동체의 개인적, 집단적 구상이 주도하고 있다. 개인은 미디어의 발달로 사생활이 공개되어 침해될 수 있지만, 집단적으로 뭉쳐 권력을 얻을 수도 있다. 이런 점에서 개인은 사회적 네트워크를 통하여 사회적, 경제적, 문화적, 정치적인 면에서 경계를 초월하여 자신의 목소리를 내고 토론과 의사결정 과정에 참여할 수 있다. 그러나 개인은 정보의 집중화를 통하여 정부와 기업, 이익집단에서 소외되는 현상이 나타난다. 즉 권력 잃은 시민 현상이 나타난다.

3) 사회에 미치는 영향

제4차 산업혁명은 인공지능, 로봇, 빅데이터, 기술 융합으로 사이버- 실물세계가 연계 시스템을 갖는 디지털 행성을 형성하게 될 것이다. 이런 제4차 산업혁명은 지금까지 우리가 경험하지 못한 변혁의 속도와 깊이, 범위를 제공하여 인류 삶의 질을 향상시키는 긍정적인 결과도 가져오겠지만, 복잡한 기술 습득과 정보 소유의 양극화로 낡고 시대에 뒤떨어지는 산업과 직업의 소멸 및 새로운 산업과 직업의 탄생을 예고한다.

즉 노동의 양극화를 가져올 것이며, 그 결과 소득과 부의 사회적 불평등을 심화시킬 것이다. 이런 점에서 정부는 미래사회에 대비한 학교교육뿐만 아니라 산업교육, 평생교육 등 전반적인 면에서 교육제도의 개편과 복지 정책의 실현이 중요하다.

반복적이고 기능적인 산업이나 일상생활은 기계화, 지능화, 자동화로 이루어져 비인간화가 초래될 것이다. 그렇다면 비인간화를 어떻게 극복할 것인가. 과학이 아무리 발전하더라도 인간에 대한 신뢰와 협력을 이끌어내는 데는 감성적인 면이 매우 중요할 것이다. 파괴적인 혁신과 인간다운 삶을 위해서 상황 맥락 정신과 정서지능(마음), 영감지능(영혼), 신체지능(몸)의 조화가 필요하다. 다중이해관계자들이 인간의 신뢰와 협력을 이끌어내는 것만이 인간성을 회복하고 사회적 갈등을 최소화할 수 있을 것이다.

마지막으로 생명과학 및 기술의 발달에 대한 윤리적 문제와 정보의 공유 및 집중화로 의사결정 면에서 권력의 재편이 일어날 것이다. 이런 면에서 과학기술도 본질적으로 인간을 위한다는 휴머니즘 정신에 기반을 두고 윤리문제를 해결해야 할 것이며, 국가나 기업이 정보를 독점하거나 왜곡시켜 악용하는 문제를 방지하기 위해서 다중지배의 사회 형태나 사이버크라시(Cybercracy)가 달성되어야 할 것이다.

제1절 국내외 4차 산업혁명 정책동향

스위스 최대 은행 UBS는 세계경제포럼(WEF)의 4차 산업혁명 기본요소를 바탕으로 노동시장의 유연성, 기술수준, 교육수준, 인프라 수준, 법적 보호 등 5개 요소로 분류, 국가별 4차 산업혁명 대응수준을 평가하게 된다.

한국은 노동시장, 교육, 인프라, 법률체제 등의 측면에서 비교적 유연한 선진국으로 평가를 받았으며, 개발도상국은 저숙련 노동자 중심의 일자리 구조, 기술 인프라 부족에 따른 고용창출 한계 등의 이유로 낮게 평가되었다. 그 외 스위스, 미국, 일본, 독일 등이 상위권에 있고, 한국과 중국은 각각 25위, 28위를 기록하였으며 한국은 4차 산업혁명 대응을 최적화하기 위해 노동시장 유연성을 개선하고 제도적 문제 등의 개선이 필요하다.

1. 국내

한국은 4차 산업혁명에 선제적으로 대응하기 위해 총괄조직으로 대통령 직속 '4차 산업혁명위원회'를 2017년 9월에 신설하였다. 동 위원회는 '범부처 4차 산업혁명 대응 추진계획 수립'을 통해 관련 플랫폼 구축과 기술개발 등 과학기술정책을 적극적으로 수행해 나갈 것이다. 과학기술 혁신, 초지능과 초연결 기반 구축을 통한 전산업의 지능화, 역동적 4차 산업혁명의 생태계를 조성하고 신산업성장을 위한 규제개선 및 제도를 정비하고 4차 산업혁명에 대응하는 선제적인 사회혁신, 교육혁신, 공공혁신 등을 추진하기로 하였다.

정부는 세계적 수준의 인공지능 기술 확보를 위한 핵심 원천기술 개발을 강화하고 차세대 사물인터넷 기술 개발을 지원하는 등 4차 산업혁명 선도 기반 구축과 미래 신산업 육성을 위한 투자확대를 결정하였다.

과기정통부는 2018년에 중점적으로 투자되는 분야는 4차 산업혁명 선도 기반 구축, 과학기술 미래역량 확충, 과학기술 혁신 생태계 조성 등으로 우선하여 4차 산업혁명 선도 기반구축을 위해 1조 1756억 원의 예산을 책정하였다. 세계적 수준의 인공지능(AI) 기술 확보를 위한 핵심원천기술 개발을 강화하고 차세대 사물인터넷(IoT), 블록체인 원천기술 개발을 지원하는 등 지능정보기술 확보를 위한 투자를 확대한다.

4차 산업혁명에 대응하는 인프라 구축을 위해 10기가 가입자망 상용화 및 소프트웨어(S/W) 기반 지능형 네트워크 구축을 지원하고, 자율주행차 등 5G 융합서비스 시험사업을 추진하고 빅데이터 산업의 경쟁력 강화를 위한 지원도 확대한다. 과학기술과 ICT를 활용한 민생치안 문제해결을 위해 리빙랩(Living-Lab) 방식의 폴리스랩 사업을 도입하고 실종아동 등 신원확인을 위한 인지기술 개발도 추진할 계획이다(정보통신신문, 2017년 9월 4일, 3면).

급격한 기술 변화 등에 대응하여 다양한 산업 및 과학기술정책들을 추진 중이다. 창조경제 구현을 위한 제조업 3.0 전략에서 독일의 스마트 팩토리 등에 대응하여 제조업 공장 1만 개의 스마트화 추진('14.06, 산업부)과 과학기술 · ICT를 바탕으로 신산업 발굴 및 일자리 창출을 위한 '미래성장동력종합실천계획'을 수립('15.03.)하였다. 또한 9대 국가전략 프로젝트를 선정하여 미래성장동력의 조기가시화를 위한 정책적 지원을 강화하고 있다.

국가 데이터/공공 데이터/지자체 데이터를 공개하고, 신산업에 대한 규제 철폐 또는 완화하여야 하며, 세계의 글로벌한 움직임에 동참하여야 한다. 또한 제품 생태계 구축을 위한 진취적 노력과 국제적 산업 고도화에도 동참하여야 하고 기업과 대학은 연구 개발을 활성화하고 융합교육으로 인재를 양성하여야 한다. 자료에 의하면 4차 산업혁명을 준비하기 위한 국가순위는 현재 한국은 4차 산업적응 순위가 25위(스위스 금융그룹 조사)이다. 그러나 한국은 정보통신 인프라가 우수하고 정부의 강한 지원정책이 준비되어 곧 순위가 상승할 것으로 기대한다.

이제4차 산업혁명은 우리 눈앞에 있는 것이 아니라 이미 생활 속에 자리하고 있다. 그 물결에 대책 없이 떠밀리면, 수면 아래로 가라앉을 수밖에 없다. 행정부는 대책을 마련하고, 국회는 활성화할 수 있는 관련법을 시기적절하게 만들어야 한다. 4차 산업혁명의 물결에 뛰어들어 적극적으로 대처해 가는 정책만이 그 속에서 살아남을 유일한 방법이다. 정부와 국회 및 산업계, 경제 주체들이 그 해법을 찾는 과정에서 미국, 독일 등 선진국의 진행 사례와 과학기술계 교수나 연구원들의 의견을 경청하며, 파도와 같이 밀려오는 4차 산업혁명시대를 세계의 선두에서 이끌어야 한다.

2. 미국

1) 트럼프 대통령의 ICT융합 정책

미국 트럼프 행정부는 ICT 정책의 많은 우려 속에서도 국가 주도의 R&D는 지속적으로 추진하고 있으며 민간과 협력하여 4차 산업혁명에 대비하고 있다. ICT 거버넌스 체계 아래 수많은 정책 검증과 예산 연계를 통해 발전하고 있는 미국의 ICT분야는 우리나라 정책에 많은 시사점을 주고 있다.

2) ICT 플랫폼의 강점과 자금력 보유한 민간 주도

기존 ICT 플랫폼의 강점과 자금력을 보유한 민간 주도로 4차 산업혁명을 선도하며, 정부도 다양한 지원책을 적극 추진 중에 있으며, 글로벌IT 기업(구글, 페이스북 등)들이 플랫폼을 선점하고, 제조 문화 콘텐츠 등 타 산업과 융합하면서 창조적 부가가치를 창출하고 있다. 구글은 2001년부터 인공지능 분야에 280억 달러(연평균 20억 달러)를 투자하여 독자적 플랫폼을 개발하는 등 AI분야를 주도(AlphaGo 등)하고 있으며, 산업인터넷 컨소시엄은 산업의 사물인터넷 주도권 확보를 목적으로 220개사가 참여하여 GE가 이끌고 있다.

미국 정부는 2011년 이후 제조업의 경쟁력 강화를 중심으로 기술개발과 투자를 위한 기본 전략을 지속적으로 추진하여 대통령 주도하에 선진제조산업의경쟁력 강화를 위한 민 · 관 · 학이 모두 참여하는 Advanced Manufacturing Partnership(AMP)을 구축하고 혁신역량 강화, 인재 양성, 기업여건 개선 등 3개 분야를 중심으로 선진제조업 경쟁력 강화전략방안을 마련하고 있다. 기존 AMP 정책에 고용창출, 경쟁력 향상, 특히 중소기업의 참여를 보완한 정책을 추진하고 있으며 개별 기업차원에서 접근하기 힘든 분야를 지원하고 있다.

정부와 민간이 연계하여 제조산업과 관련된 다양한 이슈들을 해결하고, 효과적인 제조업 연구기반을 설립하기 위해 NNMI(the National Network for Manufacturing Innovation)를 구축하였고 IIC(Industry Internet Consortium)는 미국의 민간기업 5개 GE, AT&T, 시스코, IBM 인텔이 중심이 되어 설립했으며 정부가 적극 지원하여 현재 160개 이상의 조직이 참여하여 운영하고 있다.

3. 독일

1) 독일에서 설계하는 4차 산업혁명

2016년 4월에 개최된 독일 하노버 산업박람회는 독일 4차 산업혁명의 시작과 확산을 지원하는 플랫폼 역할을 하였다. 독일의 4차 산업혁명은 독일 정부의 적극적인 정책 지원에서 탄생하였고, 지속적인 정책지원으로 진화하고 있다. 먼저 기술발전이라는 초기 1단계에서는 사물인터넷, 표준화된 네트워크를 판매하고 2단계에서는 주문에 따른 유연한 생산, 생산기획과 관리부서의 정보공유, 서로 다른 시스템의 상호 호환성 등이 주된 목표다. 제3단계는 일자리 창출과 새로운 비즈니스 모델 및 연구 개발을 정부가 지원하는 단계다. 정부 정책은 기술발전과 4차 산업혁명의 목표를 연결하는 인프라를 제공한다.

'하이테크 2020' 전략에서 제조업 생산체계와 ICT 융합을 통한 제조업고도화 프로젝트인 '인더스트리 4.0'을 추진하고 있다. 다양한 ICT 기술이 융합 적용되는 스마트 공장을 구축하여 제조분야와 관련된 모든 산업에 활용하는 것을 목표로 추진하고 있으며, 사물 서비스 간 인터넷 기반위에 최적의 제품을 제조하는 제조 플랫폼인 사이버-물리 시스템(CPS) 구축을 핵심요소로 추진하고 있다. 대기업과 중소기업의 협업 생태계를 구축하고 제품개발 및 생산공정 관리의 최적화와 플랫폼 표준화 등을 추구하며 다양한 분야의 관계자가 참여할 수 있는 환경 마련을 위해 '인더스트리 4.0플랫폼'을 출범하였다.

사실 4차 산업혁명 하면 제조업의 주도권을 회복하기 위해 유럽에서 촉발된 이슈다. 독일에서는 일자리를 늘리고 제조업을 복원하기 위한 전략으로 4차 산업혁명이 시작되었으며, 그 결과 생산성을 극대화하면서도 실업률은 극적으로 낮추는 등 제2의 경제기적을 이루고 있다. 독일 4차 산업혁명 주역인 '헤닝 카거만' 독일 '공학아카데미' 회장은 4차 산업 성공은 기업가와 노동자와 정부가 힘을 뭉쳤기 때문에 가능했다고 하였다.

2) 독일 4차 산업혁명의 핵심 전략

현재 강력하게 추진 중인 독일의 4차 산업혁명은 고부가가치 제품과 서비스를 세계시장에 판매함과 동시에, 산업입지 경쟁력 제고로 독일에서 스마트 공장을 가동하려는 것이다. 도심에 스마트 공장을 건설해 이동구간을 줄이고, 가정과 직장을 병행할 수 있게 하려는 것이다. 이는 자국에 스마트한 제조업을 유치하고, 이에 따른 일자리를 창출하기 위한 것이다. 독일은 친환경적인 자원환경과 뛰어난 생산기술로 세계시장에서 선도적인 경쟁력을 갖고자 한다.

사물인터넷을 제조업에 연결시킨 독일 4차 산업혁명의 특징은 다음과 같이 3가지로 구분할 수 있다.

(1) 스마트 서비스를 창출하는 작업이다.
(2) 혁신을 통해 가능하다. 혁신은 자원 생산성을 높이는 경량화, 디지털전환, 부가가치 사슬의 통합이다.
(3) 혁신을 통한 스마트 서비스 제공은 개방형 플랫폼에서 완성된다. 정보공학, 기계공학, 전자공학이 함께 소통하여야 하며, 각자가 전공분야만의 접근방식으로는 새로운 부가가치를 창출하기 어렵기 때문이다.

3) 독일 4차 산업혁명의 비즈니스 모델

4차 산업혁명에서는 인터넷이 제조 사업장 관리와 운영에 활용된다. 인터넷 주소(IP Address)를 가진 각각의 작업공구와 기계설비는 부착된 센서를 통해 주변 상황의 데이터를 수집한다. 사물인터넷으로 작업공구와 기계설비는 서로 소통을 하게 된다. 이렇게 사업장 현장에서는 곧바로 분산형 의사결정이 가능해진다. 중요한 데이터는 자동으로 전달되며, 생산과정의 데이터가 공정절차를 감독하고 필요시에는 바로 수정도 하게 된다.

또한 기계설비 부품들의 운영과 활용상태 등도 상세히 기록된다. 이를 통해 기계설비의 유지보수와 대기시간을 예상할 수 있고, 필요한 부품을 기계설비가 직접 주문할 수도 있다. 장치와 기계 각각의 생산 도구들이 지속적으로 정보를 교환하게 한다.

강점 있는 제조업과 ICT를 융합으로 Industry 4.0의 선도적 추진을 통한 제조 강국의 경쟁력 향상에 노력 중이다. 2000년대 중반 주력산업인 제조업에서 중국 등과의 경쟁이 심화되고 S/W기술을 기반으로 하는 미국 제조업 경쟁력 강화에 대응이 요구되어 독일정부는 2006년부터 "하이테크전략"을 수정 · 보완 · 발전시키면서, 신하이테크 전략을 적극 추진하고 있다.

당초 글로벌 기업(민간) 중심으로 추진해 왔으나 2015년 민 · 관 · 학이 참여하는 "PlatformIndustry 4.0"을 구성하고 민 · 관 공동 대응으로 확대하였으나 Industry 4.0에 대한 중소기업의 인식 부족, 확산 저해 등에 대응을 위해 실용성과 실행력을 강화하는 차원에서 추진주체를 확대하였다.

프라운호퍼는 산업과 학계를 연계한 역할을 수행하는 독일 연구기관이 Industry 4.0 이후 더욱 부각 중이며, 중소기업 등에 혁신 아이디어 제공 등을 지원하고, 연구자가 원할 경우 벤처 창업을 지원하고 있다.

독일 정부는 제4차 산업혁명을 'Industry 4.0(인더스트리 4.0)'으로 추진하고 있으며, 이는 자원 조달부터 기업이 소비자에게 제품을 공급하는 일련의 모든 과정을 포함하여 인더스트리 4.0 플랫폼을 AI, 빅데이터, CPS, IoT 등 앞서 언급된 제4차 산업혁명의 주요 기술들을 포함해 핵심주제를 총 8개 기술분야로 구분하였다. 하이테크 전략 2020이 독일 연방정부 전체의 프로젝트라면, 인더스트리 4.0은 연방정부가 주관부처를 별도 지정하여 핵심적으로 추진하는 형태로 인더스트리 4.0은 독일 교육연구부와 경제 · 에너지부가 주관부처이며, 연방정부는 예산 지원 등의 역할을 수행하고 있다

4. 일본

범부처 전략인 '신산업구조 비전'을 추진하고 '초스마트 사회(Society 5.0)' 구현을 위해 노력하며, 신산업구조 비전 4차 산업혁명에 따른 사회 변화 및 산업구조 재편에 대응하기 위한 범부처 전략을 수립하고 데이터 활용 촉진을 위한

환경정비와 인재를 육성하고 혁신 및 기술개발을 가속화하고 산업구조를 전환하며 지역사회에 IoT 기술을 보급하여 사회시스템 고도화 등의 미래전략을 제시하였다.

인공지능, 로봇 등 기술혁신에 대응하지 않을 경우 2030년까지 735만 명의 고용이 감소하나 산업구조를 개혁하고 규제개선 및 산업 간 융합 제휴 등 선제적 대응을 통해 고용감소가 161만 명으로 축소될 것으로 예측하고 있다. '5기 과학기술기본계획'에서 사이버 공간과 물리적 공간이 고도로 융합된 '초스마트 사회'를 제시하고 공통 플랫폼 구축에 IoT시스템 구축, 빅데이터, AI, 사이버 안전 등 필요한 기술과 새로운 가치 창출을 전략적으로 개발한다.

4차 산업혁명에 대한 국가의 총체적 대응을 통한 변화를 선도하기 위해 일본은 그동안 장기 침체를 극복하고 신성장동력 확충을 위해 정부차원에서 IT 기술 육성에 관한 다양한 정책을 지속적으로 추진하고 있다. 로봇 신전략으로 로봇 강국 위상을 강화하고, 저출산 · 고령화에 따른 생산노동력 감소 등 사회문제의 극복 방안으로 로봇활용 전략을 발표하고 정부차원에서 IoT, 빅데이터, 인공지능, 로봇 등을 활용한 새로운 제조시스템을 구축 지원하고 있다. 또한 경제 · 사회를 근본적으로 변화시킬 것으로 예상하고 이에 대한 대응시책을 지속적으로 발표하며 제4차 산업혁명 민관회의를 구성하여 주요 사안을 결정하도록 하는 등 민 · 관 공동대응의 차원을 격상하였다.

일본 정부는 2015년 일본재흥전략을 보완한 '일본재흥전략 2015'를 보완하여 발표하였으며, 개정된 일본재흥전략 2015에서는 처음으로 제4차 산업혁명에 대한 직접적인 언급을 하였다. 일본 정부는 IoT, 빅데이터, AI로봇 등을 활용하여 새로운 제조 시스템을 구축 · 추진할 것을 언급하였다. 일본 경제 산업성은 '로봇 신전략'을 경제성장의 핵심 전략 중 하나로 보고 있으며, 최근 선진국을 포함한 중국 및 신흥국에서도 로봇 투자가 가속화되고 있기에 이를 견제하고 로봇 강국으로서의 위상을 더욱 견고히 하는 전략적인 의사결정을 하였다.

5. 중국

'제조 2025 전략'을 통한 제조업 고도화와 '인터넷 플러스'를 추진한다. 13차 5개년 계획(2016-2020)에서 IT와 제조업의 융합을 통해 제조업을 고도화하며 '인터넷 플러스' 추진으로 ICT 기술과 경제와 사회 각 분야의 융합을 통한 신성장 동력 창출 목표를 제시하였다. 모바일 인터넷, 클라우드, 빅데이터 등 ICT 기술과 제조업을 결합하여 전자상거래와 핀테크 등을 통해 세계 시장 개척을 추진하고 있다.

중국 정부의 '중국판인더스트리 4.0' 추진을 통해 제조업 혁신능력 향상에 주력하고 있다. 중국은 양적 성장의 '제조대국'에서 질적 성장의 '제조강국' 도약을 위해 '중국제조 2025'는 2025년까지 글로벌 제조 강국 대열에 진입한다는 전략 목표 실현을 위해 5대 중점 계획과 10대 육성산업을 명시하고 있다. '인터넷 플러스'는 2018년까지 인터넷, ICT와 경제 · 사회 각 분야의 융합, 이를 통한 신성장동력창출 등을 위해 4대 목표와 7대 액션 플랜을 제시하였다.

중국은 하드웨어 경쟁력을 바탕으로 대량생산 체제에서 우위를 확보하려 하고 있다. 그래서 소프트웨어와 공정 자동화에 집중적인 투자를 하고 있으며, 단순한 생산을 넘어 새로운 혁신을 꿈꾸고 있다.

제2절 주요국의 4차 산업혁명 혁신정책

다보스 포럼에서 제시한 4차 산업혁명이란 인공지능, 로봇기술, 생명과학이 주도하는 차세대 산업혁명으로 개별 기술 및 산업 간 융복합화에 따른 지능적인 사회를 말한다. 산업적 관점에서 바라본다면, 산업을 주도하는 가치가 과거 '노동력과 규모' 중심에서 '지식과 기술' 중심으로 변화하여 산업의 디지털 전환을 통해 새로운 가치를 창출하는 것이라고 정의할 수 있겠다.

4차 산업혁명을 주도하는 ICBM(IoT, Cloud, Big Date, Mobile/Machine Intelligence) 기술은 변화의 속도를 가속화시키고 산업, 경제, 사회 등 전 분야에 걸쳐 엄청난 파괴력을 발휘할 것으로 전망된다.

INDUSTRIAL REVOLUTION TIMELINE			
1차	2차	3차	4차
증기기관의 발명으로, 기계적인 장치에서 제품을 생산	전기기관의 발명으로 대량생산이 가능해지고, 노동력을 절약	정보통신기술의 발달로 생산라인이 자동화되고, 사람은 생산라인의 점검 및 컨트롤	IoT(사물인터넷)의 발달로 다품종 다량생산 가능. 복잡한 조립 및 가공 또한 센서와 3D 프린팅 기술 등의 발달로 빠른 생산이 가능
1784년	1870년	1969년	오늘날

[그림 11-1] 산업혁명에 따른 미래

1. 독일의 혁신정책

4차 산업혁명 관련 독일의 혁신정책은 인더스트리 4.0(Industry 4.0)과 플랫폼인더스트리 4.0(Platform Industry 4.0)을 들 수 있다. 먼저 인더스트리 4.0은 독일에서 4년마다 갱신하고 있는 '하이테크전략 2020(2010)의 10대 프로젝트 중 하나로 정보통신기술을 활용하여 스마트 공장을 구현하는 것을 목표로 하고 있다. 독일에서는 인더스트리 4.0의 추진을 위해 2억 유로의 자금을 확보, 주요 R&D에 투자하였는데 클라우드 컴퓨팅, 사물인터넷 표준, 스마트그리드, 지능로봇, 임베디드시스템 국가로드맵, 커뮤니케이션 인프라, 위성통신 및 관련분야 전문 인력 양성을 포함하고 있다.

2015년부터 시작된 플랫폼인더스트리 4.0은 기존의 인더스트리 4.0에 대한 반성에서 출발하였나. 기존의 정책이 주로 연구개발 중심으로 이루어져 실질적인 표준화와 실용화가 많이 진행되지 못했다는 판단하에 빠른 표준화, 중소기업의 참여, 보안 강화, 관련 인력 양성 강화 등을 추진하고 있다. 독일의 혁신정책 특히, 플랫폼인더스트리 4.0은 가치사슬에 있어 중소기업의 중요성을 인식하고 직접적인 사업모델과 실용화를 도모하고 있다는 점, 디지털화를 통한 물리적-사이버시스템을 구축하고 관련 인력을 양성하여 쉬운 창업을 위한 인프라를 구축하는 점에 시사점이 있다.

2. 미국의 혁신정책

미국의 혁신정책은 첨단제조파트너십(Advanced Manufacturing Partnership)과 새로운 미국 혁신전략(New Strategy for American Innovation)을 들 수 있다. 첨단제조파트너십은 미국 제조업의 해외유출을 다시 되돌리기 위한 정책으로 추진되었다. 2015년부터 시작된 제4차 산업혁명과 관련된 기술 중심의 9대 전략기회 분야를 선정하고, 정부중심으로 향후 민간이 주도할 혁신환경을 조성하는 것을 목표로 하는 첨단제조, 정밀의료, 두뇌, 첨단자동차, 스마트시티, 청정에너지, 교육기술, 우주, 고성능컴퓨팅을 포함한다. 정부보다는 민간주도의 산업발전을 추구하고 있는 미국의 혁신정책은 대부분 민간이 활동할 수 있는 영역의 인프라를 구축하는 형태로 진행되고 있다. 따라서 향후 몇 년 안에 위와 같은 전략분야에서 유수의 스타트업과 중견기업들의 신제품/신서비스가 개발되게 될 것이다.

3. 일본의 혁신정책

일본은 일본재흥전략과 과학기술 이노베이션 종합전략, 로봇신전략 등을 통해 4차 산업혁명에 대비하고 있다. IoT, 빅데이터, AI, 로봇기술 등을 통해

2020년까지 30조 엔의 부가가치 창출을 목표로 하고 있다. 과학기술 이노베이션 종합전략은 제조시스템을 혁신하기 위한 정책으로 제조관련 모든 데이터를 네트워크 플랫폼으로 구축하고 관리하는 시스템을 구축하기 위한 시도라고 할 수 있다.

로봇신전략의 경우는 로봇강국으로서의 일본의 경쟁우위를 지속하고 IoT기술과의 연계를 통한 사회문제 해결을 목표로 하고 있다. 일본의 혁신정책은 4차 산업혁명 전반을 준비함과 동시에 철저하게 일본이 비교우위를 가지는 부분을 중심으로 집중하고 있다는 점에 시사점이 있다.

4. 중국의 혁신정책

중국은 중국제조 2025와 인터넷플러스 정책을 통해 4차 산업혁명에 대비하고 있다. 중국제조 2025의 경우 제조업의 종합경쟁력을 2025년까지 독일과 일본수준으로 끌어올리는 것을 목표로 하고 있다. 특히, 중국의 많은 하드웨어 기반 스타트업 기업들이 제조 2025에 동참하고 있다. 첨단 공작기계와 농업 장비, 신에너지 자동차, 차세대 IT 기술 등의 분야에 하드웨어 기반 스타트업이 활발히 등장하고 있으며 실적이 나타나고 있다.

인터넷플러스 정책은 중국의 민간기업인 텐센트의 제안을 통해 수립된 정책으로 ICT 기술을 기존 제조업에 적극 융합하고 활용하는 것을 목표로 하고 있다. 중국제조 2025가 하드웨어 중심의 혁신정책이라면 인터넷 플러스 정책은 소프트인프라 중심의 정책이라는 점에서 4차 산업혁명에 대비한 균형 잡힌 전략이라고 볼 수 있다.

결론적으로 앞서 살펴본 주요국의 혁신정책에서 공통적으로 추구하는 바는 물리시스템과 사이버시스템의 업그레이드 및 결합이다. 물리시스템이란 생산현장의 자동화, 센서나 사물인터넷 등을 통한 자동적인 정보 수집을 의미하며, 사이버시스템이란 수집된 데이터를 통합 관리하고 자율적으로 판단하는 것을 의미한다.

물리시스템과 사이버시스템의 결합은 플랫폼에서 이루어지며, 해당 플랫폼을 통해 각 기업의 생산활동은 서로 연계가 가능해진다. 따라서 플랫폼을 잘 활용하는 것은 기존 기업뿐만 아니라 창업가들에게도 매우 중요하다. 특히, 플랫폼에 대한 접근은 거대한 시설이나 공간을 필요로 하지 않고 아이디어를 가진 사람과 관련 소프트웨어 역량을 가진 소수에 의해서도 가능하다는 점에서 기존 기업과 창업기업에 새로운 기회를 제공할 것이다.

제3절 4차 산업혁명 성공을 위한 전략적 정책방안

제4차 산업혁명과 미래사회 변화는 이미 우리의 가시권 안에 들어와 있다. 많은 미래 전망보고서들이 이야기하고 있듯이 정보통신기술(ICT)에 기반한 주요 변화동인으로 인해 기술·산업구조가 변화하고, 일자리 지형이 변화하며, 미래사회에서 요구되는 직무역량도 변화할 것으로 전망하고 있다. 그리고 이러한 변화는 우리 후손뿐만 아니라 수년 내 우리가 직접적으로 직면하게 될 현실이다. 따라서 중·단기적으로는 미래사회 변화에 대응하기 위한 방안을 마련할 필요가 있고, 보다 장기적인 관점에서 미래사회 변화를 주도하기 위한 전략을 수립할 필요가 있다.

1. 4차 산업혁명, 지능정보사회 위해 3D 프린팅 산업에 412억 투자

우리나라는 관계부처 합동으로 '2017년도 3D 프린팅 산업 진흥 시행계획'을 확정하고 신규 수요창출, 기술경쟁력 강화, 산업확산 및 제도적 기반 강화 등에 총 412억 원의 예산을 투입하기로 했다. 이번 시행계획에 따라 3D 프린팅 산업의 새로운 시장수요 창출을 위해 국방·재난 안전 등 공공분야에 대한 단종·조달 애로부품에 대한 3D 프린팅 시범제작 및 현장적용 사업을 추진하였다.

또한 전국의 3D 프린팅 인프라를 활용하여 금속·바이오 제품, 초경량·고강도 탄소소재 제품, 생활 밀착형 제품 등 지역특화산업과 연계된 제작 시범사업을 추진하고, 진료과별 환자 특성에 맞춘 의료용 3D 프린팅 치료물 제작 등 시장 확산을 위한 선도사업도 추진하였다. 특히 3D 프린팅 기술경쟁력 강화를 위해 의료·바이오분야 기술개발, 3D 콘텐츠 모델링 및 해석SW 기술 등 고부가가치 핵심 SW개발, 지능형 소재개발 등 차세대 핵심분야에 대한 기술개발을 지원하고, 중대형 선박 부품, 자동차 내장재, 에너지 발전용 부품, 소형 건축물 등을 제작할 수 있는 3D 프린팅 장비 개발도 지원한다.

아울러 정부는 국제 표준화기구에 3D 프린팅 표준화 분과를 설립하고, 보급형 3D 프린터 유해물질 측정방법, 메디컬 3D 프린팅 파일포맷 방식 등의 신규 표준을 제안하며, 3D 프린팅의 용어, 범주 및 데이터 처리 등에 대한 국가기술 표준을 도입키로 했다. 3D 프린팅 산업 확산 기반을 강화하기 위해 3D 프린팅 제조공정연구센터, 의료기기 제조모델 팩토리를 신규로 구축하고, 중소기업 생산기술 지원을 위한 제조혁신지원센터의 제작기반을 확충한다.

3D 프린팅 기업역량 향상을 위해서는 경영, 마케팅 등 분야별 전문가 풀 구성을 통한 맞춤형 컨설팅을 제공하고, 지식재산권 교육 및 컨설팅을 통해 기업의 글로벌 분쟁 대응능력을 제고키로 했다.

3D 프린팅 국가 기술자격도 신설되며, 산업 분야별 재직자 인력 양성, 초·중학교 현장 활용 수업모델 개발·보급 등을 통해 3D 프린팅 전문인력을 양성하고 현장 교육을 강화한다.

3D 프린팅 산업육성을 위한 제도적 기반 강화를 위해서는 3D 프린팅 장비·소재 신뢰성 평가체계와 의료기기에 특화된 가이드라인 개발 등 3D 프린팅 장비·소재·SW분야에 대한 품질인증 체계도 마련된다. 안전한 3D 프린팅 이용환경 조성을 위한 방안도 마련됐다.

2. 4차 산업혁명에 대비한 범정부차원의 전략 수립

독일, 일본 등 해외 주요국은 제4차 산업혁명에 직접적으로 대응하기 위해 다양한 정책과 전략을 수립하여 추진하고 있는 중이다. 상기 언급된 것처럼 독일은 정보통신기술(ICT)과 제조분야의 융합을 통해 '인더스트리 4.0(Industry 4.0)'(2011.9)이라는 제조업 혁신전략을 이미 추진하고 있다. 이를 통해 '대기업-중소/중견기업 간 협업 생태계 구축', 'IoT/CPS 기반의 제조업 혁신' 및 '제품개발 및 생산공정관리의 최적화와 플랫폼 표준화' 등을 추구하고 있어 단순 생산기술 고도화에만 초점을 맞추고 있지 않다는 점을 알 수 있다.

일본의 경우에는 제4차 산업혁명을 주도하기 위해 '신산업구조비전'(2016.4)을 수립하고 범정부차원의 7대 국가전략을 선정하여 제4차 산업혁명을 성장의 기회로 활용하고 있다. 특히 '신산업구조비전'은 '기술'(데이터 관련 환경정비 등), '산업 및 고용'(산업구조/취업구조 전환 원활화) 및 '인력양성'(인재육성 등 고용시스템 향상) 등 전 분야에 걸친 범정부차원의 제4차 산업혁명 대응전략을 수립하였다.

〈표 11-1〉 '신산업구조비전' 7대 전략의 분야

분야	7대 전략
기술	데이터 활용 촉진을 위한 환경정비, 이노베이션 신기술 개발 가속화
산업 및 고용	산업구조 및 취업구존 전환 원활화
인력 양성	인재육성 등 고용시스템 유연성 향상
사회 및 경제	금융기능 강화, 지역경제 활성화, 제4차 산업혁명을 위한 경제사회 시스템 고도화

출처: 과학기술&ICT 정책 · 기술동향(2016.6) 재구성

이에 우리나라도 제4차 산업혁명에 대비하여 "범정부 차원에서의 국가 혁신전략"을 수립할 필요가 있다. 현재 우리나라도 '차세대 정보 컴퓨팅기술개발사업' 및 '제조업 혁신 3.0전략(산업부)' 등 관련된 사업 및 전략을 추진하고 있으나, 제4차 산업혁명에 따른 미래사회 변화에 대한 국가차원의 거시적이고 체

계적인 대응에는 한계가 있다. 이에 일본 등 해외사례를 참고하여 부처별, 분야별로 단편적 전략 또는 단순 생산시스템 고도화에서 벗어나, 국가 기술 · 산업 · 경제 · 사회 전반 측면에서 제4차 산업혁명에 대응할 수 있는 범정부차원의 혁신전략을 수립할 필요가 있다.

3. ICT 기반의 신성장동력 발굴을 통한 과학기술 경쟁력 강화

미국은 제4차 산업혁명에 대비하는 측면에서 대통령 과학기술자문회의가 8대 ICT 연구개발 분야를 선정 · 제시(2015.8)하였다. NITRD(The Newtwork and Information Technology R&D) 평가보고서를 기반으로 2017년 회계연도 기간 중 중점적으로 채택해야 할 분야로 '사이버 보안', 'IT와 헬스', '빅데이터 및 데이터 집약형 컴퓨팅', 'IT와 물리시스템', '사이버 휴먼 시스템' 및 '고성능컴퓨팅' 등 8개 분야를 선정하였고, 이를 집중적으로 추진하는 중이다.

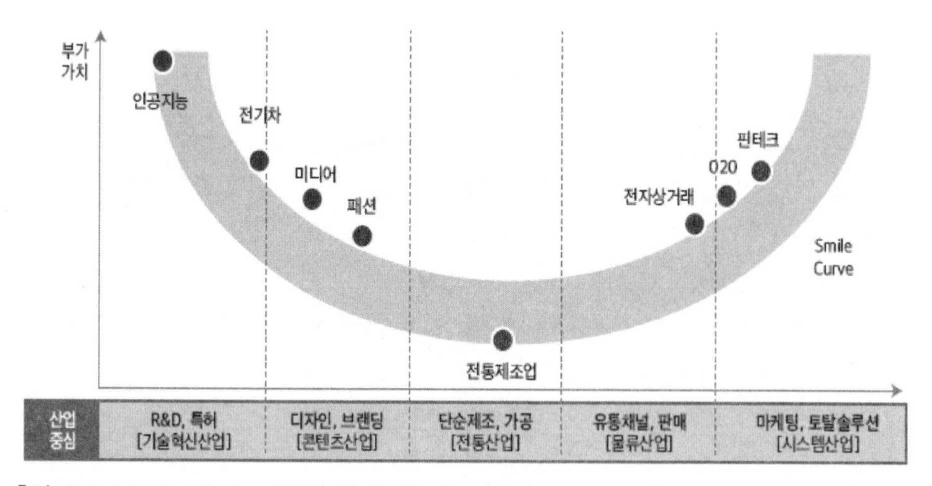

출처: Global Market Strategy(삼성증권, 2016)

[그림 11-2] 스마트 산업의 Smile Curve

또한 미국 대통령실은 미래사회 변화에 대응하기 위해 '스마트 아메리카 프로젝트(Smart America Project)'를 추진하여 IoT를 활용한 스마트 시티 구축을 위한 연구를 추진 중이다. 이러한 미국의 선제적 대응은 자국 내 정보통신기술(ICT) 기반의 과학기술 경쟁력을 강화함으로써 기술·산업적 측면에서 제4차 산업혁명시대의 주도권을 선점하기 위한 전략으로 볼 수 있다.

따라서 우리나라도 정보통신기술(ICT) 기반의 '신성장동력 발굴을 통한 과학기술 경쟁력을 강화'를 위한 방안 마련이 필요하다. 여기에서 우리는 전 세계적으로 빠른 기술진화 속도와 맞물려 자율주행자동차(스마트카) 및 인공지능 등 부가가치가 높은 기술분야의 상용화가 가시화되는 것과, O2O 기반의 산업생태계가 조성되는 기술·산업적 측면의 변화에 주목할 필요가 있다.

따라서 미래 기술 및 산업구조가 '초연결성'과 '초지능성'을 중심으로 개편된다는 점을 고려하여 ICT와 제조업의 융합 및 ICT와 서비스산업의 융합 등을 통한 국가차원의 신성장동력을 발굴하고 육성할 필요가 있다. 제4차 산업혁명에 대비하고 미래사회 변화를 선도하기 위해 국가차원에서 전략분야를 선정하고, 해당 기술 및 산업 분야로의 투자확대 등을 통해 과학기술 경쟁력 강화를 도모할 필요가 있다.

4. 근로자의 업무능력과 로봇의 역할 확대

4차 산업혁명시대에는 인간과 기계, 인간과 시스템의 상호작용이 작업내용과 절차에 따라 달라질 것이다. 근로자에게는 매우 높은 수준의 복잡성, 추상화, 문제해결 능력을 요구할 것이다. 4차 산업혁명시대에 근로자는 작업공정을 유연하게 조정함으로써 자신의 생활 리듬을 조절하게 될 것이다. 이렇게 4차 산업혁명에서는 높은 수준의 자동화와 근로자의 지도력이 적절하게 혼합되어야 한다.

4차 산업혁명시대에는 정보통신기술(ICT)과 자동화기술, 소프트웨어가 함께 발전할 것이다. 기술과 조직 관점에서 본다면 업무수행에 상호 융합적인 능력이 필요해질 것이다. 따라서 새로운 변화에 대한 교육과 융합교육이 필요하다. 그리고 근로자가 개발 프로세스에 처음부터 참여하는 것이 필요하다. 그래야 그들의 현장 경험과 희망사항을 반영할 수 있기 때문이다.

4차 산업사회에서 인간은 같은 공간에서 로봇과 일하게 된다. 로봇은 쉽게 이동할 수 있고, 기억할 수 있는 지능을 갖추고 있으며, 인간의 조교 역할을 수행할 것이다. 지능적인 로봇조교 시스템으로 새로운 차원의 잠재력이 생겨나고, 기업은 전문인력 공급이 부족한 노동시장에서 능력 있는 근로자를 구할 수 있어 유연한 운영이 가능해질 것이다. 앞으로는 사람과 소통하는 로봇이 등장하여 사람의 표정에 반응하고, 사람이 필요로 하는 일을 도울 것이다.

많은 사람들이 4차 산업혁명으로 일자리 감소를 걱정하고 있으나 총체적인 일을 진두지휘하는 일은 사람이 하며, 로봇은 비교적 단순한 일을 할 것이며, 사람이 하여야 하는 높은 가치를 창출하는 일자리를 만들어내야 한다. 4차 산업혁명시대에 기술적, 조직적인 시각에서 높은 능력과 상호 융합적인 능력을 필요로 한다. 따라서 업무에 잘 적응할 수 있도록 다양한 교육의 기회를 제공하여야 하고, 기업과 대학의 파트너십은 더욱더 현장중심으로 이루어져야 한다.

5. 창의적 · 혁신적 과학기술인력 양성

상기 제시된 범정부차원의 정책 수립 및 신성장동력 발굴에 따른 과학기술 경쟁력 강화라는 2개의 전략이 중 · 단기적 관점에서의 전략이라면, 장기적 관점에서 제4차 산업혁명에 대응하기 위한 전략으로 과학기술 인력양성 체계를 구축할 필요가 있다. 제4차 산업혁명의 주체는 인간이라는 점에서 미래사회 변화를 주도하고 주체적으로 대응하기 위해서는 미래사회가 요구하는 역량을 갖춘 인력의 양성이 필요하다.

첫 번째, 미래기술에 대한 대응 및 활용 역량을 강화하기 위해 정보통신기술(ICT)에 기반한 "S/W에 대한 교육을 확대 · 강화"하고 "스마트 교육환경을 구축"할 필요가 있다. 이미 영국은 2014년을 '코드의 해(The Year of Code)'로 지정하여 5~16세를 대상으로 S/W 교육을 의무화하여 S/W 교육을 진행하고 있고, 미국은 K-12 교육과정에서 '컴퓨터 과학'과 관련된 커리큘럼을 개발하여 운영 중에 있다. 또한 미국은 교육혁신계획인 'ConnetED(2013)'를 추진하여 학생들이 초고속 인터넷 및 최첨단 학습도구를 활용하도록 지원하고 있고, 세계수준의 IT 교육 인프라 제공을 목표로 'Education Cloud Program'을 추진하고 있다.

유럽의 경우에도 'Opening up Education(2014)'을 추진하여 초 · 중등과정에서 정보통신기술(ICT)에 대한 학생들의 흥미 유도 및 창의성 증진을 위해 디지털 교육자료를 확대하는 등 IT 기반의 교육환경을 구축하고 있는 추세이다. 따라서 우리나라도 2018년 초 · 중등 S/W 교육 의무화에 대비하여 S/W에 대한 접근성 증진 및 역량 강화를 위해 수준별 프로그래밍 및 코딩 중심의 S/W 교육체계를 구축할 필요가 있다. 이와 더불어 S/W 기반의 교육 및 콘텐츠 활용을 위해 ICT 기반의 교육환경 구축이 필요하다.

두 번째, 제4차 산업혁명은 미래사회 인력이 갖추어야 할 역량이 변화할 것을 요구하고 있다는 점에서 기존 교육시스템에서 벗어나 창의적이고 융합적인 역량을 갖춘 인재의 양성을 위해 "역량 키우기" 중심의 "교육시스템 전환"이 필요하다. 이미 미국 등 주요국을 중심으로 미래사회의 인재를 양성하기 위한 교육시스템 전환이 시작되고 있는 중이다. 특히 미국에서는 '미네르바 스쿨(Minerva School)'과 같은 새로운 유형의 대학이 설립 · 운영되고 있고, 하버드대학교(Harvard Univ.) 및 매사추세츠 공과대학(M.I.T.) 등과 같은 세계 명문대학을 중심으로 'MOOC(Massive Open Online Course)'와 같은 새로운 교육 방식이 도입되고 있다.

기존의 지식 습득에 초점이 맞춰진 교육시스템에서 벗어나, '창의성', '융합성' 및 '문제해결능력' 등과 같은 "역량"에 초점을 맞춘 교육시스템을 운영하고 있는 것이다. 또한 스탠퍼드대학교(Stanford Univ.)는 과학기술분야의 지식과 디자인적 사고를 융합한 'D-School at Stanford'를 운영하여 학생들의 창의성과 혁신성 등의 역량을 키우는 데 집중하고 있다. 이에 우리나라도 무학제/무학과 무학년 개념의 온/오프라인 학제 등 새로운 교육 시스템을 도입하고, 이공학적 소양과 디자인적 사고를 갖춘 창의적·융합적 과학기술인재의 육성을 위해 지식 중심이 아닌 "역량 키우기" 중심의 교육시스템으로 전환할 필요가 있다.

제4절 국내 주요 기업의 4차 산업혁명 대응동향

1. 기업들의 4차 산업혁명 대응방안은 과학기술 연구개발

4차 산업혁명시대에 기업들의 혁신은 과학기술의 경쟁이다. 구글, IBM, 페이스북, 도요타 등 글로벌 기업들은 인공지능, 음성인식, 로봇 등 4차 산업혁명을 주도하는 지능정보기술에 적극적으로 투자하는 한편, 공격적 인수합병과 인재 영입을 시도하고 있다. 국내기업들도 정보기술 전담조직이나 자회사를 설립하고 있으며, 스타트업 투자에 직접 나서기도 한다.

혁신의 시대에 살아남기 위한 유일한 방법은 여전히 과학기술 연구개발이다. 4차 산업혁명시대의 과학기술은 올바른 방향설정과 변화를 주도할 빠른 속도를 갖추었을 때 혁신경쟁을 주도할 수 있다. 연구자 중심의 R&D, 인문과 기술의 융합, 기업 간 개방형 혁신 등 유연한 대응과 방향설정이 필요하다.

1) 혁신시대에 과학기술의 방향

(1) 연구자 중심의 '창의적이고 도전적인 연구개발(R&D)' 투자가 중요하다

과거 산업화 시대에는 정부 주도로 선진국을 모방한 추격형 R&D 전략으로 선진국을 빠르게 따라잡을 수 있었으나, 4차 산업혁명시대에는 첨단기술과 창의적인 아이디어가 만나는 곳에서 새로운 상품이 개발되고 새로운 시장이 개척된다.

(2) **사회 전반에 '융합'을 촉진해야 한다**

4차 산업혁명은 단일기술이 아닌 다양한 기술의 혁신과 융합에서 촉발된다. 다양한 학문분야 간의 융합, 인문사회-과학기술 간 융합이 필요하다.

과학기술정보통신부는 승정원일기 전권 번역을 27년 앞당길 수 있는 인공지능 기반 고전문헌 자동번역시스템 구축을 지원하고 있다.

(3) **'개방형 혁신(Open Innovation)'을 활성화해야 한다**

4차 산업혁명시대에는 혁신이 구현되는 플랫폼 및 생태계 경쟁 중심으로 산업 경쟁방식이 변화한다. 과거와 같이 단일기업이 기획-R&D-생산-사업화 등 모든 것을 추진하는 방식으로는 경쟁에서 살아남기 어렵다.

(4) **4차 산업혁명시대에 적합한 사회시스템을 구축하고, 신기술에 따른 부작용에 대비하는 '변화에 유연하고 선제적'인 대처이다**

새로운 시대에 맞는 사고력 중심의 맞춤형 교육, 노동시장의 탄력적 개편이 필요하다. 사이버 위협, AI 오동작 등 역기능 대비, 지능정보 창작물의 저작권 문제, 사고책임 등 새로운 법제 문제도 선제적으로 정비하고 신산업창출을 가로막는 규제나 관행을 과감하게 제거해야 한다.

2. 2017년 전반기 기업총수들이 4차 산업혁명 대비 언급한 내용들

4차 산업혁명은 위기이자 기회이다. 기업총수들이 많은 관심을 갖고 앞장서야 발전이 더욱 향상될 것이다. 금년 전반기에 기업총수들이 임원회의, 주주총회, 정기총회 등에서 '4차 산업혁명'에 대해 언급한 내용은 다음과 같다.

- 최태원, SK 회장: 4차 산업혁명시대를 맞아 SK그룹의 강점인 정보통신기술(ICT)과 에너지 등을 융합한 사업모델을 만들어야 한다.

- 신동빈, 롯데 회장: 4차 산업혁명 메가트렌드에 철저하게 대비해 미래가치를 창출할 사업기회를 발굴해야 한다.
- 김승현, 한화 회장: 4차 산업혁명의 도래는 우리에게 큰 위기이자 기회이다. 산업 간의 경계를 허무는 초융합과 초연결, 초지능의 기술혁명은 이미 우리를 새로운 미래로 이끌고 있다.
- 이재현, CJ 회장: 끊임없이 변화하는 문화가 CJ의 DNA이다. 어떻게 하면 남과 다르게 CJ방식으로 할 것인지 고민해야 한다.
- 박정원, 두산 회장: 저성장기에 성장을 이룰 수 있는 방법은 사업 간, 기술 간에 이루어지는 융합의 트렌드를 능동적으로 파악하고 이를 적극적으로 받아들이고 활용해 신규 사업과 신규 시장을 선도해 나가는 것이다.
- 권오준, 포스코 회장: ICT, 건설, 에너지 등 주요 계열사와 함께 스마트 팩토리, 스마트빌딩앤시티, 스마트에너지 등으로 그룹 전체 사업영역에 플랫폼을 구축하겠다.
- 권오현, 삼성전자 부회장: 미래에는 4차 산업혁명 관련 기술경쟁력 확보가 기업 생존의 갈림길이다.
- 정몽구, 현대차 회장: 자동차 산업은 전자회로에 따른 구조적 변화의 시기를 맞고 있다. 연구개발 투자를 확대해 기술혁신을 주도하고 정보통신과 전자기술이 융합한 미래 기술개발 역량을 강화해 나가야 한다.
- 구본무, LG 회장: 인공지능과 같은 4차 산업혁명의 혁신기술은 우리에게 익숙한 경쟁의 양상과 게임의 룰을 전혀 새로운 형태로 바꾸고 있다.
- 허창수, GS 회장: 인공지능, 전기차 확산과 더불어 4차 산업혁명시대가 빠르게 진행되고 있다. 산업의 경계를 허물고, 새롭고 다양한 형태의 융합과 경쟁을 초래해서 모든 업종에 위기요인이 다가오고 있다.
- 조양호, 한진 회장: 현장에서 항상 점검하고 재확인해야 새로운 패러다임인 4차 산업혁명에 선제적으로 대응할 수 있다.
- 조현준, 효성 회장: 4차 산업혁명 시기에 맞는 '기술경영'으로 혁신하여 글로벌 기업으로 도약하자.

- 이해진, 네이버 창업자: 기술을 가진 회사가 힘을 얻는다. 세계 IT 기업과 경쟁하기 위해 회사 인원 절반 이상이 기술자, 개발자가 되어야 한다.
- 권오갑, 현대중공업 부회장: 향후 기술과 품질을 모든 경영의 핵심가치로 삼아 기술인재 육성에 모든 역량을 모으겠다.
- 황창규, KT 회장: 4차 산업혁명을 이끄는 핵심 인프라는 5G이다. KT는 5G로 4차 산업혁명의 대동맥을 준비하고 있다.

3. 국내 대기업들의 4차 산업혁명 대응현장 동향

1) 삼성바이오로직스 송도 공장

세계 스마트폰, 반도체, TV시장을 석권한 삼성이 '4차 산업혁명'시대를 맞이하여 바이오사업에 속도를 내고 있다. 바이오는 빅데이터(대용량 데이터)를 활용한 생명공학 기술의 발전과 인구 고령화 추세로 세계적인 유망 사업분야로 평가된다. 세계 바이오 의약품 시장 규모는 2014년 1,830억 달러(약 206조 원)에서 2020년 2,780억 달러(약 314조 원)로 증가할 것으로 전망된다. 김태한 삼성 바이오로직스 사장은 "바이오 의약품 시장은 자가면역항암제 시장 확대와 폭발적 수요 증가가 예상되는 알츠하이머 신약 개발로 지속적인 성장세를 기록할 것"이라며, "반도체와 같이 생산전문 업체들이 산업을 주도해 나갈 수 있도록 시장의 패러다임을 바꿔나가겠다"고 하였다.

2017년 1월 미국 샌프란시스코에서 열린 'JP모건 헬스케어 콘퍼런스'는 4차 산업혁명시대를 주도할 바이오산업에 대한 높은 관심을 확인한 자리였다.

삼성바이오로직스의 기업설명회에도 400여 명의 투자자가 몰렸다. 이 자리에서 6개 글로벌 제약회사로부터 9개 제품, 약 29억 달러(약 3조 2800억 원)의 공급계약을 체결하였고, 15개 이상의 기업과 공급계약도 진행 중이다.

2) 한화테크윈 제2사업장 항공기엔진 신 공장

경남 성산구 한화테크윈 제2사업장 항공기엔진 공장은 세계적인 항공엔진사인 GE(제너럴 일렉트릭)의 최신형 리프(LEAP) 엔진 부품을 생산한다. 항공기 엔진의 공정과정은 100단계 이상으로 복잡해 그동안은 수작업이 위주였다. 그런데 스마트 팩토리 영향으로 이곳에서 일하는 생산직 직원은 12명뿐이다. 대신 첨단 로봇장비가 바쁘게 움직이고 있다.

스마트 팩토리에 들어가면 육중한 팔을 휘두르는 로봇이 입력된 프로그램에 따라 엔진 몸체에 수백 개의 부품을 삽입, 조립하는 부싱작업을 하고 있다. 이곳에는 이렇게 사람의 손을 대신하는 3개의 로봇팔이 조립, 용접, 다듬기를 하고 있다. 담당 상무는 '사람이 하루 종일 할 수 없는 작업을 로봇이 대신하면서 작업 피로로 인한 부상을 막을 수 있다'고 했다.

3) 현대차, IT와 자동차 결합한 커넥티드카 개발 한창

경기도 화성의 현대자동차 남양연구소에 위치한 '차량IT지능화리서치랩' 실험실 실험용 차량의 운전석에 앉은 사람 모양의 '더미'에서는 갖가지 명령어가 쉴 새 없이 반복적으로 흘러나왔다. 이 '더미'는 수백 명의 서로 다른 음성 억양과 말투, 음성의 높낮이가 내장된 특수 제작물이다. 여기서 나오는 음성은 옆에 설치된 컴퓨터에서 곧바로 문자정보로 재생된다.

더미와 실험용 차량 주위에 있는 스피커에서는 바람소리와 말소리, 도로의 잡음 등 다양한 소음이 나왔다. 이렇게 떠들썩한 공간에서 차가 사람의 음성을 완벽하게 인식해 길 안내와 라디오 주파수 변경, 문자 메시지 전송 등 다양한 기능을 수행하기 위해 테스트를 하고 있다. 정몽구 회장의 지시에 따라 삼성전자 등 국내외 주요 기업과 연구소에서 음성인식 전문가들을 영입해 2014년 이 랩을 만들었다. 약 3년간의 연구를 통해 현대차 차량 IT지능화리서치랩에서는 차량용 음성인식 기술의 수준을 우수하게 끌어올리는 데 성공하였다. 말 알아듣는 자동차가 한국과 미국에서 이르면 2018년 후반에 출시될 것으로 본다.

4) SK 로봇이 손님 안내하고 최신가요 들려준다.

SK텔레콤의 탁상형 로봇인 '페어리(Fairy)'에게 '팅커벨, 최신가요 들려줘' 이렇게 말하자 거울이었던 화면이 사람을 향하면서 요정이 날아가는 애니메이션이 재생됐다. 로봇이 '최신가요를 들려드리겠습니다'라고 대답하자 힙합 가수의 최신 발표곡이 스피커를 통해 흘러 나왔다.

SK텔레콤의 차세대 인공지능 로봇은 음성명령은 물론 영상까지 인식할 수 있는 탁상용 '소셜봇(Social Bot)'이다. 인공지능 로봇 얼굴 부문에 카메라와 소형화면을 장착해 이용자의 목소리와 손동작에 따라 작동하거나 정보검색 결과를 보여주도록 하였다. 손바닥을 정면으로 내밀어 '그만' 표시를 하는 것만으로 작동을 멈출 수 있고 이용자와 대화할 수 있다.

5) KT 에너지 관리, 스마트 검역 5G 생태계 만든다

황창규 KT 회장은 '5세대(G)는 지능화로 차별화된 네트워크로 설명된다'며 '5G 시대의 이동통신은 빠른 속도는 물론 끊김 없는 연결과 방대한 용량에 지능화까지 필요하다'고 설명했다. 실제로 KT는 에너지 관리 플랫폼 'KT-MEG'과 로밍 빅데이터 기반 검역시스템 'KT 스마트 검역'을 지능화하는데 총력을 기울이고 있다.

'KT-MEG'은 기후정보와 실내온도, 가스, 전기 에너지 사용패턴 등 빅데이터를 토대로 에너지 비용을 절감하는 솔루션이다. KT는 2016년 의료시설과 호텔, 스포츠센터 등 국내 18곳의 다중이용시설에 'KT-MEG'을 적용해 에너지 비용을 평균 61% 절감했다.

또한, LG는 AI, IoT 집역체 '공항 청소 로봇'을 개발했고, 한진은 퇴역 헬기를 인수해 무인화에 성공하여 조정사 없이 정찰감시를 하고 있다.

4차 산업혁명시대 일자리 변화와 새로운 교육혁신 시스템

제1절 4차 산업혁명시대 유망직업

1. 4차 산업혁명의 도래와 일자리에 관한 변화

세계경제포럼은 현재는 유망하지만 10년 전에는 존재하지 않았던 직업들이 대두되고, 현재 7세 어린이의 68%가 미래에 새로운 직업을 갖게 될 것이라는 전망을 제시하였다.

아마존의 물류 로봇 키바(KIVA)는 사람을 대신해 더 효율적이면서도 낮은 비용으로 창고 정리와 물류운송을 담당하고 아마존고(Amazon Go)라는 마트는 딥 러닝 기술에 컴퓨터 시각화와 인식센서가 결합된 매장시스템(Just Walk Out technology)을 채택하여 매장의 직원 수를 기존의 15분의 1로 줄이고 직원의 업무 내용도 변화시킬 것이다. 리싱크로보틱스(Rethink Robotics)의 학습형 제조 로봇(Baxter)과 협력형 로봇 소이어(Sawyer)와 같은 생산로봇은 기존의 제조현장에서 자동화가 어려워 인간이 담당하던 업무 영역을 대체하기 시작하였다.

구글(Google)이 선정한 세계 최고의 미래학자인 토머스 프레이는 "인류는 지금까지 모든 인류역사보다 앞으로 다가오는 20년간 더 많은 변화를 보게 될 것이다"라고 말하며 2030년까지 인간의 일자리 40억 개 중 20억 개가 사라질 것이라 했고, 세계적인 컨설팅기관인 매킨지(Mckinsey)는 "대부분의 일자리는 인터넷 때문에 사라질 것이고 대신에 수많은 새로운 일자리가 탄생할 것"이라고 하였다. 토머스 프레이는 2030년까지 소멸되는 대표적인 직업으로 자율주행차가 등장하여 연간 124만 건의 교통사고가 크게 감소하며, 관련 직업인 택시, 트럭, 버스 등의 운전기사가 소멸하고, 교통경찰, 판사, 변호사, 대리운전 및 주차장 직원 등의 일자리가 줄어들 것이다.

한편, '일자리의 미래' 보고서는 2020년까지 부상할 직업으로 데이터 분석가, 컴퓨터 및 수학 관련 직업, 엔지니어링 관련 직업 등 8개 직업군을 소개했다. 산업별로 보면 정보통신기술(ICT), 전문서비스(PS) 등의 분야에서 고용률이 높을 것으로 예측되고, 의료 보건 분야는 원격의료 서비스 등의 영향으로 고용률이 낮을 것으로 예측되었다.

4차 산업혁명으로 발생하는 실업은 경기가 살아나도 회복될 수 없는 구조적, 항구적인 실업이며 이러한 변화는 차세대뿐만 아니라 지금 우리 시대에 일어날 일들이다. 이러한 대비책으로 세계경제포럼(WEF)은 '일자리의 미래' 보고서를 통해 '미래 노동시장을 활성화하기 위해서는 단기적으로 데이터 과학 활용, 인재다양성 강화, 유연작업 배정 및 온라인 인재 플랫폼 활용이 필요하며, 장기적으로 교육시스템 개선, 평생학습 인센티브 강화, 업종 간 협업을 활성화 하여야 한다'고 제안하였다.

2. 기술의 진보

'4차 산업혁명'으로 대변되는 기술의 진보가 빠르게 진행되면서 사회경제 시스템의 변화와 일자리에 대한 유망직업과 사라질 직업 및 의사, 변호사, 회계사 등 전문직의 미래에 대한 논의가 활발해지고 있다. 일자리는 미래 한국의 가장 중요한 이슈 중 하나로 저출산 · 고령화의 심화로 국내 생산인구 및 소비인구 감소, 미래세대의 삶의 안정성 악화, 새로운 사회경제시스템을 위한 새로운 교육 시스템의 필요성 등 다양한 이슈와 연계성을 가지고 있다.

국내 기업의 인식과 전망 내용은 4차 산업혁명과 일자리 변화에 대한 국내 산업계의 준비상황을 여실히 보여준다는 점에서 중요하며, 기업은 4차 산업혁명이 가져올 사회경제시스템 전반의 거대한 변화 속에서 첨단기술을 활용한 생산성 향상 방안을 마련해서 시장 경쟁력을 강화하면서도 일자리 창출의 역할을 수행하여야 한다.

불과 몇 십 년 안에 도래할 이 심각한 상황에 대한 고민 없이 이제는 지적 능력마저도 로봇이 대신하는 시대가 돼간다. 의사, 변호사, 세무사, 공무원 등 비교적 고임금의 일자리 상당수가 로봇으로 대체될 것이다.

마트 점원, 운전, 비서, 사무직, 요리사 등 고임금도 아닌 서비스 직종마저도 로봇이 대신할 날이 머지않았다. 아예 도시 전체가 거대한 로봇처럼 변해가면서 청소나 경비, 지자체 일마저도 로봇에게 내주어야 할 판이다. 우선 우수하게 졸업을 했어도 로봇과의 경쟁 자체가 무리다. 로봇만큼 오랜 시간 일도 못하고, 저임금에 만족할 수도 없다.

더욱이 열심히 공부해도 인공지능이나 로봇의 능력을 뛰어넘기가 힘들다. 학교가 학업이나 취업에 도움이 안 된다는 것을 깨닫는 순간 학생들이 외면할 것이다. 이미 그 충격은 시작되었다. 아마도 많은 실직자가 문 닫는 학교에서 쏟아질 것이다. 기업이 사람보다는 말 잘 듣는 로봇을 써야 생산성 및 수익성을 담보할 수 있음에도 정규직을 강요하는 정책은 기업과 근로자 모두를 공멸의 길로 내모는 일이다. 물론 단기간에 어쩔 수 없다고 강변할지 모르지만 그것은 우리 산업계 전반을 회복 불능의 환자로 만들고 말 것이다.

일자리 없이 빈둥빈둥 사는 것만큼 힘든 일은 없을 것이다. 따라서 일자리는 그 무엇보다 중요하다. 먹고사는 경제적 안정을 찾기 위해서도 시간을 의미 있게 사용해야 하는 점에서도 일자리는 중요하다. 그런데 앞서 설명했듯이 우리가 지금까지 해오던 일들을 거의 다 로봇에게 맡겨야 할 판이다. 충실하게 나를 대신해서 일해 줄 기계노예를 수천만 가지나 탄생시킨 인간들이 그들과 경쟁을 하고 그들에게 일을 빼앗기지 않겠다고 투쟁하는 것은 뭔가 시대에 뒤처지는 것 같지 않은가. 이제 우리는 자유를 마음껏 누리면서 자신이 진정 하고픈 일을 추구하는 자아실현 사회의 구조를 설계하고 이를 시급히 마련해야 한다. 그것이 진정한 일자리 대책이 될 것이며, 인류 문명의 진화를 위한 우리의 사명일지 모른다.

3. 미래 유망직업

10년 후인 2027년에는 글로벌화와 정보통신기술의 발달로 세계 어디에서든지 비즈니스가 가능한 세상이 열린다. 24시간 네트워크 회의가 가능한 텔레프레즌스(telepresence: 참가자들이 실제로 같은 방에 있는 것처럼 느낄 수 있는 가상 화상회의 시스템), 구글의 룬 프로젝트 등을 통해 전 세계가 하나로 연결되는 초연결사회로 진입한다. 4차 산업혁명 관련 산업에 투자하는 국가와 기업은 성장률이 높을 것이며 이처럼 달라지는 세상에서 개인은 급격하게 발전하는 신기술과 일자리를 연구해 직업의 변화와 발전속도를 예측하고 대비하여야 한다.

혁신기술로 탄생하는 '미래혁신기술'은 소프트웨어 및 데이터, 3D 프린트, 드론, 무인자동차 등이고 '미래직업'은 데이터 폐기물 관리자, 데이터 인터페이스 전문가, 컴퓨터 개성 디자이너, 개인정보보호 관리자, 3D 프린터 소재 전문가, 3D 프린터 잉크 개발자, 3D 프린터 패션디자이너, 3D 프린터 비용산정가, 3D 비주얼 상상가, 드론 조정인증 전문가, 드론 표준 전문가, 자동화 엔지니어, 무인시승 체험 디자이너, 교통수요 전문가, 충격 최소화 전문가 등이다.

인공지능(AI)의 시대가 도래하여 세계에서 가장 뛰어난 두뇌와 자본이 인공지능으로 몰리고 있다. 인공지능은 사람이 하는 일을 대신하려고 하니 택시운전도 하고 버스운전도 하고 의사 일도 보고 약사 일도 보고 변호사 일도 보게 된다. 많은 사람들이 일하는 단순 반복 작업도 없어질 것이고 대규모 고용이 사라진다. 자가 운전은 나중에 없어지고 사장이 고용한 택시운전사는 실직하게 된다.

직업을 없애는 인공지능(AI)이 있으니 직업이 사라지고 앞으로 10년 후 좋아질 것은 AI 주식에 투자한 사람들이다. 베이비붐 세대는 전쟁이 일어나서 많은 사람들이 죽고 전쟁이 끝난 후 사망한 사람들의 수를 채우기 위해 많은 사람들이 새로운 가족을 만들어 생겨났다. 제2차 세계대전 때 베이비붐 세대가 가장 많이 태어났다. 제2차 대전에는 유럽, 북미, 아시아, 오세아니아 등 아프리카를 제외한 모든 나라가 참전했다. 그리고 많은 사람들이 사망했다. 그러니 전 세계에서 전쟁이 끝날 즈음인 지난 1945년 이후 1948년부터 태어난 많은 사람들이 베이비붐 세대가 되었다.

한국에서도 1953년 한국전쟁이 끝난 뒤 베이비붐 세대가 형성되었다. 그런데 베이비붐 세대가 생겨난 나라를 잘 보면 대부분 선진국이다. 선진국들은 잘사는 나라며 잘사는 곳이니 의료환경이 좋다. 그래서 많은 인구가 사망하지 않고 오래 살며 노인이 많은 세상이 되었다. 의약에도 바이오 의약이 있다.

제2절 4차 산업혁명시대 전문직의 미래

1. 4차 산업혁명 이후 전문직의 고민

빅데이터, 인공지능, 사물인터넷 등 정보기술이 부각되는 4차 산업혁명 이후 전문 서비스 소비자로서 인간은 자신에게 필요한 전문성을 더욱 편리하고 저렴하게 얻게 되겠지만, 인간 '전문가'는 더 이상 '실용적 전문성'의 유일한 원천이 아니다. 앞으로 직업은 균질한 덩어리가 아니라 수많은 작업이 이룬 모자이크다. 분석할 대상은 직업이 아니라 작업이다. 그래서 전문직 중 일부는 사라지겠지만 구성 부품을 바꾼 채 명맥을 이어나갈 것이고, 또한 새로운 전문직도 등장할 것이다. '전문가 이후 사회에서 인간이 맡아야 할 역할'이 바로 '앞으로 유망하거나 계속 존재할 직업'의 원형이다. 장기적으로는 인간의 우위와 전문직의 존속을 낙관하기 힘들다는 암시이다.

사무실 임차료도 못 버는 변호사, 의료기기 구입으로 진 빚에 허덕이는 의사는 이제 관심의 대상이 아니다. 하지만 전문직에 위기를 가져온 요인은 대체로 제도 변화와 완화에 따른 전문가의 공급 확대이다. 추세가 이대로 간다면 과연 전문직 집단은 살아남을 수 있을까? 전문직에게 경종을 울리는 4차 산업혁명의 시대가 도래되었다. 또한 전문직에 별 관계도 관심도 없는 사람들에게는 이런 말을 하고 싶다. 4차 산업혁명에 따른 변화와 도전이 전문직 앞에 닥친다면 '비전문직'은 이미 휩쓸린 이후일 것이고 4차 산업혁명시대에는 '전문직의 미래'라기보다는 여러 '직업의 미래'이기도 하다.

직업은 균질한 덩어리가 아니라 수많은 작업이 이룬 모자이크다. 기존에 전문직을 구성하던 작업 각각의 공급자로서, 그리고 새 수요에 맞춘 새 직업의 공급자로서 인간이 기계보다 우위에 있을지를 판단해야 하는 것이다. 그리하여 전문직 중 일부는 사라지겠지만 일부는 구성 부품을 바꾼 채 명맥을 이어나갈 것이고, 한편 새로운 전문직도 등장할 것이다. 어떤 의미에서는 '전문가 이후 사회에서 인간이 맡아야 할 역할'이 바로 '앞으로 유망하거나 계속 존재할 직업'의 원형이다. 장기적으로는 빅데이터, 인공지능, 사물인터넷 등 ICT기술의 발전으로 인간의 우위와 전문직의 존속을 염려하여야 한다.

앞으로 '전산 시스템'이 전문직을 대체할 수 있다. 의사, 변호사, 교사, 회계사, 건축사 등의 사람들을 비롯해, 이들이 속한 조직, 이들의 행동을 관장하는 제도가 중요하다. 급변하는 4차 산업혁명시대에는 이들 전문가의 전문성이 유지될 수 없을 만큼 변화의 시기라는 것이다. 이미 변화기 시작되었다는 증거는 점점 늘어나고 있다.

이제 하버드대학에 가서 수업을 듣는 사람보다 하버드대학이 개설한 온라인 과정에 등록하는 사람이 더 많다. 또한 건강 관련 네트워크인 웹MD(WebMD)

의 월평균 방문자 수는 미국에서 일하는 모든 의사를 방문하는 사람의 수보다 많다. 법조계의 상황도 마찬가지다. 매년 '온라인 분쟁해결' 시스템을 통해 해결되는 분쟁건수는 미국 법정에서 진행되는 소송건수보다 3배나 많다.

2. 4차 산업혁명시대 전문직 일자리변화와 미래의 전략

인공지능은 2018년부터 의사와 변호사 등 전문직일자리도 대체하기 시작할 것이다. 선 마이크로시스템즈(Sun Microsystems) CEO였던 비노드 코슬라는 "만일 1차 진료 의사에게 가면 청진기를 사용하고 혈압을 측정할 것이다. 100년 전의 방법이 지금도 처음 만나는 환자의 진단을 위한 기초 도구로 사용되고 있다." 하지만 이제 의료분야에 혁신이 시작될 것이라고 하며 현재의 의료 관행은 신기술로 제작된 기계로 인해 급속도로 변화할 것이라고 전망했다. 또한 그는 '보건산업 분야에서 10년 또는 15년 후에는 구글의 알파고와 같은 지능형 알고리즘이 오늘날의 의사들을 대체하게 될 것'이라고 예측했다.

오늘날 미국에서는 자동차 사고로 희생되는 사람들보다 더 많은 사람들이 의사의 오진과 약물의 부작용 등으로 사망한다. 인공지능은 오진을 하는 의사들을 대신해 정확한 진단 및 처방을 내려줄 것이고, 바이오기술은 약물의 수많은 부작용을 없앨 것이다. 따라서 4차 산업혁명시대의 의사들은 엄청난 양의 의학정보를 보는 데 많은 시간을 할애하는 대신 환자를 편안하게 상담해주는 역할만 수행할 것이다. 최신 의학정보를 수집하고 그것을 진단 및 처방에 이용하고자 한다면 인공지능의 도움을 받으면 될 것이다.

현재 환자들은 평균 7가지의 질병을 앓고 있다고 하는데 인공지능을 활용하면 여러 의사들을 만나지 않고 모든 증상들을 종합적으로 살펴볼 수 있고, 여러 명의 의사가 아니라 한 명의 의사가 환자에게 진단 결과를 이야기해 줄 수 있다. 이렇게 의료진 한 사람만 접촉하게 되면 환자들은 보다 짧은 시간에 진단 및 치료를 받을 수 있을 것이다.

미국 펜실베이니아 주립대학교의 컴퓨터 과학자들이 유럽인권재판소의 법률적 판단을 79%의 정확도로 예측하는 인공지능을 개발했다. 이 연구를 주도한 유니버시티 칼리지 런던의 컴퓨터 공학부 리콜라오스 알레트라스 박사는 다음과 같이 말했다. "우리는 인공지능이 판사와 변호사를 완벽히 대체할 것이라고 생각하지 않는다. 다만 특정한 결과를 도출하기 위한 신속한 판례유형을 분석하는 데 유용할 것이다. 또한 진짜 판사를 대신하기보다는 복잡한 사건들의 판결 유형을 분석해 판사의 판단에 도움을 줄 것이다. 판결은 법률적 주장보다는 사실과 더 관련 있기 때문이다."라고 하였다.

제3절 4차 산업혁명시대 일자리 변화

고대 사람들이 무거운 물건을 쉽게 옮기기 위해 나무 조각 3개를 엮은 '바퀴'를 만들지 않았다면, 지금의 자동차는 존재하지 않았을지도 모른다. 벨(Alexander Graham Bell)이 최초의 실용적인 전화기를 발명하지 않았다면, 오늘날의 스마트폰은 존재하지 않고 여전히 파발마나 횃불을 통해 장거리 의사소통을 했을지도 모른다. 이렇게 인류 역사 변화의 중심에는 새로운 기술의 등장과 기술적 혁신이 자리하고 있었고, 새로운 기술의 등장은 단순히 기술적 변화에 그치지 않고 전 세계의 사회 및 경제구조에 큰 변화를 일으켰다. 기술적 혁신과 이로 인해 일어난 사회·경제적 큰 변화가 나타난 시기를 우리는 '산업혁명'이라 부르고 있다.

2016년 1월 스위스 다보스에서 열린 제46차 '세계경제포럼'은 '4차 산업혁명'을 주제로 4일간 열렸다. 개막 직전에 발표한 '일자리의 미래' 보고서에서는 2016년 초등학교에 입학하는 어린이들의 약 65%는 현존하지 않는 새로운 직업을 얻어 일하게 될 것이라며, 이러한 변화의 원인은 '4차 산업혁명'이라고 지적하였다.

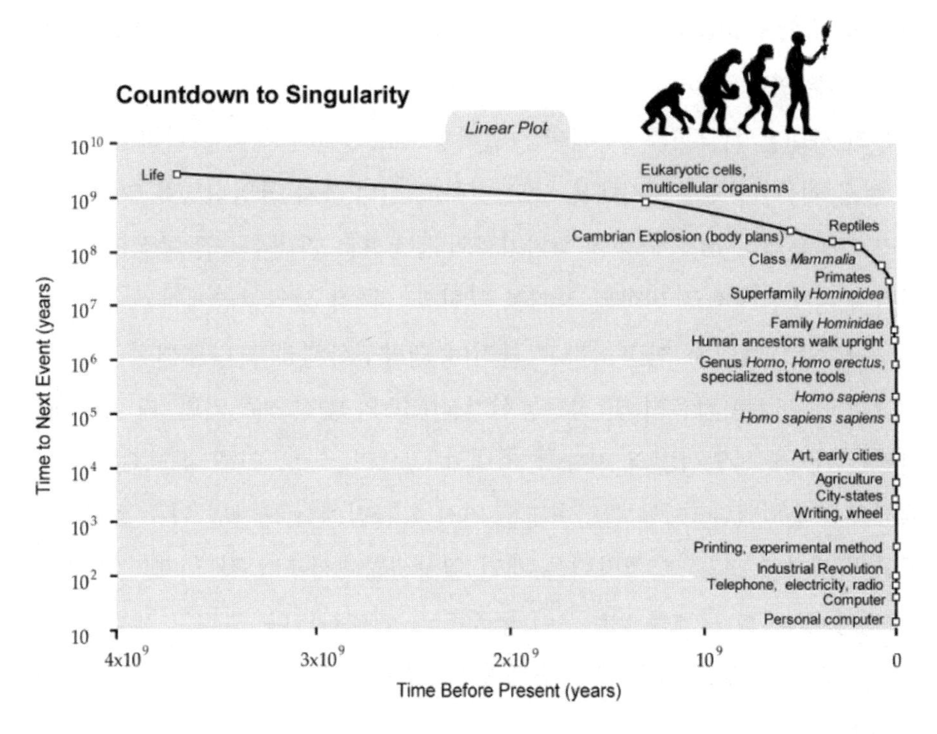

[그림 12-1] 특이점으로의 카운트다운(인류의 기술 발전 속도)

최초의 인류인 '호모 사피엔스'가 등장한 시기가 20만 년 전에서 7, 8만 년 전이고, 농경 중심의 사회에서 현대 사회로의 첫 번째 전환점이라고 할 수 있는 제1차 산업혁명이 약 200여 년 전에 발생했다는 점은 우리 사회가 매우 짧은 시간 동안 발전하고 변화하였다는 것을 보여준다. 또한 현대사회로 진입할수록 새로운 기술과 기술적 혁신이 나타나는 주기가 극단적으로 빨라졌으며, 기술의 파급속도도 급격하게 빨라지고 있다. 1876년 벨(Bell)이 발명한 유선 전화기의 보급률이 10%에서 90%로 도달하는데 걸린 기간이 73년이었으나, 1990년대에 상용화된 인터넷이 확산되는데 걸린 시간은 20년에 불과했고, 휴대전화가 대중화되는 기간이 14년이라는 점은 기술발전의 속도와 더불어 기술의 파급력이 급진적으로 빠르다는 점을 보여주고 있다. 즉 새로운 기술이 등장하고 기술적 혁신이 나타나는 주기가 점차 짧아지며, 그 영향력은 더욱 커지고 있다는 것이다. 이는 현재 우리가 스마트폰이 없는 일상생활을 상상하면 쉽게 이해할 수 있을 것이다.

우리 사회는 지금까지 2차례의 산업혁명으로 인한 변화를 경험하였고, 우리는 현재 제3차 산업혁명시대를 살고 있다고 한다. 1차 산업혁명은 '기계 혁명'이라고도 불리며 18세기 중반 증기기관의 등장으로 가내수공업 중심의 생산체제가 공장생산체제로 변화된 시기를 말한다. 제2차 산업혁명에서는 전기동력의 등장으로 '에너지 혁명'이라고 불리며 대량생산체제가 가능해졌다.

그리고 우리는 컴퓨터 및 정보통신기술(ICT)의 발전으로 인한 '디지털 혁명'이라는 제3차 산업혁명의 시대를 지내고 있으며, 이로 인해 정보화·자동화 체제가 구축되었다. 이들 산업혁명은 역사적 관점에서 보자면 아주 짧은 기간 동안 발생하였으나, 그 영향력은 개인 일상생활에서부터 전 세계의 기술, 산업, 경제 및 사회 구조를 뒤바꾸어 놓을 만큼 거대하였다. 그리고 새로운 기술의 등장과 기술적 혁신은 계속 진행 중에 있으며 또 다른 산업혁명을 야기하고 있다.

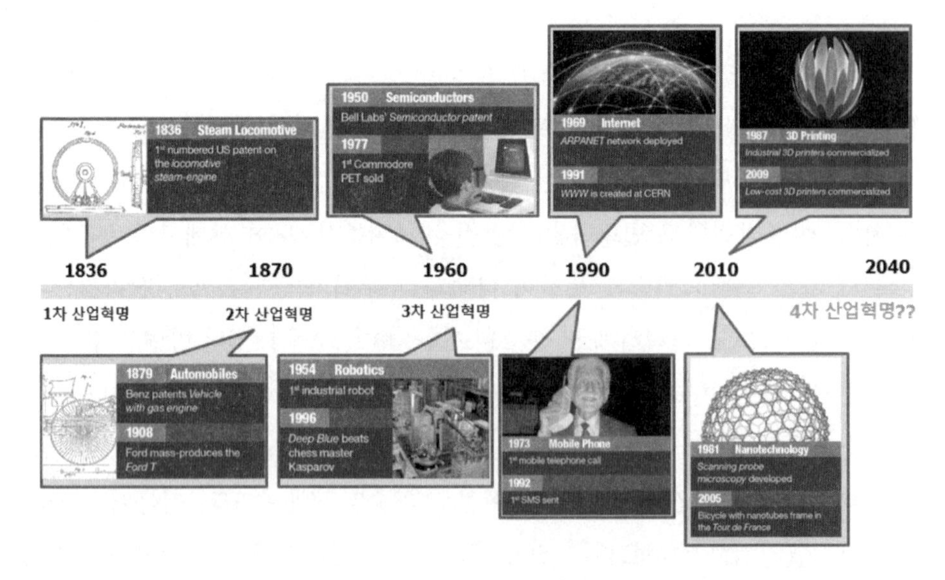

[그림 12-2] 기술적 혁신과 산업혁명의 시계열

지난 2016년 1월 다보스 포럼(WEF; World Economic Forum)에서는 제4차 산업혁명이라는 화두가 세상에 던져졌다. WEF는 「The Future of Jobs」 보고서를 통해 제4차 산업혁명이 미래에 도래할 것이고, 이로 인해 일자리 지형 변화라는 사회 구조적 변화가 나타날 것이라고 전망하고 있다. 또한 제4차 산업혁명을 '디지털 혁명(제3차 산업혁명)에 기반하여 물리적 공간, 디지털적 공간 및 생물학적 공간의 경계가 희석되는 기술융합의 시대'라고 정의하면서, 사이버 물리 시스템(CPS; Cyber-Physical System)에 기반한 제4차 산업혁명은 전 세계의 산업구조 및 시장경제 모델에 커다란 영향을 미칠 것으로 전망하고 있다.

우리가 인지하고 있지 못하는 사이에 제3차 산업혁명시대를 살고 있는 것과 같이, 제4차 산업혁명 또한 알지 못하는 사이에 우리를 둘러쌀 것이다. 10여 년 전 지하철에서 쉽게 볼 수 있었던 '신문 접어서 보기'라는 에티켓은 '휴대전화를 진동모드로 하고 조용히 통화하기'로 바뀔 만큼 제3차 산업혁명의 주요 기술인 컴퓨터와 정보통신기술(ICT)은 이미 우리 일상생활 속에 녹아들어있다.

지금까지 새로운 기술의 등장과 기술적 혁신에 따른 사회적 변화는 생활 편의성, 생산성 향상 및 새로운 일자리 창출 등의 긍정적인 변화가 주를 이루었다. 그러나 제4차 산업혁명에서는 생산성 향상이라는 긍정적인 측면과 더불어 일자리 감소라는 부정적 변화가 급격하게 나타날 것으로 전망되고 있다.

이에 WEF의 보고서를 기점으로 수많은 미래학자와 연구기관들은 제4차 산업혁명과 미래사회 변화에 대한 전망들을 논의하기 시작했고, 독일, 미국, 일본 등의 주요 국가들은 미래변화에 선제적으로 대응하고 미래사회를 주도하기 위해 정부차원에서 다양한 전략과 정책을 수립하여 추진하고 있다. 따라서 우리나라도 다양한 논의를 기반으로 제4차 산업혁명의 도래에 따른 미래사회 변화에 대응하기 위한 전략을 마련해야 할 시점이다. 이를 위해서는 제4차 산업혁명과 미래사회 변화 그리고 주요국의 대응 방안 등에 대해 면밀하게 분석할 필요가 있고, 이를 기반으로 우리나라 환경에 적합한 대응 방안 및 전략을 모색할 필요가 있다.

이에 제4차 산업혁명에 대한 특성을 분석하고, 제4차 산업혁명에 따른 미래사회 변화 현황을 살펴보고자 한다. 결론 부문에서는 제4차 산업혁명의 특성, 미래변화 및 주요국의 대응 동향을 바탕으로 제4차 산업혁명에 대한 전략적 직업대응 방안을 모색하고자 한다.

제4절 4차 산업혁명에 따른 미래사회 직업의 변화

앞서 언급하였듯이 미래사회 변화는 기술의 발전에 따른 생산성 향상 등 긍정적인 변화도 존재하는 반면, 일자리 감소 등과 같은 부정적인 변화도 존재한다. 따라서 미래사회의 다양한 변화를 면밀하게 살펴봄으로써 우리는 보다 현실적이고 타당한 대응 방안을 모색할 수 있을 것이다. 우선 기술·산업적 측면에서 제4차 산업혁명은 기술 및 산업 간 융합을 통해 "산업구조를 변화"시키고 "새로운 스마트 비즈니스 모델을 창출"시킬 것으로 판단된다. 제4차 산업혁명의 특성인 '초연결성'과 '초지능화'는 사이버물리시스템(CSP) 기반의 스마트 팩토리(Smart Factory) 등과 같은 새로운 구조의 산업생태계를 만들고 있다.

예를 들어 사이버물리시스템은 생산과정의 주체를 바꾸게 되는데, 기존에는 부품·제품을 만드는 기계설비가 생산과정의 주체였다면 이제는 부품·제품이 주체가 되어 기계설비의 서비스를 받아가며 스스로 생산과정을 거치는 형태의 산업구조로 변화한다는 것이다. 이로 인해 이미 제조업 분야에서 인간의 노동력 필요성이 점차 낮아지고 있어 "리쇼어링(Reshoring)" 현상이 나타나는 등 산업생태계가 변화하기 시작했다. 이러한 변화가 반영하듯 보스턴컨설팅그룹(BCG)은 2013년 보고서에서 미국이 다시 생산기지로 적합해지고 있다고 진단하였다.

이미 제너럴일렉트릭(GE; General Electric Corp.)은 세탁기와 냉장고, 난방기 제조공장을 중국에서 켄터기주(州)로 이전하였고, 구글(Google)도 미디어 플레이어인 넥서스Q를 캘리포니아주(州) 세너세이에 만들고 있다. 그리고 독일은 2011년 제조업의 혁신과 부흥을 위해 정보통신기술(ICT)과 제조업을 융합하여 사이버물리스템 기반의 '인터스트리 4.0(Industry 4.0)' 전략을 선제적으로 추진하고 있다.

또한 사물인터넷(IoT) 및 클라우드 등 '초연결성'에 기반을 둔 플랫폼 기술의 발전으로 O2O(Online to Offline) 등 새로운 '스마트 비즈니스 모델'이 등장할 것이다. 공유경제(Sharing Economy) 및 온디맨드경제(On Demand Economy)의 부상은 소비자 경험 및 데이터 중심의 서비스 및 새로운 형태의 산업 간 협업 등으로 이어지고, 정보통신기술(ICT)과 '초연결성'에 기반한 새로운 스마트 비즈니스 모델이 등장시킬 것으로 전망되고 있다. 또한 제4차 산업혁명의 주요 변화 동인이자 기술 분야인 빅데이터, 사물인터넷, 인공지능 및 자율주행자동차 등의 기술개발 수준 및 주기를 고려할 때 향후 본격적 상용화로 인해 새로운 시장(직업)이 나타날 것으로 예상하고 있다.

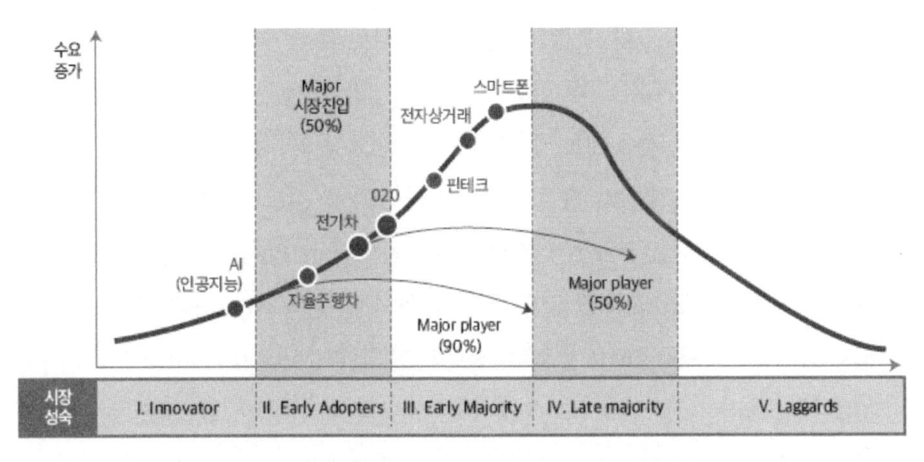

[그림 12-3] 글로벌 스마트 산업의 제품 사이클

두 번째로 제4차 산업혁명으로 인해 "고용구조의 변화"가 나타날 것이다. 즉 제4차 산업혁명을 야기하는 과학기술적 주요 변화동인이 미래사회의 고용구조인 일자리 지형을 변화시킬 것으로 전망되고 있는 것이다. 특히 자동화 기술 및 컴퓨터 연산기술의 향상 등은 단순·반복적인 사무행정직이나 저숙련(Low-skills) 업무와 관련된 일자리에 직접적으로 영향을 미쳐 고용률을 감소시킬 것으로 예측되고 있다.

옥스퍼드대학(Oxford Univ.)의 Martin School은 컴퓨터화 및 자동화로 인해 미래에 사라질 가능성이 높은 직업에 대한 연구를 수행하였는데, 현재 직업의 47%가 20년 이내에 사라질 가능성이 높은 것으로 도출되었다. 특히 텔레마케터, 도서관 사서, 회계사 및 택시기사 등의 단순·반복적인 업무와 관련된 직업들이 자동화 기술로 인해 사라질 것으로 전망하고 있다(Oxford Univ., 2013). 호주는 노동시장의 39.6%(약 5만 명의 노동인력)가 수십 년 내 컴퓨터에 의해 대체될 것으로 예상하고 있고, 그중 18.4%는 업무에서의 역할이 완전히 사라질 가능성이 높을 것으로 보고 있다(CEDA, 2015).

독일 제조업 분야에서는 기계가 인간의 업무를 대체함에 따라 생산부문 120,000개(부문 내 4%), 품질관리부문 20,000개(부문 내 8%) 및 유지부문 10,000개(부문 내 7%)의 일자리가 감소하고 생산계획부문의 반복형 인지업무(Routine cognitive work)도 20,000개 이상의 일자리가 사라질 것으로 예측되고 있고, 이러한 현상은 2025년 이후 더욱 가속될 것으로 전망되고 있다(Boston Consulting Group, 2015). 미국의 경우에도 인공지능, 첨단로봇 등 물리적/지적 업무의 자동화로 인해 대부분 업무의 특정 부분이 자동화될 것으로 보고 있다. 구체적으로는 저숙련 및 저임금 노동인력이 수행하는 단순 업무와 더불어 재무관리자, 의사, 고위간부 등 고숙련 고임금 직업의 상당수도 자동화되어, 인간이 하는 업무의 45%가 자동화될 것으로 전망되고 있다(Mckinsey, 2016).

그러나 일자리 지형 변화와 관련하여 부정적인 전망만 있는 것은 아니다. 제4차 산업혁명과 관련된 기술 직군 및 산업분야에서 새로운 일자리가 등장하고, 고숙련(High-skilled) 노동자에 대한 수요가 증가할 것이라는 예측도 존재한다. 특히 산업계에서는 인공지능, 3D 프린팅, 빅데이터 및 산업로봇 등 제4차 산업혁명의 주요 변화 동인과 관련성이 높은 기술 분야에서 200만 개의 새로운 일자리가 창출되고, 그중 65%는 신생직업이 될 것이라는 전망도 있다(GE, 2016).

또한 독일 제조업 분야 내 노동력의 수요는 대부분 IT와 S/W 개발 분야에서 경쟁력을 가진 노동자를 대상으로 나타날 것이고, 특히 IT 및 데이터 통합 분야의 일자리 수는 110,000개(약 96%)가 증가하고, 인공지능과 로봇 배치의 일반화로 인해 로봇 코디네이터 등 관련 분야 일자리가 40,000개 증가할 것으로 전망되고 있다(Boston Consulting Group, 2015).

마지막으로 제4차 산업혁명에 따른 기술 · 산업 측면의 변화와 일자리 지형의 변화는 여기에서 멈추지 않고 고용 인력의 "직무역량(Skills & Abilities) 변화"에 영향을 미치고 있다. WEF 보고서에 따르면 제4차 산업혁명은 고용 인력이 직무역량 안정성(Skills Stability)에도 영향을 미치고, 산업분야가 요구하는 주요 능력 및 역량에도 변화가 생겨 '복합문제 해결능력(Complex Problem Solving Skills)' 및 '인지능력' 등에 대한 요구가 높아질 것으로 전망되고 있다(WEF, 2016).

다수의 전망 보고서에서도 '컴퓨터/IT' 및 'STEM(Science, Technology, Engineering, Mathematics)'분야의 지식이 효율적인 업무수행을 위해 필요함을 강조하고 있다(Oxford Univ., 2016). 특히 미국 제조업계에서는 2018년까지 전체 일자리의 63%가 STEM 분야의 교육 이수를 요구하고, 첨단제조분야의 15% 이상이 STEM 관련 고급학위(석사 이상)를 필요로 할 것으로 전망하고 있다(GE, 2016).

또한 미래사회의 고용 인력은 새로운 역할과 환경에 적응할 수 있는 유연성과 더불어 지속적인 학제 간 학습(Interdisciplinary Learning)이 필요하고, 다양한 하드스킬(Hard Skills)을 활용할 수 있어야 한다고 말하고 있다. 로봇이나 기계를 다루는 전문적인 직업 노하우를 정보통신기술(ICT)과 접목할 수 있는 역량과 더불어 다양한 지식의 활용을 기반으로 소프트스킬(Soft Skills)이 미래사회에서 더욱 중요한 역량이 될 것으로 보고 있다(Boston Consulting Group, 2015).

직무역량과 더불어 자동화 또는 인공지능 등 기술 및 기계의 발전으로 노동력이 대체되더라도 창의성 및 혁신성 등과 같은 인간만의 주요 능력 및 영역은 자동화되지 않을 것으로 전망되고 있다. Mckinsey는 미국 내 800개 직업을 대상으로 업무활동의 자동화 가능성을 분석한 결과, 800개 중 5%만이 자동화 기술로 대체되고 2,000개 업무 활동 중 45%만이 자동화될 것으로 분석하고 있다. 그리고 인간이 수행하는 업무 중 창의력을 요구하는 업무(전체 업무의 4%)와 감정을 인지하는 업무(전체 업무의 29%)는 자동화되기 어려울 것으로 보고 있다(Mckinsey, 2015)

다양한 미래 전망보고서들이 제시하고 있는 제4차 산업혁명에 따른 미래사회 변화를 종합 · 분석해 보면, 제4차 산업혁명은 '기술 · 산업구조' 및 '고용구조'와 같이 사회 외적인 측면에만 영향을 미치는 것뿐만 아니라 '역량'이라는 사회 내적인 측면이자 인간 개개인의 특성에도 영향을 미치고 있음을 알 수 있다.

이는 미래사회 변화에 대비하기 위해서 사회 외적인 측면에서의 대응과 사회 내적인 측면에서의 대응이 병행되어야 함을 의미한다. 이에 마지막 장에서는 제4차 산업혁명의 주요 변화 동인 및 특성, 미래사회 변화에 대한 분석을 기반으로 외적인 측면과 내적인 측면의 변화에 대응하기 위해 우리가 취해야 할 전략 방안을 모색해보고자 한다.

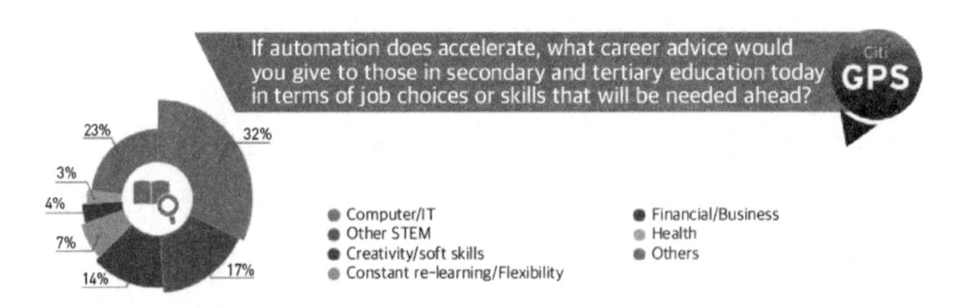

출처: Technology at Work v2.0(Oxford Univ., 2016)

[그림 12-4] 미래 산업분야에서 요구하는 직무역량

제5절 4차 산업혁명시대 새로운 교육 시스템의 혁신 필요성

1. 인재양성 교육

인재양성 교육측면에서 기존 지식전달 중심에서 벗어나 미래기술 대응력 및 역량개발 중심으로 인재양성교육 시스템의 전면적인 혁신이 필요하다. 4차 산업시대에 교육시스템의 전면적 혁신을 연구하기 위해 '교육혁신위원회'를 정부의 '4차 산업혁명 위원회' 내에 설치할 필요가 있다. 그리고 초등학교, 중학교, 고등학교 단계에서는 S/W 교육 등 미래기술에 대한 대응력을 강화하고 과학적 소양을 키우기 위한 교육시스템을 만들고 대학교 단계에서는 창의적, 혁신적, 미래인재 양성을 위해 융복합 교육 및 노동시장과 연계한 현장지향 교육을 강화하여야 한다. 재직자 및 잠재인력을 위해 미래사회가 요구하는 기술과 역량에 대응할 수 있는 재교육 및 전환교육 시스템을 구축하는 것도 중요하다.

각국의 4차 산업혁명 준비 정도 평가에서 한국은 교육시스템 유연성, 노동시장 유연성 미흡 등으로 25위를 차지(UBS, 2016년)하였다. 암기식, 획일적 수업과 지식전달 중심의 교육 등으로 4차 산업혁명시대에 요구되는 창의성을 갖춘 인재양성이 미흡하다. 국내 기업연구소에 입사한 신입 과학기술인력의 전반적인 창의성 수준은 2016년 53.5점(100점 만점)으로 낮은 편이다. 국내 기업들도 4차 산업혁명시대에 요구되는 중요한 직무역량인 문제해결능력, 창의력, 추상적 사고능력, 커뮤니케이션 기술 등을 기술인력이 갖추어야 할 중요한 스킬(Skills)로 보고 있으나, 기업현장에서 요구하는 수준과는 상당한 격차가 있는 것으로 조사되었다. 지식수명주기 단축으로 평생교육 수요가 증가하지만 경직된 학교중심 교육으로 인하여 평생교육확대에 문제점이 있다(중장기전략위원회, 2017).

2. 인재양성 교육 측면 정책

1) 초중고 교육

지식전달 교육에서 미래기술 대응력 및 역량 개발 중심으로 인재양성 교육 시스템의 전면적인 교육혁신이 필요하다. 2018년 초중등 S/W 교육 의무화를 계기로 프로그래밍 접근성과 역량강화를 위한 수준별 교육을 강화하고 기존 S/W 활용 중심(인터넷 검색 등)에서 컴퓨터 언어와 S/W의 이해, S/W의 응용 및 개발 중심으로의 교육시스템으로 전환하여야 한다.

영국은 2014년(5-16세), 핀란드는 2016년(7-16세)부터 프로그래밍 코딩교육이 의무화되었으며 일본은 2020년부터 의무화 예정이다. 초등단계에서는 놀이 중심의 S/W 교육을 통해 코딩 이해를 위한 교육을 하고, 중등단계에서는 프로그래밍 언어 및 알고리즘 등 S/W 원리에 대한 교육, 고등단계에서는 높은 수준의 프로그래밍 언어교육을 기반으로 실질적 콘텐츠 제작 및 활용에 관한 교육을 추진하여야 한다.

정규 교육과정에서 벗어나 과학기술분야 및 미래기술 분야에 대한 이론과 정보학습 및 실험을 통해 STEM 분야의 소양을 키울 수 있는 교육환경을 구축하고 미래사회의 다양한 교육 컨텐츠의 개발 및 활용을 위해 클라우드 시스템 등 ICT 교육 인프라 환경을 구축하여야 한다.

2) 대학 교육

창의적, 혁신적 미래인재의 양성을 위해 탈학위적 교육시스템으로 변화하고 융복합 교육 및 노동시장과 연계한 현장지향교육을 강화하여야 한다. 토론과 세미나 중심의 수업을 통해 사고능력과 융합적 역량을 키울 수 있도록 하고 다양한 온라인 교육 콘텐츠 및 플랫폼 개발을 확대하여야 한다. 미네르바 대학에서는 기숙사에 거주하면서 강의실 없이 토론중심의 수업을 온라인으로 진행하고, 1학년 과정에서는 이론적 분석/경험적 분석/복합시스템 분석/ 다양한 커뮤니케이션 등 전공과 무관한 4개 과정 이수를 하도록 한다.

창의적 혁신적 아이디어를 공유하고, 상호 융합하여 실현하도록 하고, 창업을 촉진 및 기술인큐베이터로서의 역할을 수행하도록 한다. 그리고 창의적 융합적 인재의 양성을 위해 관심분야 및 미래기술 분야에 대한 학습 및 분야 간 융합학습이 가능한 미래형 대학교육 커리큘럼을 개발한다. 기술창업 실현 관점에서 대학생의 창의적 혁신적 아이디어를 창업으로 연결시킬 수 있는 지원체계가 구축되어야 한다.

3) 재직자의 재교육 및 전환교육

재직자를 대상으로 '복합문제해결능력' 및 '인지능력' 등의 역량을 전환할 수 있는 산업체 내의 맞춤형 직무역량을 강화하고 미래사회가 요구하는 기술 및 역량에 대응하기 위한 재교육을 하여야 한다. 현재 국가적으로 지원하는 산업현장의 지식, 기술, 소양 등을 산업부문별로 제시하고 있는 NCS(National Competency Standard, 국가직무능력표준) 기반의 학습모듈 등의 교육 프로그램 및 구축 교육을 하여야 한다.

제4차 산업혁명으로 인해 사라지거나 고용성장률이 감소될 산업분야 및 직군의 비이공계 인력의 효율적 활용 및 분배를 위해 이공학 관련분야로의 전환교육 체계를 구축한다. 그리고 성인학습자가 지속적으로 자기개발을 위해 평생교육에 참여할 수 있도록 유인체계를 구축한다(중장기전략위원회, 2017).

4) 아이들에게 산수 아닌 상상력 가르쳐라

2017년 9월 '과학기술과 사회발전 연구회'가 주관한 '4차 산업혁명시대의 정책방안' 토론회에서도 4차 산업혁명시대는 반복되는 기존의 스펙교육보다는 스스로 문제를 발견하는 창조교육을 강조하였고, 중국 최대 전자상거래 기업 알리바바의 마윈(馬雲) 회장도 2017년 9월 미국 뉴욕에서 열린 '블룸버그 포럼' 연설에서 '이젠 메이드 인 인터넷 시대에 젊은이들에게 제조업 교육을 하는 것은 무의미하다며 산수가 아닌 상상력을 가르쳐야 한다'고 역설했다. 4차 산업혁명시대에는 매우 혁신적이고 창조적인 인간으로 성장하도록 교육해야 한다고 강조했다. 그리고 인간과 AI의 싸움에서의 승리자는 인간이 될 것이며, 앞으로 인간은 AI의 덕분에 적게 일하고 많은 여가를 즐기게 될 것이라고 전망했다(문화일보, 2017년 9월 21일, 29면).

5) 4차 산업혁명시대 융합교육

4차 산업혁명시대에 맞춰 필요한 융합형 인재 교육으로 소프트웨어, 코딩(coding. 컴퓨터 프로그래밍) 교육이 의무화되는 추세이다. 코팅이란 다양한 컴퓨터 언어로 프로그래밍을 만드는 것이며 컴퓨터, 스마트폰에 들어가는 각종 소프트웨어가 코딩을 통해 만들어진다. 이런 코팅열풍에 서울대학교 경영대학도 동참하여 코팅과목을 필수과목으로 지정하였다. 코팅과목은 서울대 사범대학 등 여러 전공에서 강의가 개설되고 있다.

제13장 4차 산업혁명이 공공분야와 창조경제에 미치는 영향

제1절 4차 산업혁명이 공공분야에 미치는 영향

4차 산업혁명은 단순한 생산성 혁명 정도의 수준이 아닌 산업 생태계의 근본적 체질 및 경제 패러다임 자체를 변화시킬 수 있기 때문에 공공분야에서의 발빠른 대응과 선제적 지원이 더욱 절실한 상황이다. 특히 4차 산업혁명을 주도하는 기술들의 선도국 대비 기술격차(지능형 로봇 5년, 사물인터넷 4.2년, 빅데이터 3.7년 등)를 빠른 시일 내에 줄이고, 관련 산업육성을 위해서는 구체적이고 체계적인 정부 차원의 정책적 지원이 이루어져야 가능할 것이다.

한편, 4차 산업혁명의 핵심 트렌드는 공공분야에서 정책 및 제도적 지원뿐만 아니라 인프라 구축, 전문인력 양성, 국제협력 지원 등 다양한 분야에서의 대응전략 마련을 요구하고 있는 상황이다. [그림 13-1]에서 보듯, 공공분야는 무인화 및 인공지능 보편화에 따른 인프라 고도화, 가상현실 기술활용 증가에 따른 연구개발 지원, 도시문제 해결형 공공서비스 창출, 그리고 초연결사회의 유기적 연계를 위한 정책적 등을 주도적으로 이끌어 나가야 할 것이다.

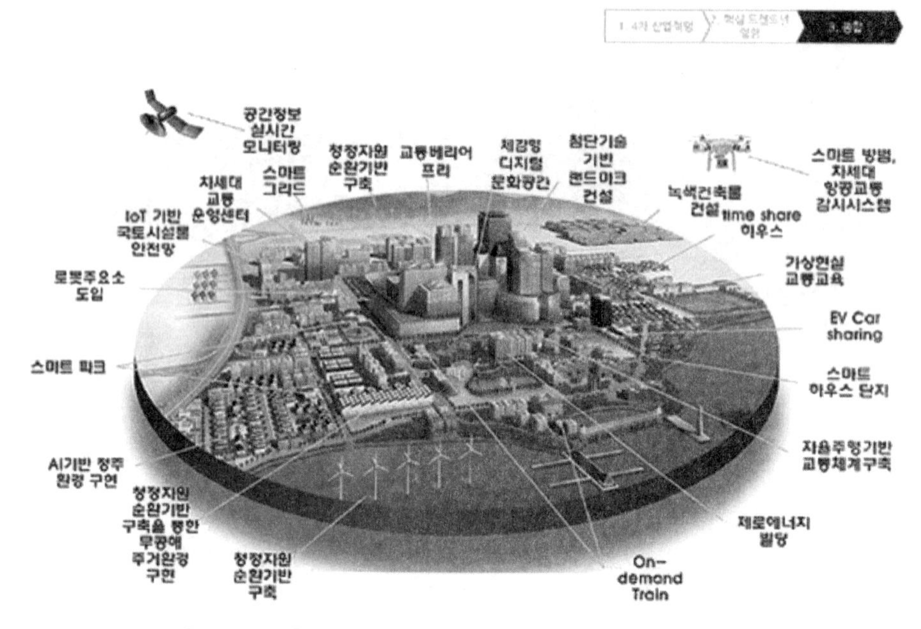

[그림 13-1] 4차 산업혁명에 따른 국토교통의 미래 모습

1. 보건 · 의료 · 복지 분야

산업 및 기술의 융복합화로 인해 산업의 영역을 규정하는 기존의 경계가 빠르게 허물어질 것으로 예상되며 사물인터넷, 웨어러블 의료기기, 커넥티드홈, 인공지능 치료기술 등을 통해 보건의료산업의 영역이 확대될 것으로 전망되어 이에 대한 정책적 지원방안이 시급히 마련되어야 한다. 복지분야에서도 빅데이터가 적극 활용되면서 실시간 정보제공을 위한 인프라구축과 국민생활의 제고를 위한 다양한 서비스 발굴이 요구된다.

2. 농림 · 수산 · 해양 분야

첨단 융복합 기술을 바탕으로 한 '스마트 팜'이 등장하고 드론 및 지능형로봇을 활용한 노동력 대체, 배송 및 물류체계 혁신으로 인한 생산-유통-소비 시스템의 혁신화, 인공지능 및 무인화를 활용한 관련 부품의 고도화 등이 급속하게 진행될 전망이므로 관련 기반시설, 연구개발지원, 제도 및 규제완화 등의 대응방안 마련이 요구되고 있다.

3. 국토 · 교통 · 건설 분야

인공지능, 가상현실, 증간현실, 커넥티드 기술 등을 활용한 지능형 교통체계(C-ITS), 자율주행차 도로, 3D 프린팅을 활용한 건설, 맞춤형 철도시스템, 무인물류시스템 등의 분야가 활발하게 전개되고 있어 민간영역에서 요구하고 있는 기술, 정책 및 제도, 해외시장 진출, 전문인력 양성 등의 공적 영역에서의 지원역할 확대가 요구되고 있다.

4. 문화 · 관광 분야

창의적인 아이디어를 기술, 지식, 제품 등과 연계한 '소프트 파워' 중심의 변화가 빠르게 진행될 것으로 전망된다. 특히, 스포츠, 게임, 관광 등 분야에서 융복합 콘텐츠의 중요성이 확대되어 관련한 제도적 지원방안이 구체적으로 마련되어야 한다.

5. 교육 분야

다보스 포럼에서는 4차 산업혁명으로 인한 가장 급속한 시스템 재편이 이루어지는 분야로 '교육'을 선정했으며 이는 노동시장의 급격한 변화에 기인한다. 교육 정책, 일자리 정책 등과 연계되어 미래형 교육시스템 구축 및 분야별 전문인력 양성 등 공공분야의 다양한 지원이 요구된다.

6. 공공분야의 주체별 대응방향

1) 중앙정부

정부부처는 일단 경제 전반의 근본적 혁신을 유도하는 한편 신산업을 육성해 새로운 경쟁에서 앞서나갈 것이라는 큰 방향성을 수립하고 노동시장, 교육시스템 등 4대 부문 구조개혁을 통한 일자리 창출, 인구구조 변화에 고령사회로의 연착륙을 유도하기 위한 정책의 틀 마련 등을 통해 4차 산업혁명에 대비하고 있다.

그중 가장 두드러진 부분은 경제 활성화를 위한 노력으로 기획재정부 중장기전략위원회는 올 초부터 '4차 산업혁명 대응을 위한 중장기 정책방향' 수립을 위한 범부처 과제를 기획하고 있으며 작년에는 국가차원의 성장동력 확보를 위한 9대 국가전략 프로젝트, 19대 미래성장동력을 발표하고 로드맵을 구체화하고 있다. 국토부는 '국토교통 비전 2045' 및 '국토교통 7대 신산업 중장기 로드맵', 산업부는 '에너지 신산업 활성화 및 육성전략' 수립 등 각 부처별로도 발빠르게 대응 전략을 수립하고 있는 상황이다.

특히, 중앙정부는 신기술의 신속한 접근과 산업발전을 저해하는 요인들을 해소하기 위해 각종 규제를 완화하고 제도를 정비하는 작업에 더욱 집중하는 과정에 있다. 예를 들어, 규제프리존의 도입을 통해 지역 주도의 지속적인 성장발전 기반을 확보하는 노력을 시도하고 있는데, 이는 지자체의 지역전략산업 육성방향과도 연계되어 실효성 있는 정책도입 효과를 가져올 것으로 예상된다.

2) 지자체

지자체도 4차 산업혁명에 대비하여 여러 분야에서 대응전략을 수립하고 있는데, 가장 핵심이 되는 분야는 역시 지역경제 활성화를 위한 특화산업 육성이다. 융복합 산업이 중심축이 되어 지역의 산업구조 및 생태계, 강점분야, 환경적 특성 등을 고려하여 미래전략산업을 선정하고 관련한 자금지원을 포함한 제도적 · 정책적 지원 방안을 수립하고 있다.

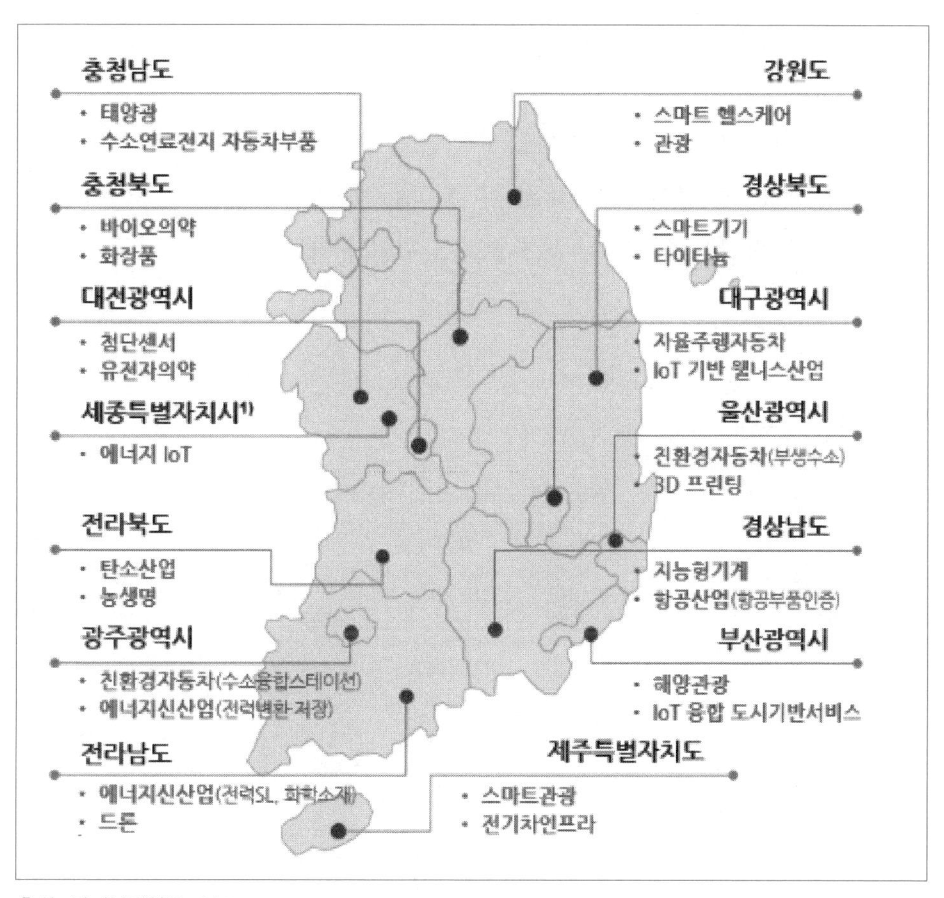

출처: 관계부처합동, 2015

[그림 13-2] 규제프리존 도입을 통한 지역경제 발전방안

서울시는 지자체 중 가장 발빠르게 '글로벌 디지털 서울 2020'이라는 비전을 수립하고 전자정부 분야 글로벌 리더로서의 국제적 위상을 공고히 함과 동시에 자체적으로 4차 산업혁명에 대비한 산업분야별 중점 추진과제를 도출하고 있다. 대구시는 2016년 '미래비전 2030'을 발표하며 자율자동차, 에너지, IoT, 웰니스 산업 등의 미래 유망산업 발굴 및 스마트시티 기본계획을 수립하여 선제적인 대응을 위한 준비를 하고 있으며, 충청권 지자체들도 4차 산업혁명에 대한 대비책들을 마련하고 있다.

지역경제 발전을 위한 대응방향과 동시에 균형적으로 관심을 기울이는 분야는 도시문제의 효과적인 해결을 위한 스마트시티 구현이다. 서울, 인천, 부산, 대구 등이 이미 자체 종합계획을 수립한 상황이며 통합 인프라 구축 및 다양한 실증서비스를 통해 시민 삶의 질 제고를 지향하고 있다. 관련하여 도시재생, 시민커뮤니티 활성화 등을 지원하기 위한 구체적인 대응방안도 마련하고 있다.

〈표 13-1〉 주요 광역시별 전략적 육성산업 추진 분야

광역시별 미래전략산업 추진현황							
	대구	서울	인천	부산	광주	울산	대전
계획명	대구 미래성장 동력산업	서울경제비전 (8대 신성장동력산업)	인천 8대 전략산업	TNT 2030 플랜	미래산업전략 2022	2030 울산 중장기발전계획	4대 전략산업
미래전략산업	• 전략산업 - 전자정보 - 바이오 - 메가트로닉스 - 섬유 • 신성장동력 산업 - 의료 - 지능형 자동차 및 로봇 - 신재생에너지	• 지식서비스 산업 경쟁력 강화 - 비즈니스 서비스 - 금융 - 관광 · MICE • 차세대 스마트 기술 육성 - IT융합 - 바이오메디컬 - 녹색산업 • 창조산업 육성 - 콘텐츠 - 디자인 · 패션	• 주력기반산업 구조고도화 연계 - 항공 - 첨단자동차 - 로봇 • 주력산업 고도화 - 바이오 - 물류 - 뷰티 • 지역인프라 활용 - 관광 - 녹색기후금융	• 미래성장산업 - 수산식품 - 문화콘텐츠 (엔터테인먼트) - 생명과학 - 에너지 - 조선해양 플랜트 - 메가트로닉스 · ICT	• 기반산업 고도화 - 미래그린 자동차 - 광 · 전자기반 스마트 홈 - 고령 맞춤형 ICT융합 - 스마트 에너지 • 기존산업 고부가가치화 - 미래디자인 - 고부가가치 농 · 생명 - 글로벌 창의 문화 · 관광 산업	• 기존주력산업 - 자동차 - 조선해양 - 석유화학 • 5대 신성장 동력 - 전지 - 원자력 - 정밀화학 - 오일허브	• 4대 전략산업 - 정보통신 - 메가트로닉스 - 바이오 - 첨단부품소재

- 모든 지자체에서 메가트렌드, 정부/지자체 정책, 지역 연고산업의 3가지 기준으로 동일하게 중점육성 산업을 도출
- 특히, 신성장산업은 메가트렌드 및 국가정책과 연계되어 대부분의 광역시 간 차별성 無
- 지자체별 연고산업의 경우 기존 지역 내 주요 산업을 고도화하는 방향으로 전략 수립

결론적으로 4차 산업혁명은 사회, 경제, 문화 등의 영역에서 긍정적인 변화를 가져올 것임이 틀림없는 반면, 자동화로 인한 저숙련 일자리 감소, 비전형 고용관계 확산, 거시경제의 재정 건전성 약화, 국가 간(선진국-신흥국) 부문 간 양극화 심화 등의 부정적 영향을 동시에 초래할 수 있는 점을 간과해서는 안 된다. 특히 우리 경제는 산업구조 변화에 대한 대비가 늦고, 경직적인 고용-교육시스템 등으로 4차 산업혁명에 따른 고용충격이 가중될 우려도 큰 상황이다.

즉 산업활성화를 위한 정책수립, 관련 분야 지원 확대, 인프라 구축 등을 진행함과 동시에 교육, 복지, 사회 등의 공공분야에 역량을 집중하고 사전적 대응을 위한 정책적 노력을 강화하여 진정한 혁신이 이루어질 수 있는 방향에 우선순위를 가져가는 것이 가장 중요한 과제라고 제언할 수 있겠다.

제2절 4차 산업혁명이 창조경제에 미치는 영향

1. 산업혁명과 창조경제

인류 역사 변화의 중심에는 새로운 기술의 등장과 기술적 혁신이 자리하고 있었고, 새로운 기술의 등장은 단순히 기술적 변화에 그치지 않고 전 세계의 사회 및 경제구조에 큰 변화를 일으켰다. 기술적 혁신과 이로 인해 일어난 사회·경제적 큰 변화가 나타난 시기를 산업혁명'이라 부르고 있다.

인류 역사적 관점에서 보자면 현재 사회의 산업혁명과 같은 과학기술적 사건은 매우 최근에 발생하였다. 농경 중심의 사회에서 현대 사회로의 첫 번째 전환점이라고 할 수 있는 제1차 산업혁명이 약 200여 년 전에 발생했다는 점은 우리 사회가 매우 짧은 시간 동안 발전하고 변화하였다는 것을 보여준다.

또한 현대사회로 진입할수록 새로운 기술과 기술적 혁신이 나타나는 주기가 극단적으로 빨라졌으며, 기술의 파급속도도 급격하게 빨라지고 있다. 1876년 벨(Bell)이 발명한 유선 전화기의 보급률이 10%에서 90%로 도달하는데 걸린 기간이 73년이었으나, 1990년대에 상용화된 인터넷이 확산되는데 걸린 시간은 20년에 불과했고, 휴대전화가 대중화되는 기간이 14년이라는 점은 기술발전의 속도와 더불어 기술의 파급력이 급진적으로 빠르다는 점을 보여주고 있다. 즉 새로운 기술이 등장하고 기술적 혁신이 나타나는 주기가 점차 짧아지며, 그 영향력은 더욱 커지고 있다는 것이다. 이는 현재 우리가 스마트폰이 없는 일상생활을 상상하면 쉽게 이해할 수 있을 것이다.

우리는 컴퓨터 및 정보통신기술(ICT)의 발전으로 인한 '디지털 혁명'이라는 제3차 산업혁명의 시대를 지내고 있으며, 이로 인해 정보화 · 자동화 체제가 구축되었다. 이들 산업혁명은 역사적 관점에서 보자면 아주 짧은 기간 동안 발생하였으나, 그 영향력은 개인 일상생활에서 부터 전 세계의 기술, 산업, 경제 및 사회 구조를 뒤바꾸어 놓을 만큼 거대하였다. 그리고 새로운 기술의 등장과 기술적 혁신은 계속 진행 중에 있으며 또 다른 산업혁명을 야기하고 있다.

존 호킨스는 창조경제를 '창조적 인간, 창조적 산업, 창조적 도시를 기반으로 한 새로운 경제체제로 창조적 행위와 경제적 가치를 결합한 창조적 생산물의 거래'로 정의하는데 박근혜 정부가 출범하면서, 창조경제의 정의를 아래의 세 가지로 밝혔다.

- 창조와 혁신을 통한 새로운 일자리와 시장 창출
- 세계와 함께 하는 창조경제 글로벌 리더십 강화
- 창의성이 존중되고, 마음껏 발현되는 사회구현

"창조경제는 과학기술과 산업이 융합하고, 문화와 산업이 융합하고, 산업 간의 벽을 허문 경계선에 창조의 꽃을 피우는 것이다. 기존의 시장을 단순히 확대하는 방식에서 벗어나 융합의 터전 위에 새로운 시장, 새로운 일자리를 만드는 것이다. 창조경제의 중심에는 핵심적인 가치를 두고 있는 과학기술과 IT산업이 있다."고 정의했다.

정부는 경제혁신 3개년 계획을 통해 2017년에 잠재성장률을 4%대로 끌어올리고, 고용률 70%를 달성하며 1인당 국민소득 4만 불을 지향하는 이른바 '474'의 초석을 다져 놓겠다는 청사진을 제시했다. 경제혁신 3개년 계획은 '기초가 튼튼한 경제', '역동적인 혁신경제', '내수 · 수출 균형경제'의 3대 핵심전략으로 구성돼 있다.

'경제혁신 3개년 계획' 중 '역동적인 혁신경제' 과제를 위해 창조경제를 본격 확산시키겠다고 강조했다. 창조경제의 주역을 '중소 · 벤처기업'으로 지목하면서, 대기업과 이들을 연결해 '원스톱 지원'이 가능한 창조경제혁신센터를 올해 상반기 안에 전국 17개 시도에 모두 설치하겠다는 구상을 밝혔다. 지역경제 활성화 방안도 창조경제에서 찾았다. 중소 · 벤처기업을 지역 특화산업과 연계해 '지역 성장 허브'로 키우겠다는 것이다.

미래창조과학부(현, 과학기술정보통신부)는 미래성장동력이 되는 9가지의 응용산업과 그 기반이 되는 4가지 기반산업을 동시에 육성하여 분야 간 융합을 촉진하는 것이다. 이들 분야에서 대기업뿐 아니라 중소기업과 벤처기업의 참여 비중을 높이고 히든 챔피언을 육성하여 일자리를 창출, 1인당 국민소득을 4만 불 이상으로 높이는 것이 정부의 목표이다.

2. 9대 전략산업

1. 스마트 자동차: 정보통신기술과 자동차의 융합
2. 5G 이동통신: 4G 대비 1천 배 빠른 이동통신 기술 개발
3. 심해저 해양플랜트: 해저에 매장된 자원을 채굴하여 이송하는 시스템 구축
4. 지능형 로봇: 인공지능이 융합된 로봇기술
5. 착용형 스마트기기: 스마트워치를 비롯하여 신체에 착용할 수 있는 컴퓨터 기기
6. 실감형 콘텐츠: 실제와 유사한 경험을 주는 차세대 콘텐츠

7. 맞춤형 웰니스 케어: IT와 의료기기의 융합으로 구축한 건강관리 시스템
8. 재난안전관리 스마트 시스템: 정보통신기술 등을 활용한 재난관전 예측 및 대응 시스템
9. 신재생에너지 하이브리드 시스템 : 태양광과 풍력, 지열과 태양광 등 둘 이상의 에너지를 조합한 친환경 전력시스템

1~3은 대한민국이 기존에 경쟁력을 가진 분야로, 여기에 정보통신기술을 융합하는 것을 목표로 한다. 스마트 자동차 분야에서는 전 세계 3대 강국이 되는 것을 목표로 한다. 5세대 이동통신에서는 초고속 서비스를 기반으로 한 미래의 SNS를 비롯, 입체영상과 UHD(초고해상도영상) 및 홀로그램 등의 서비스를 목표로 한다. 또한 연구개발에 중소기업 참여비중을 확대(25% → 40%)하는 동시에 중소기업의 제품화 개발을 지원함으로써 시장창출을 촉진한다.

4~6은 미래신산업 분야이다. 지능형 로봇은 부품 국산화 등에 주력하는 것, 착용형 스마트 기기는 지능형 반도체 및 사물인터넷 연구개발과 연계하여 핵심부품 기술을 갖춘다는 것이 목표이다. 또한 실감형 콘텐츠에 대해서는 각종 홀로그램 기술에 7년간 2400억을 투자하겠다는 대규모의 홀로그램 산업 육성 계획이 발표되었다.

7~9는 공공복지 분야이다. 맞춤형 헬스케어 플랫폼을 구축하고 의료법을 정비하고 시범사업을 추진, 동남아 등 해외에 진출하는 것이 목표이다. 재난 안전 관리는 사물인터넷 및 스마트 센서를 이용하여 첨단화하는 것이 목표이다. 신재생에너지 하이브리드 시스템은 2020년 세계 시장 10%를 점유하는 것을 목표로 한다.

3. 4대 기반산업

4대 기반산업은 정보통신 및 재료과학의 기초가 되는 기술들이다. 기반산업 분야에서는 9대 전략산업과 연계해 특화기술을 개발하고 시스템 · 인프라를

구축하는 등 융합형 성장 기반을 마련하는 데 중점을 뒀다. 지능형 반도체는 사물인터넷, 스마트 자동차, 착용형 스마트 기기 등 전략산업과 연계한 시범사업을 시행할 예정이다. 빅데이터 분야에서는 고성능 컴퓨팅 기술, 실시간 스트림 빅데이터 처리 기술을 개발하고 기술 및 사업화 컨설팅을 진행해 중소기업을 육성하기 위한 발판을 마련할 계획이다.

1. 지능형 반도체 : 스마트 자동차, 사물인터넷, 착용형 스마트기기 등에 응용되는 기술이다.
2. 융복합 소재 : 경량화되고 고성능화된 신소재를 개발하여 각종 산업 분야에 응용한다.
3. 지능형 사물인터넷 : 사물들 간의 네트워크 연결을 통해 유기적으로 정보를 활용하는 지능형 서비스이다.
4. 빅데이터 : 스마트폰, SNS, 사물인터넷에 따라 폭증하고 있는 대량의 데이터를 처리하는 기술이다.

4. 4차 산업혁명시대의 기술과 내용

제4차 산업혁명에 대한 정의는 주체 및 관점에 따라 다양할 수 있으며, 공통적으로 IoT, 빅데이터, AI로봇 등 급속도로 발전한 ICT 기술에 의한 산업혁명으로 기술한다. 다보스 포럼(WEF; World Economic Forum)에서는 제4차 산업혁명이라는 화두가 세상에 던져졌다. WEF는 「The Future of Jobs」 보고서를 통해 제4차 산업혁명이 근 미래에 도래할 것이고, 이로 인해 일자리 지형 변화라는 사회 구조적 변화가 나타날 것이라고 전망하고 있다.

또한 제4차 산업혁명을 '디지털 혁명(제3차 산업혁명)에 기반하여 물리적 공간, 디지털적 공간 및 생물학적 공간의 경계가 희석되는 기술융합의 시대'라고 정의하면서, 제4차 산업혁명은 전 세계의 산업구조 및 시장경제 모델에 커다란 영향을 미칠 것으로 전망하고 있다.

〈표 13-2〉 4차 산업혁명시대의 기술과 내용

기술	내용
IoT (Internet of Things)	• 사물인터넷이라고도 하며, 사물에 센서가 부착되어 실시간으로 데이터를 인터넷 등으로 주고받는 기술이나 환경을 의미 • IoT가 도입된 기기는 사람의 개입 없이 상호 간 정보를 직접 주고받으면서, 필요 상황에 따라 정보를 해석하고 스스로 작동하는 자동화된 형태
CPS (Cyber-Physical System)	• 로봇, 의료기기 등 물리적인 실제의 시스템과 사이버 공간의 소프트웨어 및 주변환경을 실시간으로 통합하는 시스템 • 기존 임베디드시스템의 미래지향적이고 발전적인 형태로서 제조시스템, 관리시스템 운송시스템 등의 복잡한 인프라 등에 널리 적용이 가능
빅데이터	• 디지털 환경에서 생성되는 다양한 형태의 데이터를 의미하며 그 규모가 방대하고 생성 주기도 짧은 대규모의 데이터를 의미 • 증가한 데이터의 양을 바탕으로 사람들의 행동 패턴 등을 분석 및 예측할 수 있고, 이를 산업 현장에 활용할 경우 시스템의 최적화 및 효율화 등이 가능
인공지능	• 컴퓨터가 사고, 학습, 자기계발 등 인간 특유의 지능적인 행동을 모방할 수 있도록 하는 컴퓨터공학 및 정보기술의 한 분야 • 단독적으로 활용하는 것 외에도 다양한 분야와 연결하여 인간이 할 수 있는 업무를 대체하고 그보다 더욱 높은 효율성을 가져올 것으로 기대가 가능

제3절 4차 산업혁명시대 미래의 전략

1. 4차 산업혁명의 주요 변화동인(Drivers of changes)

많은 미래 전망 보고서들은 제4차 산업혁명과 미래사회 변화가 기술적 측면의 변화동인과 사회 · 경제적 측면의 변화동인으로 인해 야기될 것으로 전망하고 있다. 특히 「The Future of Jobs」(WEF, 2016)는 '업무환경 및 방식의 변화',

'신흥시장에서의 중산층 등장' 및 '기후변화' 등이 사회 · 경제적 측면에서의 주요 변화동인이고, 과학기술적 측면에서는 '모바일 인터넷', '클라우드 기술', '빅데이터', '사물인터넷(IoT)' 및 '인공지능(AI)' 등의 기술이 주요 변화동인이 될 것으로 보고 있다.

보스턴컨설팅(Boston Consulting Group), 옥스퍼드대학(Oxford Univ.) 및 CEDA (Canadian Engineering Development Association) 등 주요 컨설팅 기업, 대학 및 연구기관들도 미래사회의 변화동인과 미래사회 변화에 대한 연구를 수행하여 다음와 같은 결과를 제시하고 있다. Boston Consulting은 「인더스트리 4.0(Industry 4.0)」에 기반하여 독일 제조업 분야에서 나타나는 노동시장의 변화를 연구하였는데, 기술적 측면의 변화동인들이 일자리 지형에 직접적인 영향을 미쳐 기술발전을 적용(adoption)함으로써 제조업 생산성이 크게 향상될 것으로 전망하고 있다. 그리고 이러한 변화의 중심에는 빅데이터, 로봇 및 자동화 등의 기술이 자리할 것으로 예측하고 있다(Boston Consulting, 2015).

옥스퍼드대학(Oxford Univ.)의 Martin School은 유럽에서의 미래 일자리 지형 변화를 연구하였는데, 유럽 노동시장이 '글로벌화'와 '기술적 혁신'으로 인해 변화될 것으로 전망하고 있다(Oxford Univ, 2015). 또한 과학기술의 발전이 단순 업무에서부터 복잡한 업무까지 자동화시켜 일자리뿐만 아니라 업무영역에서도 커다란 변화가 나타날 것으로 전망하고 있다. 특히 S/W 및 빅데이터 등 정보통신기술(ICT)의 발달로 업무영역이 자동화되고, 자율주행기술 및 3D 프린팅 기술 등의 등장으로 일자리 지형이 크게 변화할 것으로 예측하고 있다 (Oxford Univ., 2015).

CEDA는 호주 노동시장의 미래 변화에 대한 연구를 수행하였는데, 과학기술적 측면과 과학기술 외적 측면에서의 변화동인을 제시하고 있다. 과학기술 외적으로는 글로벌화, 인구통계학적 변화, 사회변화 및 에너지 부족 등이 변화동인으로 제시되었고, 과학기술적 측면에서는 클라우드 서비스, 사물인터넷(IoT), 빅데이터, 인공지능 및 로봇기술 등이 변화동인으로 제시되고 있다(CEDA, 2015).

또한 세계적 민간기업인 제너럴일렉트릭(GE; General Electronics Corp.)은 미래 공급체인의 발전과 고객 니즈 충족과 관련된 기술을 연구하였는데 다양한 과학기술의 보고서는 다양한 과학기술의 발달이 기업의 공급체인을 더욱 발전시키고 고객의 다양한 요구를 충족시켜 경제규모를 더욱 크게 만들 것으로 전망하고 있다. 특히 클라우드, 자동화 기술, 예측 분석 및 선행제어를 위한 스마트 시스템 등의 기술이 미래에 생산성을 높일 기술로 제시되고, 기계 센서와 커뮤니케이션 기술, 3D 프린팅 기술 등은 고객의 니즈를 충족시킬 수 있는 기술이 될 것으로 예측하고 있다(GE, 2016)

이러한 다양한 미래 전망자료를 종합 · 분석해 보면, 과학기술 측면에서 제4차 산업혁명과 미래사회 변화를 야기하는 주요 변화동인이 ICBM 등 정보통신기술(ICT) 기반의 기술임을 알 수가 있다. 이를 바탕으로 우리는 제4차 산업혁명과 관련 있는 직업의 특성을 이해할 수 있을 것이다.

2. 4차 산업혁명시대 직업의 특징

우리 사회는 이미 초연결 사회로 진입하고 있다. 사물인터넷(IoT), 클라우드 등 정보통신기술(ICT)의 급진적 발전과 확산은 인간과 인간, 인간과 사물, 사물과 사물 간의 연결성을 기하급수적으로 확대시키고 있고, 이를 통해 '초연결성'이 강화되고 있다. 2020년까지 인터넷 플랫폼 가입자가 30억 명에 이를 것이고 500억 개의 스마트 디바이스로 인해 상호 간 네워크킹이 강화될 것이라는 전망은 초연결사회로의 진입을 암시하고 있다(삼성증권, 2016). 또한 인터넷과 연결된 사물(Internet-connected objsects)의 수가 2015년 182억 개에서 2020년 501억 개로 증가하고, M2M(Machine to Machine, 사물-사물) 시장 규모도 2015년 5조 2000억 원에서 2020년 16조 5000억 원 규모로 성장할 것으로 전망되고 있다. 이러한 시장 전망은 '초연결성'이 제4차 산업혁명이 도래하는 미래사회에서 가장 중요한 특성임을 보여주고 있다.

〈표 13-3〉 국가별 미래사회 변화의 주요 변화 동인

구분	주요 변화 동인
독일	빅데이터, 로봇, 자율주행 물류자동차, 스마트 공급망, 자가조직화 기술 등
영국	바이오 및 나노 테크놀로지, 차세대 컴퓨터, 가상현실, 홀로그램, 3D 프린팅 등
미국	클라우드, 자동화기술, 센서 및 커뮤니케이션 기술, 3D 프린팅, 소프트웨어, 사물인터넷, 자율주행자동차 등
호주	클라우드, 사물인터넷, 빅데이터, 인공지능, 로봇 등

또한 제4차 산업혁명은 '초지능화'라는 특성이 존재한다. 즉 제4차 산업혁명의 주요 변화동인인 인공지능(AI)과 빅데이터의 연계 및 융합으로 인해 기술 및 산업구조가 '초지능화'된다는 것이다. 2016년 3월 이미 우리는 '초지능화' 사회로 진입하고 있음을 경험하였다.

인간 '이세돌'과 인공지능 컴퓨터 '알파고(Alphago)'와의 바둑 대결이 그것이다. 바둑판 위의 수많은 경우의 수와 인간의 직관 등을 고려할 때 인간이 우세할 것이라는 전망과 달리 '알파고'의 승리는 사람들에게 충격으로 다가왔다. 이 대결은 '초지능화' 사회의 시작을 알리는 단초가 되었고, 많은 사람들이 인공지능과 미래사회 변화에 대해 관심을 갖기 시작했다.

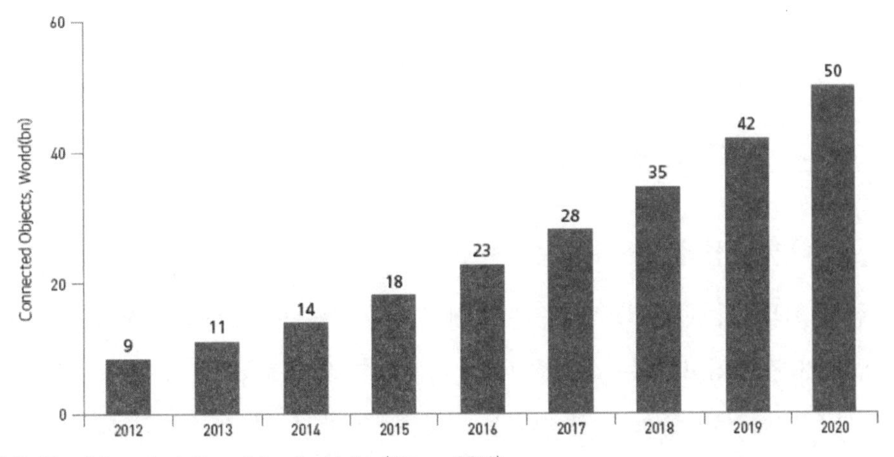

출처: The Internet of Everything in Motion(Cisco, 2013)

[그림 13-3] 인터넷과 연결된 사물(Connected objects)의 수 증가

사실 2011년에도 이미 인공지능과 인간과의 대결이 있었다. 미국 ABC 방송국의 인기 퀴즈쇼인 '제퍼디!(Jeopardy!)'에서 인간과 IBM의 인공지능 컴퓨터 왓슨(Watson)과의 퀴즈대결이 있었는데, 최종 라운드에서 왓슨은 인간을 압도적인 차이로 따돌리며 우승하였다. 이 대결은 인공지능 컴퓨터가 계산도구에서 벗어나 인간의 언어로 된 질문을 이해하고 해답을 도출하는 수준까지 도달했음을 보여주는 사례로 회자되고 있다.

산업시장에서도 딥 러닝(Deep Learning) 등 기계학습과 빅데이터에 기반한 인공지능과 관련된 시장이 급성장할 것으로 전망되고 있다. 트렉티카 보고서에 따르면 인공지능 시스템 시장은 2015년 2억 달러 수준에서 2024년 111억 달러 수준으로 급성장할 것으로 예측되고 있고(Tractica, 2015), 인공지능이 탑재된 스마트 머신의 시장 규모가 2024년 412억 달러 규모가 될 것으로 보고 있다(BCC Research, 2014). 이러한 기술발전 속도와 시장성장 규모는 '초지능화'가 제4차 산업혁명시대의 또 하나의 특성이라는 점을 말해주고 있다.

지금까지 우리는 제4차 산업혁명의 주요 변화 동인을 살펴보았고, '초연결성'과 '초지능화'라는 제4차 산업혁명의 특성을 이해하였다. 이제는 이러한 특성을 통해 미래사회가 어떻게 변화할 것인지에 대해 살펴볼 필요가 있다. 미래사회 변화의 방향에 대한 분석함으로써 우리는 보다 합리적이고 우리나라 현실에 맞는 대응 방안을 모색할 수 있을 것이다.

3. 4차 산업혁명과 산업구조의 변화

1) 우리나라의 산업구조 특징

한국경제에서 제조업의 비중은 여전히 높은 수준으로, 경제성장과 함께 탈공업화가 진행되고 있는 선진국과는 다소 다른 양태를 보이고 있다. 국내 주력 제조업 품목의 글로벌 경쟁력은 감소추세이며, 또한 제조업의 해외직접투자 비중이 일본수준으로 증가하며 공동화되고 있어 산업의 활력을 높일 수 있는 전략적 접근이 요구된다. 선진국 G7은 부가가치에서 기여하는 제조업의 비중이 축소되는 탈산업화를 겪고 있는데 반해, 한국은 제조업의 비중이 증가하고 있다고 분석했다.

한편 제조업 총생산액에서 차지하는 단일 업종별 비중이 10%가 넘는 '주력 제조업'의 개수도 미국 2개, 독일 2개에 비해 한국은 5개로 나타나, 선진국에 비해 소수품목에 대한 의존도도 매우 높은 수준임을 알 수 있다. 이렇듯 국민경제에서 제조업, 특히 첨단 제조업이 차지하는 비중이 높은데도 불구하고 고부가가치 첨단제조업의 부가가치 증가율은 그다지 높지 않은 것으로 나타났다.

미국 국립과학재단의 자료를 인용하여 최근 5년간(2010~2014년) 한국의 첨단 제조업 부가가치 증가율이 -4.7%로 전 세계 평균(4.2%)을 비롯하여 미국(1.9%), 중국(15.3%), 독일(5.7%), 영국(2.1%)에 비해 매우 낮은 수준이라고 밝혔다. 특히 반도체, 통신기기 등 우리나라 주력 ICT제조분야들의 부가가치 증가율도 전 세계 평균보다 낮은 수준으로 나타나, 기존의 주력 제조업 품목들로는 향후 지속적인 경제성장을 견인하기 쉽지 않을 것으로 예상된다.

2) 4차 산업혁명과 제조업의 미래

4차 산업혁명의 도래로 기존의 제조업은 빅데이터, IoT, 빅데이터, AI 등 디지털기술 및 플랫폼 비즈니스와 같은 새로운 패러다임과 결합되며, 맞춤형 소량생산, 스마트공장 등 제조공정 측면의 혁신과 소비자 접점이 제품에서 IoT 제품기반의 서비스로 변화하는 혁신적인 패러다임 변화를 경험하고 있다.

① 제조공정의 혁신: 3D 프린팅 기술 도입에 따른 맞춤형 소량생산 가능

디지털 제조는 기존의 저비용 기반의 대량생산 · 유통시대로부터 인터넷을 통해 생산, 유통, 소비가 가능한 시대로의 전환을 의미하기 때문에, 개인이나 벤처, 중소기업들도 등도 소규모 자본으로 생산이 가능한 공정의 혁신이다. 누구든지 혁신적인 아이디어를 디지털화하고 시제품 공유를 통한 피드백을 통해 제품의 완성도를 높일 수 있는 기회가 주어진다.

② 스마트 공장 확산(공정의 자동화, 지능화)

미래에는 IoT를 통해 축적된 빅데이터를 클라우드 방식으로 공유하고, 빅데이터로 상황을 분석, 생산시뮬레이션을 가동하는 생산체계 구축이 가능할 것으로 예상된다.

제조설비, 부품, 제품 등에 센서와 RFID를 장착하여 제조환경, 설비 운영현황 등 생산공정 전반에 걸친 자료를 실시간으로 수집하고, IoT 및 사이버 물리시스템(CyberPhysical System)을 통해 생산 공정의 사전검증 및 실시간 관리가 가능해질 것으로 예상된다.

제14장 4차 산업혁명시대의 금융과 핀테크, 블록체인

제1절 산업혁명에 따른 금융시장의 변화

1. 독점적으로 제공하던 금융서비스의 와해

4차 산업혁명으로 인해 다수의 참여가 가능해지면서 소비자 보호와 금융안전을 위하여 시장에 출현한 획기적인 서비스, 전달방식의 변화를 통해 시장 자체가 다면적 시장으로 변화하고 있으며, 그 핵심요소로는 분산시스템, P2P, 투명성과 익명성, 불가역성, 스마트계약의 특징 등이 있다. 금융과 통신, 유통이 하나로 연결되는 디지털 융합을 통해 플랫폼화되면서 서비스의 다양화 및 P2P 간 거래 활성화가 가능하고, 은행 점포의 기능 상실, 해외 송금과 대출(크라우드 펀딩), 가상화폐의 활용 등의 소비자의 금융 거래 패턴에 변화가 생겼다. 통신(ICT)과 금융 산업의 융합은 금융 분야 전반의 패러다임 변화를 촉진시켰다.

- **지급결제(Payments)**
  모바일 지급결제, 간소화된 지급결제, 통합된 결제, 차세대 보안, 암호화된 프로토콜, P2P 송금, 디지털 화폐
- 보험(Insurance)
  자동 심사 및 가입, AI 와 빅데이터 기반, 새로운 보험 체계 (공유경제, 자율주행차량 등), 센서(웨어러블), IoT 기술 등 connected insurance 등장
- 예금과 대출(Deposit & Lending)
  P2P, 소비자 행태 변화 (모바일 뱅킹 등), 가상 은행 2.0 (Platform), 은행 기능의 분화 (disintegration), 서민금융의 세분화
- 펀딩(Capital Raising)
  크라우드펀딩, 다양한 펀딩 플랫폼
- 투자관리(Investmet Management)
  AI, 알고리즘 트레이딩, 로보 어드바이저, 챗봇, 다양한 투자의사결정 지원 시스템, 다양한 상품
- 시장 인프라(Market Provisioning)
  빅데이터 수집 및 분석, 벤더 제공 Big data 기반 AI 시스템, 스마트 컨트랙트 가능 플랫폼 (금융거래, 주택거래 등)

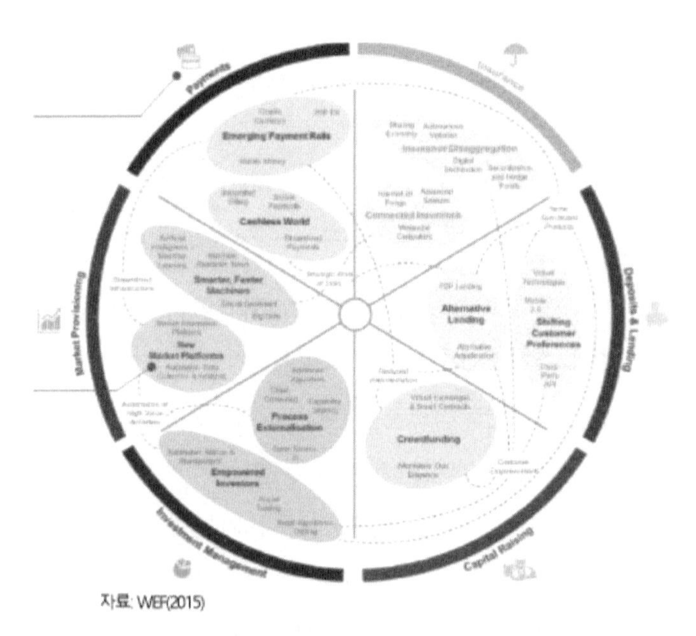

자료: WEF(2015)

[그림 14-1] 4차 산업혁명과 금융산업 및 통신(ICT)의 융합

지급 결제 시스템의 변화는 최근 모바일, 간편결제를 통해 사용의 편의성과 휴대성 등으로 확산 추세에 있으며, 블록체인 기술의 도입으로 진행이 더욱

가속화될 것이다. 가상화폐인 비트코인 기반 기술인 블록체인은 디지털 화폐 구현을 가시화하여 이미 현실에서 직접 적용되고 있으며, 이에 따라 금융회사와 IT기업들은 비트코인 등 다양한 가상화폐 연구와 개발에 앞장서고 있으며, 현재 비트코인 대란이 일어날 정도로 많은 영향을 끼치고 있다. 이러한 지급결제 시스템의 변화는 곧 송금 · 환전 · 지급결제 등 기존 금융시스템을 현금 없이 사용할 수 있는 현금 없는 사회가 도래할 것이다.

다수를 위한 새로운 혜택의 기회를 살려나가려면 관련 감독, 규율과 모니터링을 통한 소비자 보호, 공정한 경쟁 환경의 조성, 그리고 균형 잡힌 생태계 조성이 필요하다.

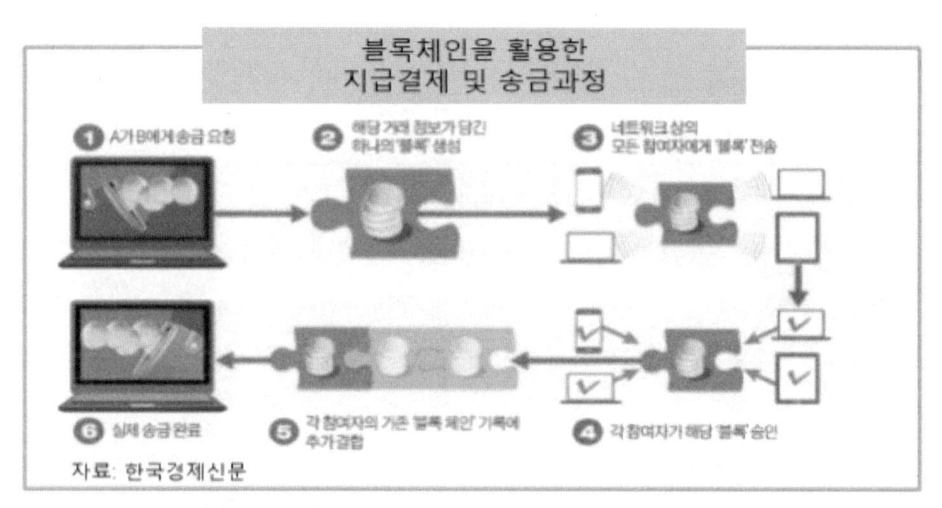

[그림 14-2] 블록체인을 활용한 지급결제 및 송금과정

2. 핀테크의 동향

1) 핀테크(Fin-Tech)의 정의

금융(Financial)과 정보기술(Technology)의 합성어로 모바일 결제, 송금, 개인 자산관리 등 금융과 관련된 기술 서비스나 상품을 통칭하는 말이다. 금융서비

스의 변화로는 모바일, SNS, 빅데이터 등 새로운 IT기술 등을 활용하여, 기존 금융기법과 차별화된 금융서비스를 제공하는 기술기반 금융서비스 혁신이 대표적이며 최근 사례는 모바일뱅킹과 앱카드 등이 있다. 산업의 변화로는 혁신적 비금융기업이 보유 기술을 활용하여 지급결제와 같은 금융서비스를 이용자에게 직접 제공하는 현상이 있는데 애플페이, 알리페이 등을 예로 들 수 있다.

현재 금융 서비스는 플랫폼 차원이 변화하고, 다양한 사람들이 서비스에 참여할 수 있는 오픈 플랫폼으로 금융 서비스가 변하고 있다. 핀테크에서 가장 주목받는 영역은 지급결제 영역이다. 여기서는 규제 완화 동향과 주요 결제형 핀테크인 모바일 결제, O2O(online to offline)결제와 간편결제가 있다.

2) 공인인증서 폐지

정부는 작년부터 지급결제에 규제를 적극적으로 개선하고 있는데, 가장 중요한 것은 공인인증서 사용의무의 폐지이다. 공인인증서는 「전자서명법」 제15조에 따라 공인인증기관이 발급한 본인인증수단인데, 과거 전자금융감독규정 제37조는 전자금융에서 공인인증서 의무를 규정하였다. 정부는 공인인증서 사용 의무가 거래의 편의성과 전자상거래의 발전을 해친다는 이유로 사용 의무를 폐지하였다.

2014년 3월 시행세칙 제4조의 공인인증서 사용의무의 예외 범위를 확대하여 전자상거래의 모든 카드 결제에 대해 공인인증서 의무를 폐지하였으며, 2015년 3월 전자금융감독규정 제37조를 개정하여 전자금융 거래전반에 대한 공인인증서 사용 의무를 폐지하였다. 개정된 전자금융감독규정 제37조는 금융회사 또는 전자금융업자는 전자금융거래의 종류와 성격, 위험수준 등을 고려하여 안전한 인증방법을 사용하여야 한다고 규정하여 인증수단을 자율적으로 사용할 수 있도록 허용하였다. 이와 함께 2014년 10월 개정된 「전자금융거래법」 제21조 제3항도 정부는 특정 방식의 전자금융결제를 강요해서는 안 된다고 규정하여 공인인증서 강제를 금지하였다.

3) 간편결제

공인인증서 폐지 이후 많은 기업들이 간편결제 시장에 진출하고 있다. 2014년 9월에는 카카오 페이가 출시되었으며, 전자결제 대행업계에서는 LG유플러스가 2013년에 출시했던 페이나우를 공인인증서 폐지 이후 서비스를 대폭 개선한 뒤 적극적으로 마케팅하고 있다. 올해 하반기에는 네이버 페이 등이 출시할 예정이며, 페이팔, 알리페이 등 글로벌 간편 결제 기업들도 한국 시장에 진출할 가능성이 있다.

[그림 14-3] 2017년 모바일 간편 결제시장 현황

4) 모바일 결제

모바일 결제는 모바일을 이용한 결제 전체를 지칭한다. 모바일 결제는 다시 온라인 결제와 오프라인 결제로 구분할 수 있다. 온라인 거래는 앱이나 모바일 웹을 통해 물품을 구매한 뒤 결제하는 것이다. PC의 온라인 결제를 모바일 상에서 구현한 것으로 볼 수 있다. 최근에는 오프라인에도 모바일 결제가 출현하고 있다. NFC와 바코드 등을 통해 오프라인 상점에서 신용카드 대신 모바일 기기를 이용하여 결제를 하는 것이다. 최근 주목받는 애플페이, 삼성페이 등은 오프라인상의 모바일 결제로 볼 수 있다.

[그림 14-4] 삼성페이 결제 방식

5) O2O(online to offline) 결제

O2O는 유통업체의 온오프라인 채널의 융합을 의미하는데, 최근에는 서비스 영역 전반에서 온오프라인의 융합 현상을 지칭하기도 한다. 여기서는 O2O 서비스는 온라인에서 예약하거나 구매한 뒤, 오프라인 매장에서 수령하거나 이용하는 서비스를 말하거나, 거꾸로 오프라인 상점에서 상품을 검색한 뒤 온라인으로 주문하는 서비스로 보고자 한다. 온라인거래와 오프라인의 융합인 O2O서비스를 이용하기 위한 결제를 O2O결제로 볼 수 있을 것이다.

3. 핀테크의 가능성과 보완점

제4차 산업혁명은 산업 간의 장벽을 허물고 새로운 가치를 만든다. 핀테크 분야도 금융, 기술 분야의 장벽이 무너지면서 만들어졌다. 핀테크분야의 핵심 기술은 기존 금융 시스템의 장벽을 허물고, 소비자가 금융서비스를 직접 이용할 수 있도록 도와준다. 블록체인은 제4차 산업혁명 금융 분야에서 핵심이 되는 기술이다. 블록체인은 현재의 중앙집중식 원장 구조를 분산원장(distributed ledger)으로 대체하게 한다.

블록체인은 금융회사나 TTP(Trusted Third Party, 신뢰할 수 있는 제3자 기관)의 개입 없이 P2P 방식으로 사람과 사람 사이의 금융거래를 가능하게 해준다. 기존 금융 기관들은 비용절감 효과를 위해 블록체인을 활용하려 하고 있다. 블록체인을 상용화하려면 몇 가지 선결과제를 해결하여야 한다. P2P 방식이기 때문에 보안에 취약해질 가능성과 금융 안정관련 제도와 상충 가능성을 고려하여야 한다.

핀테크 분야는 새로운 보안 · 인증 방식을 필요로 하고 있다. 현재 공인인증서 시스템이 기존 금융기관들의 많은 투자로 이루어진 기술이기 때문에 금융기관들과 합의를 통해 개선해 나갈 필요가 있다. 스마트 계약은 블록체인 기반의 프로그램이다. 스마트 계약으로 여러 사람이 계약 중간에서 공증하는 과정이 간단해진다. 핀테크 분야에서 비용절감이나 거래처리 기간 단축에 기여할 수 있다. 지급결제 분야를 제외하면 금융기관의 입장에서 가장 관심 있는 핀테크 분야는 스마트계약이다.

제4차 산업혁명의 핵심은 빅데이터이다. 빅데이터는 클라우드컴퓨팅의 기반이 된다. 빅데이터 분석은 데이터를 수집, 저장, 관리, 분석할 수있는 역량을 넘어서는 대량의 정형 또는 비정형 데이터로 부터 가치를 추출하고 결과를 분석하는 것이다. 빅데이터의 활용을 위해서는 데이터에 대한 정밀한 분석과 정제작업이 수반되어야 한다.

제2절 핀테크(Fin Tech)산업 동향

1. 국내의 핀테크(Fin-Tech)산업 유형

국내는 신용카드사, 오픈 마켓, PG사가 공인인증서가 적용되지 않는 소액결제에 대해 최근 간편결제 서비스를 제공해 왔으며, 금융당국의 공인인증서 사용 의무화 폐지와 간편결제 도입을 위한 규제 완화 이후 카드사와 신용정보 보관이 가능해진 PG업체의 서비스 확대가 추진되고 있다.

핀테크에 대한 추진 방향, 사업 영역, 분류, 서비스 내역 등에 대한 해석이 이해관계 주체에 따라 다양하며 시장을 바라보는 시각도 다른 것 같다. 국내 금융환경의 특수성도 있지만 금융 기반의 핀테크냐 보안 기반의 핀테크냐 등 정의도 각기 다르다. 핀테크 기업이 접근하기에는 각종 규제, 보수적인 금융 환경, 금융기관별로 적용하는 핀테크 기술 등이 다르기 때문에 접점을 찾기가 어렵다는 문제도 있다.

공인인증서와 ActiveX 문제, 인증기술인 일회용 비밀번호생성기 OTP(일회용 패스워드, One Time Password)는 무작위로 생성되는 난수의 일회용 패스워드를 이용하는 사용자 인증 방식이 현재 지급결제 분야 이외에 국내 정보보호 업체 대다수가 핀테크 보안 분야에 포함되거나 진출 중으로 구체적 회사 명칭 및 서비스명은 생략 등 일부 접근매체에 집중되어 있다 보니 단순 간편결제 분야 위주로 발전하고 있다.

우리나라는 금융분야에 대한 높은 규제 장벽으로 금융과 IT와의 융합이 느리게 진행되어 왔으나 최근 들어 IT업체의 금융업 진출에 위협을 느낀 국내 은행들이 ICT업체와 제휴를 본격화하는 양상을 보이고 있다. 또한 최근 해외 주요국에서 인터넷전문은행(Internet Primary Bank)이 꾸준하게 성장하고 있어 국내에서도 인터넷전문은행이 성장할 전망이다. 그러나 금산분리 원칙이나 지분율 제한 등 규제 문제와 보안 문제는 여전히 풀어야 할 숙제이다. 인터넷 전문은행은 지점망 없이 운영되는 저비용 구조로, 기존 은행에 비해서 각종 수수료를 최소화하면서도 수익을 낼 수 있는 구조로 은행 이용자에게 보다 높은 예금금리, 낮은 대출금리, 저렴한 수수료 제공이 가능하다는 장점이 있다.

문제는 ICT 기반의 인터넷은행은 대부분 온라인으로 이루어지기 때문에 비대면에 따른 보안상 문제점을 어떻게 해결할 것인가가 관건이다. 금융위원회에 따르면 국내 인터넷전문은행 설립을 위한 중요한 요건으로 네트워크, 백업체계 및 차별화된 보안체계를 요구하고 있다. 인터넷전문은행의 성공 여부는 모든 업무가 인터넷으로 이루어지기 때문에 강력한 사이버보안기술과 정책이 필수적으로 수반되어야 하며 튼튼한 고객 기반과 고객의 니즈, ICT 기반기술에서 경쟁력에 좌우될 것이다

〈표 14-1〉 국내 핀테크의 분야별 추진현황

분야	국내 현황
지급결제	• 카드사 및 PG사 등의 간편결제 서비스 출현
송금	• 금융회사를 통하지 않고 비금융회사의 플랫폼을 활용한 온라인송금서비스 출현
예금·대출	• 인터넷 전문은행 도입 방안 마련 중
투자자금모집	• 투자형 크라우드 펀딩법안 국회 통과예정
자산관리	• 온라인 투자자문 등에 대한 제도적 제약은 없음 • 온라인 펀드슈퍼마켓 도입 완료
보험	• 개별 보험회사 홈페이지를 통한 온라인 보험 가입 • 온라인 보험 슈퍼마켓 도입 추진 중
기타	• (빅데이터) 빅데이터 가이드라인 마련 및 통합신용정보집중기관 설립 추진 중 • (보안 · 인증) 핀테크 보안업체 및 금융회사 간 제휴확대, 스마트 OTP 출시 준비, 금융보안원 설립 등

2. 외국의 핀테크(Fin-Tech)산업 현황

1) 미국

미국은 실리콘밸리의 우월한 IT 기술을 기반으로 '13년 기준 가장 많은 핀테크 업체를 보유하고 있으며, 세계 핀테크 스타트업 투자금 중 83%가 미국에 투자된다. 1998년 12월 설립된 페이팔은 2002년 이베이에 인수되어 개설 시 은행계좌와 신용카드 정보를 입력하면, 향후 결제과정에서 이메일 주소와 비밀번호만으로 결제 가능한 서비스를 제공하고 있다. 최근 페이팔은 O2O(Online to Offline)서비스로 사업범위를 확장하고 있다. 페이팔의 가입자는 1억 4300만 명, 결제 가능한 통화수는 100개, 계좌이체가 가능한 국가는 57개국에 달한다.

애플은 '14년 10월 아이폰 신모델을 출시하며 아이폰에 탑재된 지문인식 센서를 통해 온 · 오프라인 상점에서 결제를 손쉽게 할 수 있으며 보완성을 높인 애플페이(ApplePay)서비스를 출시했다.

민트닷컴은 2006년 설립되어 개인의 금융계좌, 신용카드 정보, 주택 및 증권 가격 등을 고려 종합적인 자산상황을 알려주는 개인 재정관리 서비스 제공하고 있다. 이후 빅데이터 기반 금융 추천 서비스로 업무 영역을 확장하고 있으며, 2009년 150만 명의 개인사용자를 확보하고 인튜이트에 11월 1700만 달러에 인수되었다.

〈표 14-2〉 해외 ICT 기업의 핀테크 서비스

기업	주요 내용
Google	• 전자지갑 '구글웰렛' 출시(2011) • E-mail 기반 송금서비스 출시(2013)
Apple	• 전자지갑 '패스북' 출시(2011) • NFC 기반 '애플페이' 서비스 출시(2014)
Facebook	• 아일랜드 내 전자화폐 발행 승인(2014) • 글로벌 송금업체 '아지모'와 제휴(2014)
Verizon	• AT&T, T모바일과 공동으로 모바일 전자지갑 서비스인 'ISIS' 출시(2012)
e-bay	• 송금 · 결제 서비스인 '페이팔'과 선불카드인 'My Cash' 출시(1998/2012)
Alibaba	• 송금 · 결제 서비스인 '알리페이' 출시(2004)
Amazon	• 자사 사이트 내 지급결제 서비스인 '아마존페이먼트' 출시(2014)

2) 영국

금융 산업이 주된 경제 원동력인 영국의 경우 글로벌 금융위기 이후 금융 산업의 효율성을 증진시키는 방향의 일환으로 핀테크 산업에 대한 투자에 집중하고 있으며, 영국의 핀테크 산업 투자 규모는 전 세계에서 가장 빠른 성장세를 보이고 있다. 영국 핀테크 산업의 특이점은 대형 금융기관 및 컨설팅업체들이 핀테크 사업 창업인큐베이팅 역할을 수행하고 있다.

뱅크오브아메리카, 메릴린치, 바클레이즈, 시티그룹, 스위스, 도위치은행, 골드만삭스, HSBC, 제이 피모건, 로이드그룹, 모건스탠리 등이 핀테크 혁신 연구소(Fintech Innovation Lab)를 설립하고 핀테크 분야의 기업들을 지원하고 있다. 영국의 핀테크 산업의 경우 플랫폼 분야 및 금융데이터 분석 분야에서 경쟁력을 보이고 있다.

영국은 정부의 핀테크 산업 육성 정책하에 2015년 핀테크 업계에 1억 파운드(약 1,639억 원)를 직접 투자하겠다고 공표하였다. 2003년 설립된 모니티즈(Monitise)는 국제은행 거래 표준에 따른 모바일 지급결제서비스 솔루션을 개발하고 2008년 말 기준 영국 내 은행 55%가 이를 채택하였다. VISA, HDFC 등과 제휴하여 서비스 범위를 넓히고 있다.

3) 중국

중국은 막대한 인구를 기반으로 정부의 적극적인 핀테크 산업 육성 정책하에 핀테크 산업이 빠른 속도로 성장하고 있다. 중국의 대표적 IT 기업 '알리바바'의 성장은 핀테크 산업 진화의 전형을 제시하고 있다. 2004년 중국 최대 온라인 쇼핑몰 알리바바는 물품대금결제 솔루션으로 서비스(알리페이)를 시작하였고 가입자는 2015년 7월 기준 9억 2,000만 명에 이르며, 교역액은 2013년 기준 3만 8,720억 위안으로 중국 소비재 소매총액의 16%에 달한다.

알리페이 서비스를 통해 온라인 개인 소매, 기업의 도매거래 결제에서 공공시설 사용료, 오프라인 쇼핑몰이나 편의점, 택시비 결제도 가능하며, 이후 대출(2007년, 알리바바 파이낸셜), 투자(2013년, 위어바오), 보험(2013년, 중안온라인보험), 은행(2015년, 마이뱅크 오픈예정)업에 진출하여 사업 범위를 확장하고 있다. 위어바오의 경우 알리페이의 가상계좌를 이용 재테크 서비스를 제공하며, 중국 전자상거래연구센터에 따르면 2015년 3분기까지 사용자가 2억

4,900만 명이라고 하였다. 은행 적금보다 높은 이자율을 매일 지급, 자금 이동이 자유롭고 소액 투자도 가능하다.

3. 핀테크(Fin-Tech) 향후 전망

중국 알리바바의 핀테크 '알리페이'는 중국 모바일결제 시장의 50%를 차지하고 있으며, 글로벌 컨설팅 업체 액센츄어는 IT 기업 등 비금융기관의 은행권 시장점유율이 2020년에 30%까지 올라갈 것이라는 전망을 내놓았다. 핀테크가 금융업에 큰 변화를 불러 올 것으로 예측되면서 전 세계 주요 IT 업체들은 금융업을 새로운 먹거리로 보고 경쟁적으로 핀테크에 뛰어들고 있다. 애플은 모바일 결제 서비스 '애플페이'를 출시했으며, 구글, 아마존 등도 핀테크 시장에 진출했다. 글로벌 핀테크 업체의 한국 공략도 시작됐다. 중국의 1, 2위 전자결제 회사인 알리페이와 텐페이가 국내 영업을 시작했으며, 대만의 최대 온 · 오프라인 전자결제 업체인 개시플러스(Gash+)와 싱가포르 전자결제 회사인 유페이도 한국 시장에 진출하겠다고 밝혔는데, 글로벌 핀테크 업체의 한국 진출이 본격화하면 연간 15조 원 규모로 성장한 국내 모바일 결제 시장을 잠식할 것이라는 우려도 나오고 있다.

글로벌 핀테크 업체에 맞서 한국의 IT업체들도 핀테크 경쟁에 합류하고 있다. 온라인 메신저 업체인 카카오가 제공하는 카카오페이(결제), 뱅크월렛카카오(송금), 결제 · 송금이 모두 가능한 서비스인 네이버의 '라인 페이' 등이 그런 경우다. 삼성전자도 멤버십카드를 저장하는 '삼성 월렛' 서비스에 모바일 금융 기능을 추가하겠다고 밝혔으며, 이동통신 업체들도 적극적으로 사업에 뛰어들고 있다.

하지만 한국은 여전히 '핀테크 후진국'으로 분류된다. 미국과 영국 등에선 최소 수백 개의 핀테크 기업이 활약하고 있지만, 국내에서 금융 관련 서비스를 직접 소비자에게 제공하는 핀테크 스타트업은 어림잡아 10~20곳에 불과하다. 한국이 핀테크 후진국이 된 이유는 금융업에 대한 규제와 밀접한 관련이 있다는 게 일반적인 분석이다. 「금융업법」, 「여신전문업법」 등의 현행법은 비금융사가 독자적으로 금융업에 진출할 수 없도록 하고 있는데, 이런 규제와 관행이 핀테크 활성화의 발목을 잡고 있다는 것이다. 금융권의 폐쇄적인 문화가 핀테크 활성화의 장애물이라는 지적도 있다.

핀테크 활성화를 위해서는 핀테크 스타트업과 은행, 카드사 등 기존 금융회사들과의 협업이 필수적인데, 국내 금융회사들은 금융 당국의 보호와 규제 탓에 새로운 기술을 사업화하는 데 소극적이라는 주장인 셈이다. 한국의 '신용카드 문화'가 핀테크 산업 발전의 속도를 더디게 만들었다는 지적도 있다. 해외에서는 신용카드를 사용할 때 비밀번호 입력, 신분증 확인 등 절차가 까다롭지만 국내에선 서명 확인 절차 없이도 신용카드를 사용할 수 있을 만큼 편리해서 소비자들이 신용카드에 길들여져 있다는 것이다.

1) 핀테크 선진국들의 한국업체 유치

한국업체들의 엑소더스 심화 전망은 2015년 5월 중순 한국NFC, 페이게이트 등을 비롯한 5개국 기업이 룩셈부르크 정부 초청으로 현지를 방문하였고, 이후 룩셈부르크로 건너와 정부의 지원과 함께 사업을 제안하였으며, 비슷한 시기에 영국, 중국, 호주, 아일랜드, 홍콩, 싱가포르, 미국 조지아를 비롯한 국가들이 한국에 업체 유치를 제안하였다. 실제 KTB솔루션은 룩셈부르크 방문 이후 현지에 법인을 설립하였다(2015).

2) 국내 핀테크 산업관련 규제 완화

최근 정부에서 금융관련 규제완화가 추세이며, 은산분리 완화에 관한 논의도 사회 전면에서 대두되고 있다. 정부는 인터넷 전문 은행 설립 등을 통해 전통 금융과 핀테크 간의 접점의 기회를 확대해야 하고 정부는 금융산업의 경쟁력 확보를 위해 규제를 재정리하여야 한다.

결론적으로 핀테크 산업이 많이 회자되며 새로운 경제 동력으로 집중되고 있는 가운데, 사실상 발전 속도와 성공여부를 가늠하는 데 어려움이 있다. 편의성과 접근성을 강점으로 하는 핀테크 산업의 지급결제 서비스의 경우 성장 속도가 빠르며, 성장 경로의 예측이 비교적 가능하다. 빅데이터와 소셜데이터 등 대안적인 데이터를 활용한 프로세스를 통해 기존 리스크의 산정 및 예측 방식에 있어 개선된 방식으로 대출 및 투자관련 업무를 제공하는 대안적 금융의 경우 그 성장속도와 성공여부를 예측하기 어렵지만 성공할 때의 파급력은 기존 핀테크 산업의 성장보다 강력할 것으로 예상된다.

혁신적인 핀테크 산업의 성장은 전통적 금융 서비스의 개념을 변화시키며 특히 전통적 은행 업무 영역에 변화를 초래할 것으로 예상된다. 공사도 기술 혁신에 따른 금융 생태의 변화를 주시하고 선도적으로 변화에 부응할 때 금융 시스템 안정과 국민에게 서비스하는 기업으로 지속적으로 성장할 수 있다. 현재 우리 정부와 금융 기관은 인터넷전문은행에 중점을 두고 핀테크 산업에 대비하는 움직임이 있는바 이 또한 주시해야 할 중요한 변화이다.

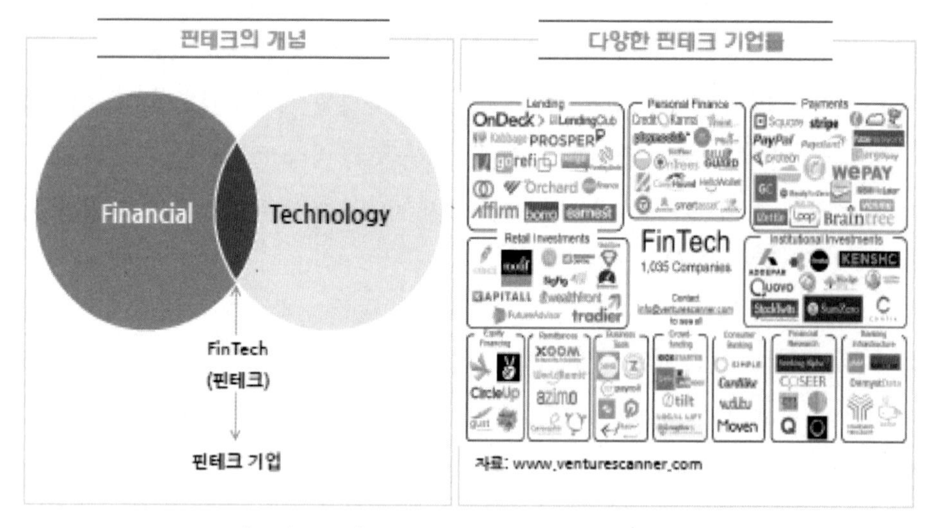

[그림 14-5] 핀테크의 개념과 핀테크 기업들

이상과 같이 살펴본 바와 같이 핀테크 산업의 도입은 전 세계적인 흐름으로 거역할 수 없는 필수 불가결한 것으로 우리나라도 빨리 도입하여 국제사회 흐름에 편승하여야 할 것이다. 사람들은 편리함을 추구하고 있어 핀테크 산업의 도입은 필수불가결한 요소임에 틀림없다. 도입하지 않으면 국제사회에 도태될 수 있으므로 신속한 도입을 통하여 국제거래에 있어 뒤떨어지지 않도록 하여야 할 것이다.

핀테크가 활성화되기 위해서는 다른 나라들에 비해 인식이 부족한 개인정보 보호수준을 높여야 한다는 지적도 있다. 한국은 개인정보 유출과 사이버해킹 등 보안사고가 세계에서 가장 빈번하게 발생할 뿐만 아니라 보이스피싱 · 스미싱 · 파밍 등 전자금융사기도 끊이지 않는 나라이기 때문에 핀테크가 아무리 편리하다고 해도 '개인정보 보호'가 뒷받침되지 않으면 이용자들이 등을 돌릴 것이다. 핀테크 활성화를 위해 금융업에 대한 규제완화도 필요하지만 보안사고 예방을 위한 준비도 철저하게 해야 한다.

제3절 4차 산업혁명과 블록체인

1. 블록체인

거래정보를 기록한 원장(Ledger)을 특정 기관의 중앙서버가 아닌 P2P(Peer-to-Peer) 네트워크에 분산시켜 참여자들이 공동으로 기록하고 관리하는 기술로 참여한 모든 구성원이 네트워크를 통해 상호 데이터 검증 및 저장을 통해 특정인이 임의로 조작하기 어렵게 설계된 저장 플랫폼이다.

블록체인에 대한 관심이 뜨겁다. 국내외를 막론하고 각종 금융기관 및 미디어의 신년 계획과 전망에 빠지지 않고 등장했다. 핀테크나 빅데이터 같은 산업적 개념이 아닌, 언뜻 난해해 보이는 기반 기술을 통칭하는 용어가 이토록 빠르게 확산되고 회자되었던 사례가 있었나 궁금할 정도다. 다만 커진 관심만큼 그것에 대한 오해 내지는 모호한 이해도 확대되고 있는 실정이다. 대표적인 게 블록체인이 위변조를 '원천봉쇄'할 수 있는 분산장부(기술)라는 인식이다.

〈표 14-3〉 블록체인 활용 가능 분야

분야	예상 효과
인증	별도의 공인인증기관 없이도 간편하고 안전한 대체 인증 수단 제공
결제 및 송금	소액 결제 및 해외 송금 서비스의 보안성 제고 및 수수료 비용 절감
증권 거래	통화, 장외주식, 파생상품 등의 매수·매도에 소요되는 거래 시간 단축
스마트 계약	조건에 의해 거래가 자동으로 성립됨에 따라 중간 관리자에 의한 사기·위조 방지
대출·투자·무역거래	• 중개자를 배제한 비대면P2P 대출 서비스 • 크라우드 펀딩을 통해 소액 자금 조달/투자 • 송장 정보 공유를 통한 송장 사기 방지

출처 : 한국금융연구원

위변조 시도를 애초에 불가능하게 만드는 시스템은 이론적으로 불가능에 가깝다. 다만 블록체인은 위변조 시도를 무의미하게 만들거나 증거가 남게 해 사전 혹은 사후 대응을 용이하게 한다는 점에서 차별화된다. 퍼블릭 블록체인과 프라이빗 블록체인을 구분하지 않고 어느 한쪽의 문제점을 전체의 것으로 확대하거나, 반대로 모든 기능이 다 구현 가능한 것처럼 과장하는 경우도 눈에 띈다.

블록체인에 대한 평가도 엇갈린다. 한편으론 인터넷에 비견될 정도로 엄청난 잠재력을 지닌 기술로 각광을 받지만, 다른 한편에선 비트코인의 화폐적 실험에서 드러난 문제점들까지 고스란히 떠안으며 (부당하게) 평가절하되기도 한다. 블록체인으로 무엇을 할 수 있을지, 어떤 분야에서 어떤 효익을 가져올 수 있을지, 비트코인이라는 역사적 실험의 한계와 성과는 기술로서 블록체인에 어떠한 함의를 지니는지 등의 중요한 쟁점들은 대부분 흐릿하게 아웃포커스된 채 성급하게 큰 그림부터 그려지고 있는 건 아닌지 차분하게 되돌아볼 시점이다.

코빗은 지난 2013년 국내 최초로 비트코인 거래소를 설립하며 한국에 비트코인과 블록체인 기술을 널리 알리고 보급해 왔다. 한국은행, 국세청, 금융위 등 금융당국은 물론 각급 금융기관과 대학 강연을 통해 비트코인의 화폐적 가치 자체보다는 그것을 가능케 한 기반기술인 블록체인에 주목할 것을 역설해 왔다. 블록체인에 대한 내부 연구 성과를 한국 사회가 활발하게 공유하고 본격화되는데 미력하게나마 기여하였다.

1) 블록체인 개념

블록체인은 비트코인 시스템을 구동하기 위해 고안된 기반 기술이다. 비트코인이 등장하기 이전에는 P2P(Peer-to-Peer) 네트워크상에서 구동되는 분권적 화폐 시스템이 불가능하다는 것이 정설이었다. 신뢰성을 담보하는 중앙기관 없이는 이중지불을 막고 장부의 무결성을 유지할 수 없었기 때문이다. 비트코인은 작업증명(proof-of-work)이라는 참여적 컨센서스 방식과 블록체인이라는 분산장부 기술을 토대로 이 한계를 뛰어넘었다. 위키피디아에 따르면, 블록체인은 승인 없는 분산 데이터베이스(permissionless distributed database)로 정의될 수 있다. 옥스포드 사전에는, 비트코인 혹은 다른 암호화화폐의 거래가 순차적이고 공개적으로 기록되는 디지털 장부라고 기술되어 있다(A digital ledger in which transactions made in bitcoin or another cryptocurrency are recorded chronologically and publicly). 뒤에서 더 자세히 살펴볼 것이지만 위의 두 정의는 모두 비트코인에 특화된 블록체인, 즉 퍼블릭 블록체인의 특성만을 반영하는 뚜렷한 한계를 지닌다. 얼마 전 발간된 영국정부의 블록체인 보고서는 이보다 진전된 정의와 함께 블록체인의 기본 메커니즘을 아래와 같이 간명하게 설명하고 있다.

“분산장부는 기본적으로 자산의 데이터베이스이다. 이 데이터베이스는 여러 시스템, 구성원 그리고 기관들로 구성된 하나의 네트워크상에서 공유될 수 있다. 네트워크의 모든 참여자들은 각자 자기 고유의 장부 복사본을 가질 수 있다. 공유된 장부에 어떤 변경이 발생하면 그 내용은 모든 장부에 몇 분 내지는 몇 초 만에 반영된다. 장부에 기재된 에셋은 금융적, 법적, 물리적 또는 전자적일 수 있다.

장부에 기재된 에셋의 보안성과 엄밀성은 전자키와 전자 서명에 의해 암호학적으로 유지되는데, 이것들은 공유된 장부 내에서 누가 무엇을 할 수 있는지를 통제하는 수단이 된다. 새로운 등재 내용은 하나, 여럿 또는 모든 참여자들에 의해서, 네트워크에 의해 동의된 규칙에 준거해 업데이트될 수 있다.”

(1) 한국은행은 최근 발간한 보고서에서 블록체인을 분산원장(distributedledger) 기술로 규정하면서, “거래정보를 기록한 원장을 특정 기관의 중앙 서버가 아닌 P2P 네트워크에 분산하여 참가자가 공동으로 기록하고 관리하는 기술을 의미”한다고 포괄적으로 설명했다. 세계적인 컨설팅 회사 딜로이트는 좀 더 광범위한 시각에서 “서로 알지 못 하는 사람들이 공유된 거래 기록을 믿을 수 있게 해주는 기술”로 정의한다.

아울러 기술의 총합이면서 공유된 기록 그 자체 또는 장부인 블록체인은, 특정한 네트워크상에서 모든 참여자들에게 분산되어 있으며 참여자들은 자신들의 컴퓨팅 자원을 이용해 거래기록을 유효화하고, 이를 통해 제3기관의 개입을 불필요하게 만든다.

(2) 국내외 여러 기관에서 블록체인에 대한 연구작업 성과를 속속 내놓고 있지만, 여전히 그 실체적 정의에 대한 엄밀하고 일관된 합의는 이뤄지지 못하는 것처럼 보인다. 블록체인 기술을 보다 네트워크 친화적으로 진화된 데이터베이스로 보는 견해에서부터 금융에 특화된 새로운 프로토콜로 사고하는 경

향에 이르기까지 다양한 시각들이 혼재되어 있다. 새롭게 부상한 기술을 규정하는 단계서부터 합의가 이뤄지지 않고 있다 보니, 기술 활용을 위한 논의 역시 지지부진해지기 마련이다. 블록체인에 대한 보다 엄밀하면서도 보편적인 정의가 필요한 이유다.

우리는 블록체인을 "Tamper-evident distributed data structure(위변조 증거가 남는 분산 데이터 구조)"로 정의할 것을 제안한다. 물론 블록체인의 용례가 풍부해짐에 따라 이 같은 기술 또한 유효성을 상실할 수 있을 것이다. 그럼에도 불구하고 현 시점에서 블록체인의 특징과 구조를 가장 적절하게 반영하며 논의를 시작하기 위한 토대로서 기능하기에는 충분한 설명이라 판단한다.

우선 위변조 가능성부터 살펴보자. 일반적인 통념과 달리 블록체인은 위변조가 불가능한 구조가 아니라 위변조를 쉽게 적발할 수 있도록 구조화된 시스템이라고 보는 것이 더 적절할 것이다. 단순히 분산되어 통신하며 업데이트되는 장부라기보다는 위변조에 대한 대응을 어떻게 하느냐가 더 본질적이기 때문이다. 블록체인은 위변조 행위를 적발하고 그러한 시도에 대응하는 조치가 중요하다. 이 같은 구분을 통해 우리는 블록체인 내부 구조에 대한 정확한 이해에 한 걸음 더 가까이 다가갈 것이라 생각한다.

또한 블록체인을 분산 장부(ledger)나 데이터베이스(database)라 규정하는 것보다는 데이터구조(datastructure)로 이해하는 것이 보다 유연하면서도 정확한 규정일 것이다. 분산장부 혹은 원장이라는 기술은 금융권에서만 통용될 수 있는 수평적 제한성을 지니며, 데이터베이스라는 규정은 수직적 경직성을 초래한다. 금융이외의 산업에 적용될 때 블록체인은 단순한 원장 이상의 데이터 구조로 활용할 수 있으며, 단순한 데이터베이스 시스템 이상의 구조적 확장성을 담보할 수 있기 때문이다. 분산된 데이터의 무결성 저장 기능뿐만 아니라 디지털 에셋과 자료의 분배 및 공유, 메시징, 암호학, 컨센서스 등의 다종 기술이 집약된 구조로 이해해야 할 것이다. 블록체인은 목적과 특성에 따라 세분화될 수 있다.

2) 블록체인의 분류

(1) Public BlockChain(퍼블릭 블록체인)

- 어느 누구나 열람/송금이 가능한 공개된 형태의 블록체인이다.
- Permission-less : 네트워크 참여에 제한이 없다.
- 누구든지 블록체인의 데이터를 읽고, 쓰고, 검증이 가능하다.
- 비트코인이 가장 대표적인 예이다.
- 그 누구도 제어하지 않기 때문에, 허락받을 필요가 없으므로, 돈세탁이나 밀수품 거래에 악용 가능하다.
- 그 누구도 소유하지 않기 때문에, 블록체인을 유지하려면 경제적인 인센티브가 필요(=채굴)하다.
- 모두가 운영 주체이기 때문에, 블록체인 프로토콜을 변경하는 게 쉽지 않다.(블록체인의 네트워크의 51% 이상의 동의를 얻어야 함)

(2) Private BlockChain(프라이빗 블록체인)

- 하나의 기관에서 독자적으로 사용하는 블록체인이며, 완전히 개인화된 블록체인이다
- 한 중앙기관이 모든 권한을 가지며, 네트워크에 참여하기 위해서 해당 중앙기관의 허락이 필요하다.
- 읽기, 쓰기, 합의과정에 참여할 수 있는 참여자가 미리 지정되어 있고, 필요에 따라 특정주체가 새로 추가되거나 제거된다.
- 경쟁이 없는 알고리즘을 사용하는 이유 : 비트코인처럼 경쟁에 의존하는 보안성 없이도 충분한 가치를 제공하며, 서버를 분산시키는 것 자체로 보안성이 증가한다.
- 대표적으로 금융기관에서 사용한다.
- 느린 거래 속도와 네트워크 확장성 문제가 해소된다.
- 퍼블릭 블록체인의 단점이나 위험성이 보완된다.

(3) Consortium Blockchain(컨소시엄 블록체인)

- 여러 기관들이 컨소시엄(조합)을 이루어 구성하는 블록체인이다.
- 미리 선정된 노드들이 권한을 가진다.
- N개의 기관이 노드를 한 개씩 운영하고, 각 기관의 노드 간 동의가 일어나야 거래가 생성된다.
- 블록체인의 기록 열람 권리를 모든 참여자에게 부여하거나 기관에게 만 제공하여 API를 통해 특정인원에게만 공개한다.
- 분산형 구조를 유지하면서 제한된 참여를 통해 보안을 강화한다.
- 네트워크 확장이 용이하고 거래 속도가 빠르다.

2. 4차 산업혁명의 핵심기술, 블록체인

미래 신기술로 각광받고 있는 '블록체인(Blockchain)'은 금융권을 중심으로 기존의 비즈니스 프로세스를 바꿀 새로운 패러다임으로 등장하였다. 2016년 초 세계경제포럼(World Economic Forum; WEF)에서 제4차 산업혁명시대를 이끌 핵심기술 중 하나로 블록체인이 선정되었다. 세계경제포럼은 2017년까지 전 세계 은행의 80% 정도가 새로운 금융거래 시스템 구축을 위해 블록체인 기술을 도입할 것으로 예측하였고, 또한 2025년까지 전 세계 GDP의 10%가 블록체인 기반 기술에서 발생할 것으로 전망하였다.

1) 블록체인의 장점

(1) 보안성 향상

분산원장 기술은 암호화된 데이터와 암호화된 키 값으로만 거래가 이루어지므로 보안성을 높일 수 있다. 새로운 블록은 기존의 블록과 연결되므로 전체 블록 안의 데이터 변조와 탈취가 불가능하다. 또한 각 참여노드의 분산화로 해킹이 불가능하다.

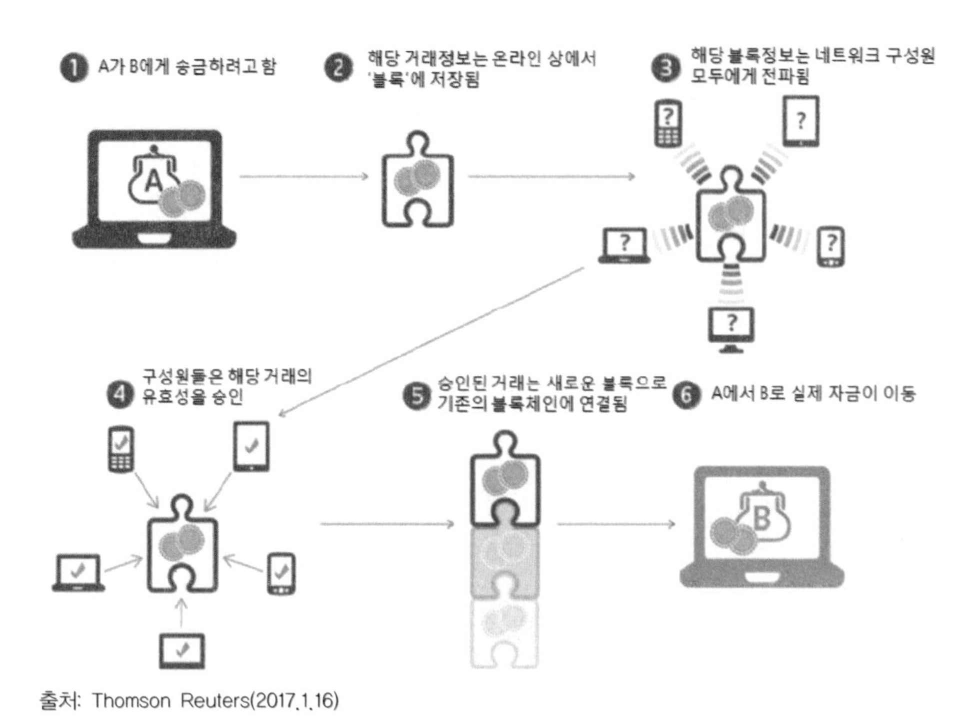

출처: Thomson Reuters(2017.1.16)

[그림 14-6] 블록체인에 기반한 거래과정

(2) 거래 속도 향상

증명과정에서 제3자를 배제시키는 실시간 거래가 이루어지므로 거래 기록의 신뢰성 확보와 동시에 거래의 효율성 및 속도가 향상된다. 분산원장 기술로 오류와 실수를 최소화시킬 수 있으므로 오류의 정정과 수정을 위한 시간이 줄어든다.

(3) 비용 감소

거래 정보와 인증을 위한 중앙 서버와 집중화된 시스템이 필요 없기 때문에 비용이 적게 든다. 또한 거래 정보가 분산되어 있어 해킹 위험도 낮다. 네트워크 참여자들의 실시간 거래 모니터링이 가능하므로 가시성이 극대화되고, 거래상의 가시성은 투명성의 기능을 지닌다.

2) 블록체인의 단점

처리 속도가 시간당 제한적이고, 모든 거래기록을 저장해야 하므로 저장공간이 점점 증가하여 저장용량 문제가 나타날 소지가 있다.

3. 비트코인과 블록체인

1) 비트코인

디지털 화폐 '비트코인(Bitcoin)'은 블록체인 기술이 금융 분야에 적용된 하나의 예이다. '채굴(mining)'과 '작업증명(proof of work)'이라는 합의 메커니즘에 기반하여 새로운 거래 정보를 승인한다. '채굴'은 네트워크에 알려진 새로운 비트코인 거래를 기록하고 공식화하는 과정이다. '작업증명'은 네트워크 참가자들이 자발적으로 해시(Hash) 값을 통해 새로운 거래 데이터를 검증하는 것으로 가장 빨리 작업을 마친 참가자는 인센티브로 비트코인을 수령한다.

비트코인이란 디지털서명으로 암호화된 가상화폐이며, 수학적 알고리즘을 바탕으로 참여자 모두에 의해 관리되고 운영될 수 있게 설계된 가상화폐이다.

비트코인에서는 "블록체인(blockchain)"이라는 암호화 기법을 이용한다.

2) 비트코인은 소유자 간에 매매, 송금 등 가치 이동이 가능하다.

- 개인 간 또는 Bitcoin 거래소 등을 통해 유통되며, 온·오프라인 물품 구매 등 기존 화폐 역할을 상당부분 수행한다.
- (규제) 우리를 포함한 대부분 국가에서 비트코인 등 가상화폐에 대한 명확한 규제는 없으나, 몇몇 문제가 상존하며 보안문제와 불법거래 등으로 앞으로 규제가 수반할 것으로 본다. 현재 미국, 독일 등은 인정하고, 러시아 등은 사용을 금지하고 있다. 비트코인 등 가상화폐의 익명성을 악용한 자

금세탁 가능성이 있어 최근 글로벌 공동대응 논의가 시작되었다. 향후 전 세계 비트코인 거래량 중 상당 부분이 테러자금, 마약거래 등으로 악용될 가능성이 있다고 추정하고 있다.

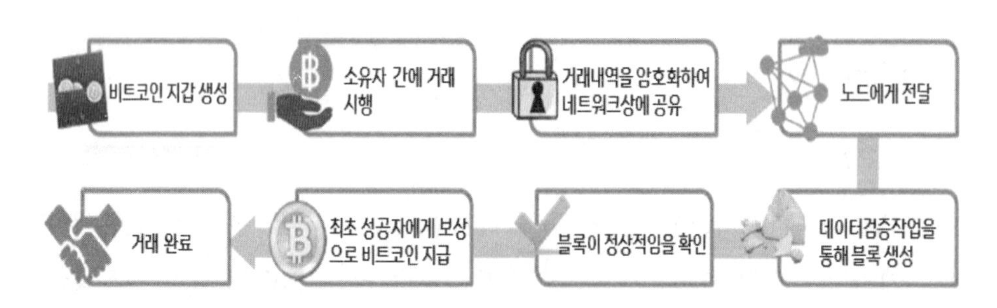

[그림 14-7] 비트코인 거래 수행도

3) 비트코인 산업현황

(1) 시장가격 추이(usd)

최근 불안정한 세계경제 환경의 변화 속에서 비트코인이 전년대비 약 3배가량 급증하였다.

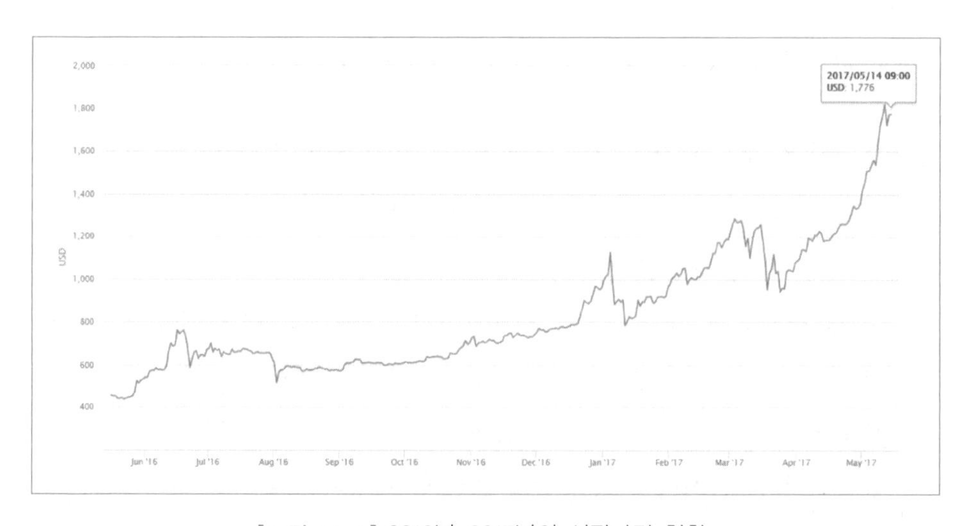

[그림 14-8] 2016년-2017년의 시장가격 현황

(2) 관련 비즈니스 현황

- (전체) 비트코인 비즈니스는 대략 다음과 같이 구분할 수 있다.
- (국내) 비트코인 거래소와 이용가능한 월렛서비스를 동시에 제공하는 형태가 가장 많으며, 최근 핀테크 기업들을 중심으로 블록체인을 활용한 금융연계 서비스 등을 연구하는 사례로 등장하였다.

〈표 14-4〉 비트코인 관련 비즈니스의 현황

종류	내용	종류	내용
지갑	웹/모바일, 오픈소스, 선불카드	상품	파생상품, 레버리지, 자산관리
거래소	비트코인, 대체코인	결제	모바일결제, 소액결제, PG, 플랫폼
보안	공인인증, 분산 증명, 스토리지	채굴	채굴기제조, 마이닝풀
송금	국제송금, 송금프로토콜	ATM	운영, 제조
콘텐츠	코인정보, 뉴스미디어	기타	API, 조사/분석, 게임, 크라우드 펀딩

참고문헌

1. 국내문헌

1) 단행본

공영일(2017). "국내외 AI 정책 방향과 시사점". 소프트웨어정책연구소.
김대호(2016). "제4차 산업혁명". 서울: 커뮤니케이션북스.
김승현(2017). "4차 산업혁명을 대비한 주요국의 혁신정책". Entrepreneurship Korea.
김인숙 외(2016). "4차 산업혁명 새로운 미래의 물결". 서울: 호이테북스.
김정욱 외(2016), "인공지능발전과 4차 산업혁명". 2016다보스리포트, 매경출판.
노규성(2016). "빅데이터와 공공 혁신 10대 사례". 커뮤니케이션북스.
노상도(2016). "스마트공장 사이버물리시스템(CPS) 기술 동향 및 이슈".
리처드 서스킨드 외. 위대선 옮김(2016). "4차 산업혁명시대 전문직의 미래". 서울: 와이즈베리.
박경진(2016). "정보통신정책론". 백산출판사.
박경진(2014). "정보통신경제론". 백산출판사.
박영숙(2015). "전문직의 일자리가 사라진다". '메이커의 시대'. 한국경제신문사.
심진보 외(2017). "대한민국 제4차 산업혁명". 콘텐츠하나.
이대기(2017.05). "제4차 산업혁명과 금융의 미래". 한국금융연구원.
이종호(2017). "4차 산업혁명과 미래직업". 서울: 북카라반.
이재홍(2017). "4차 산업혁명시대 대한민국의 기회". 흐름출판.
정용찬(2014). "빅데이터". 커뮤니케이션북스.
정우진(2013). 빅데이터를 말하다. 클라우드북스, 25-43쪽.
한석희 외(2016). "4차 산업혁명". 서울: 페이퍼로드.
최재용(2017). "이것이 4차 산업혁명이다". 매일경제신문사.
클라우스 슈밥 외. 송경진 옮김(2016). "4차 산업혁명의 충격". 흐름출판.
클라우스 슈밥. 송경진 옮김(2016). "제4차 산업혁명". 서울: 새로운현재.
KPMG경제연구원(2017). "국내외 핀테크 동향분석".

과학기술정책(2017). "2017년 국내외 과학기술혁신 10대 트렌드". 통권 222호. 과학기술정책연구원.
금융보안원(2017). "블록체인 응용기술 개발 현황 및 산업별 도입 사례".
현대경제연구원(2016). "핀테크의 부상과 금융업의 변화".

2) 정책자료 및 연구보고서

KT경제경영연구소(2017). "한국형 4차 산업혁명의 미래". 민엔프린텍.
김대영(2017). "4차 산업혁명과 사물인터넷". KAIST 국가미래전략 정기토론회.
김종호(2013). "빅데이터 시대의 정부의 역할". 주간기술동향. IT 기획시리즈. 정보통신산업진흥원.
류성일(2017). "4차 산업혁명을 이끄는 인공지능 - 딥 러닝을 중심으로", 디지에코보고서.
미래전략정책연구원(2017). "4차 산업혁명의 미래". 일상과이상.
박상열(2017). "4차 산업혁명시대에 선도기업이 될 수 있는 사업영역에 대한 연구". 연세대학교.
박원근(2016). "한국정보통신기술협회, 사물인터넷 시장 및 산업동향". Special Report.
박종필(2017). "인더스트리 4.0시대의 스마트 팩토리 성공사례 분석 : 국내 대·중·소기업을 대상으로". 한국디지털정책학회.
배영우 외(2016). "현실 속으로 확장하고 있는 인공지능". 한국산업기술평가관리원.
백동명(2017). "지능정보기술 국내외 주요 정책 동향". 정보통신기술협회.
백수현(2017). "4차 산업혁명에 대응하기 위한 규제개혁 민간역할". 과학기술과 사회발전연구회 추계토론회.
아이앤비디 협동조합(2015). "해외 ICT 산업 활성화 정책 및 중소기업 지원사례 조사·분석".
양승현(2017). "4차 산업혁명과 인공지능". KAIST 국가미래전략 정기토론회.
윤미영 외(2013). "Big Data 글로벌 10대 선진 사례". NIA빅데이터 전략연구센터.
윤장우 외(2016). "인공지능 관련 기술과 정책동향 및 시사점". 한국전자통신연구원.
이은미(2016). "4차 산업혁명과 산업구조의 변화". 정보통신정책연구원.

이민화(2016). "인공지능과 4차 산업혁명 그리고 인공지능 혁명의 본질". 한국뇌과학연구원.
이장재(2017). "4차 산업혁명 대응과 4차 산업혁명 위원회의 역할". 과학기술과 사회발전연구회 추계토론회.
임성민 외(2016). "2015기술영향평가". 한국과학기술기획평가원.
윤일영(2017). "제조업과 ICT의 융합, 4차 산업혁명". 52호. 융합연구정책센터.
정보통신기술진흥센터(2016). "미국 NITRD 프로그램 2017년 예산요구안 분석". 해외 ICT R&D 정책동향. 08호.
장윤옥(2015). "인공지능과 딥 러닝이 가져올 변화". 한국철도학회.
한국정보화진흥원(2013). "빅데이터 시대의 개인 데이터 보호와 활용". IT&Future strategy. 제8호.
현대경제연구원(2016). "사물인터넷(IoT) 관련 유망산업 동향 및 시사점". VIP 리포트.

3) 간행물

김진화 외(2016). "제4차 산업혁명시대, 미래사회 변화에 대한 전략적 대응 방안 모색". 한국과학기술기획평가원. 15호: 45-47.
성지은 외(2014). "빅데이터를 활용한 정책 사례분석과 시사점". 과학기술정책. 과학기술정책연구원. 24권 2호.
융합연구정책센터(2017). "4차 산업혁명과 국내외 스마트 공장 산업동향". vol. 57.
전국경제인연합회(2015). "제조업의 새 바람을 불러올 사물인터넷". ISSUE Page.
정보통신정책연구원(2016). "트럼프 정부의 등장이 ICT 산업에 미치는 영향". 고동환. KISDI Premium Report.
정보통신정책연구원(2016). "4차 산업혁명과 산업구조의 변화". ICT전략연구실, 제28권 15호. 통권 629호.
최명호(2016). "미국 트럼프 대통령 당선자의 ICT 정책과 시사점". KT경제경영연구소.
한국과학기술한림원(2013). "국가 빅데이터 연구센터 설립에 관한 연구". 한림연구보고서. 92.
장병열 외(2013). "빅데이터 기반 융합 서비스 창출 주요 정책 및 시사점". 과학기술정책. 23권 3호.

한국법제연구소(2016). “제4차 산업혁명시대의 ICT법제 주요현안 및 대응방안”. 글로벌법제전략연구.

한국과학기술기획평가원(2017). “4차 산업혁명과 일자리변화에 대한 국내산업계의 인식과 전망”. 연구보고.

한국과학기술기획평가원(2016). “인공지능 기술의 활용과 발전을 위한 제도 및 정책 이슈”. 연구보고.

한국과학기술기획평가원(2016). “과학기술&ICT 정책 · 기술 동향 분석”. 연구보고 2016-066.

4) 신문 및 참고사이트

문화일보(2017.09.21). “사물인터넷”. 29면.

정보통신신문(2017.09.04). “2018년 4차 산업혁명 예산”. 3면.

조선일보(2017.10.03). “글로벌 기업들도 AI 이미지 관리”. A8면.

조선일보(2017.09.28). “제약. 바이오섹션”. E1면.

조선일보(2017.08.28). “경제이슈”. B3면.

조선일보(2017.08.22). “사물인터넷의 경제학”. B11면.

조선일보(2017.08.21). “드론, 부산서 훨훨-대양을 품다”. 14면.

조선일보(2017.08.07). “4차 산업혁명 보고서”. A17면.

조선일보(2017.03.23). “4차 산업혁명 현장”. E2-8면.

한겨레신문(2017.01.09). “인공지능 다음 기계지능”. 9면.

국가 IT정상회의(http://www.it-gipfel.de).

BMBF(독일 연방교육연구부)(http://www.bmbf.de/de/25161.php).

뉴스스퀘어(http://www.newsquare.kr/issues/1206(2017.05.08.)).

블로그(http://dukdo123.blog.me/220859879158).

2. 국외 문헌

Alban Leandn(2015). "A Look at Metal 3D Printing and the Medical Implants Industry". 3DPrit.com(20 March 2015).

Ariana Eunjung Cha(2015). "Watson's Next Feat? Taking on Cancer". The Washington Post(27 June 2015).

Bitkom, VDMA. ZVEI(2016). "Implementation Strategy Industrie 4.0". Report on the results of the Industrie 4.0 Platform.

Bitkom, VDMA. ZVEI(2015). "Umsetzungsstrategie 140". Ergebnisbericht der Plattform 140.

Cointelegraph(2017.4.16.). "US Government Invests in Blockchain to Protect Healthcare Companies from Hackers".

David Isaiah(2015). "Automotive grade graphene: The clock is ticking". Automotive World(26 August 2015).

DIN(2015). "Aktuelle Entwicklungen bei Industrie 4.0". DINMitteilungen(November 2015).

Eleanor Goldberg(2015). "Facebook, Google are Saving Refugees and Migrants from Traffickers". Huffington Post.

Eric Knight(2014). "The Art of Corporate Endurance". Harvard Business Review(April 2014).

Gillian Wong(2015). "Alibaba Tops Singles' Day Sales Record Despite Slowing China Economy". The Wall Street Journal(November 2015).

IBM(2015). "Redefining Boundaries: Insights from the Global C-Suite Study"(November 2015).

Manzei, C/Schleupner, L/Heinze, R.(2016). "Industrie 4.0 im Internationalen Kontext". VDE Verlag.

Maurizio Bellemo(2015). "The Third Industrial Revolution: From Bits Back to Atoms". CrazyMBA.Club(25 January 2015).

Sarah Laskow(2014). "The Strongest, Most Expensive Material on Earth". The Atlantic.

Shelley Podolny(2015). "If an Algorithm Wrote This, How Would You Even Know?" The New York Times(March 2015).

Tom Goodwin(2015). "In the age of disintermediation the battle is all for the consumer interface". Tech Crunch(March 2015).

Tom Saunders and Peter Baeck(2015). "Rethinking Smart Cities From the Ground Up". Nesta(June 2015).

The Singularity Is Near(2016). "When Humans Transcend Biology". Ray Kurzweil.

PWC(2015). "The Internet of Things". The Next Growth Engine for the Semiconductor Industry.

저자약력

박 경 진

현재: (사)한국정책포럼 회장
국방부 정책위원, 정보화추진위원
법원 감정인, 중재위원
인천시 심의위원, 수원시 심의위원
정보통신기술사, 기술사 시험위원, 심의위원
(주)부광네트워크 대표이사
인하대학교 겸임교수
연세대학교 겸임교수
성균관대학교 초빙교수

학력: 성균관대학교 공학사(정보통신공학부)-총동창회 부회장
연세대학교 공학석사(전자통신전공)-우수학위논문상 수상
연세대학교 정책학석사(정책학전공)-우수학위논문상 수상
가천대학교 행정학박사(정책학전공)
고려대학교 정책대학원 정책과정 수료
한국생산성본부 고위경영자과정 수료
경력: 국가연구개발사업 평가위원회 위원(20년), 평가위원장
정부기관 상위평가위원회 위원
기술고시 시험위원, 호텔등급 심사위원
정보통신부, KBS(한국방송공사) 근무
정보통신교육원 정보통신감리원 양성과정 겸임교수(8년)
한국정보통신기술사회 회장(8년)
한국기술사회 부회장(3년)
한국기술사회 제도개선위원장(9년), 기술중재위원장(6년)
상훈: 대통령표창 수상, 한국기술사회 공로상 및 기술상 수상

주요 저서 및 논문
『과학기술정책론』(2008.2, 2008년 국가우수학술도서 선정)
『실용 정보통신공학』(2011.5)
『정보통신정책과 전자정부』(2011.11)
『정보통신경제론』(2014.9, 2015년 국가우수학술도서 선정)
『정보통신정책론』(2016.2)
"인력정책평가와 과학기술인 사회", 「한국인사행정학회보」(2005)
"과학기술인력정책 평가에 관한 연구", 「한국정책연구원보」(2004)
"한국 엔지니어링산업정책 개선방안", 「한국정책학회보」(1998)

4차 산업혁명 기술과 정책

2018년 1월 15일 초판 1쇄 인쇄
2018년 1월 20일 초판 1쇄 발행

지은이 박경진
펴낸이 진욱상
펴낸곳 (주)백산출판사
교　정 편집부
본문디자인 오행복
표지디자인 오정은

등　록 2017년 5월 29일 제406-2017-000058호
주　소 경기도 파주시 회동길 370(백산빌딩 3층)
전　화 02-914-1621(代)
팩　스 031-955-9911
이메일 edit@ibaeksan.kr
홈페이지 www.ibaeksan.kr

ISBN 979-11-88892-01-3
값 20,000원